内 容 摘 要

随着信息技术、计算机技术的飞速发展及计算机教育的普及推广,教育部对高等学校计算机基础课程提出了更新、更高的要求。高等院校的计算机教育分为两类:一类是面向计算机及其相关专业大学生的学科教育;另一类是面向全体大学生的基础教育。北京大学文科专业计算机基础课程教学团队经过几年的教学实践和改革,总结出在基本知识、基本能力和基本素养等方面对文科专业大学生的要求。

作为文科专业计算机基础课程的教材,本书结合当前信息技术与计算机技术的发展以及文科专业的社会需求,介绍了计算机的概念与发展历史、操作系统的组成、多媒体技术和信息安全,并结合文字处理、文稿演示和电子表格等常用软件进行讲解、提升和实践训练,旨在大学生能够了解信息技术,熟练地使用计算机,真正把计算机当做日常学习和生活的工具。本书也可供广大计算机爱好者和计算机基础知识和应用的入门者参考、自学和培训的阅读资料。

大学计算机应用基础

谢柏青 主编
唐大仕 常宝宝 龙晓苑 穗志方
张化瑞 钱丽艳 陈泓婕 编著

北京大学出版社
PEKING UNIVERSITY PRESS

图书在版编目(CIP)数据

大学计算机应用基础/谢柏青主编. —北京：北京大学出版社，2008.7
ISBN 978-7-301-12923-4

Ⅰ. 大… Ⅱ. 谢… Ⅲ. 电子计算机－高等学校－教材 Ⅳ. TP3

中国版本图书馆 CIP 数据核字(2007)第 168893 号

书　　　　名：	大学计算机应用基础
著作责任者：	谢柏青　主编
责 任 编 辑：	王　华
标 准 书 号：	ISBN 978-7-301-12923-4/TP・0915
出 版 发 行：	北京大学出版社
地　　　　址：	北京市海淀区成府路 205 号　100871
网　　　　址：	http://www.pup.cn　电子信箱：zpup@pup.cn
电　　　　话：	邮购部 62752015　发行部 62750672　编辑部 62765014　出版部 62754962
印 刷 者：	北京大学印刷厂
经 销 者：	新华书店
	787 毫米×1092 毫米　16 开本　15.25 印张　374 千字
	2008 年 7 月第 1 版　**2019 年 8 月第 6 次印刷**
定　　　　价：	25.00 元

未经许可，不得以任何方式复制或抄袭本书之部分或全部内容。
版权所有，侵权必究
举报电话：(010)62752024　电子信箱：fd@pup.pku.edu.cn

前　言

　　人类已经开始步入信息化社会,计算机、网络和多媒体等信息技术无处不在,已经深入到各个领域,成为人们学习、工作、生产和生活中不可或缺的工具。

　　为了更好地普及和应用计算机与信息技术,高等学校本科与专科的各个专业已经将计算机基础列为必修课。自 2001 年以来全国中、小学陆续开设信息技术课,这给高等学校计算机基础课程教学提出了更新、更高的要求,为此,教育部计算机科学与技术教学指导委员会和教育部计算机基础课程教学指导分委员会提出《关于进一步加强高等学校计算机基础教学的意见》,明确了计算机基础课程的基本教学要求。教育部高等教育司还组织制定了《高等学校文科类专业大学计算机教学基本要求》。

　　高等学校各个专业将计算机基础设为必修课的目的是:培养学生对计算机和信息技术的兴趣,掌握应用计算机技术和网络技术能力;提高学生的信息素养和终身学习信息技术的能力,以适应社会发展和专业技能发展的需要。

　　参与编著本书的作者都是具有计算机及其相关专业的博士或硕士研究生学历、最近几年或十几年在北京大学从事文科专业计算机基础课程教学的教师。他们通过教学实践和对学生的调查研究,不断从中摸索规律,总结经验,结合当前计算机与信息技术的发展以及文科专业的社会需求,经过认真、细致地讨论,选择 7 个模块作为文科各个专业大学生必须学习的内容,并对教学大纲以及每个模块内容的深度和广度,根据不同的教学对象进行了有针对性的安排。本书相应地分为 7 章,除第一章外,第二至六章依次为计算机系统、操作系统、计算机网络、文字处理、电子表格、多媒体基础和信息安全。其中,第二章包括了计算机与信息技术的基础知识和计算机中的信息编码,第五章涵盖了 Microsoft Word 和 Microsoft PowerPoint 的内容。每位作者具有不同的写作风格,在统稿的过程中尽量保留了他们各自的特色,但并未失去各章之间的内在联系。

　　在课程教学和本书编写过程中,注重从基本知识、基本能力和基本素质三方面来培养大学生的信息素养;也注重从以"操作"为主,过渡到"突出应用",培养大学生使用计算机的意识和基本技能,应用计算机来获取、存储、传输、处理、控制和应用信息,利用网络与他人协同学习、工作,使用计算机解决专业学习和日常生活的实际问题等方面的能力。此外,本书注重从实践入手,使用通俗的语言讲解计算机与信息技术的原理,使读者在"知其然"的基础上还能够"知其所以然",有助于继续深入学习;在方法的讲解上尽量不重复,给读者思考的余地,能够学会举一反三。

　　计算机基础是实践性很强的一门课。本书偏重于原理部分的讲解,并配以一些实际问题,各章内容后还列出了参考文献和思考题、习题,供读者进一步学习使用。本书可作为高等学校非计算机专业的本科、专科、高职教材使用,也可作为广大计算机爱好者和计算机基础知识和应用的入门者参考、自学和培训的阅读资料。与本书配套的,还有即将出版的一本有关大学计算机应用基础实践指导的教材。书中将以案例为主线,每个案例由目标、步骤和要点三部分组成,突出"应用性"以及使用计算机的方法和技巧。

本书第一、六章由唐大仕执笔,第二章由常宝宝执笔,第三章由龙晓苑执笔,第四章由穗志方执笔,第五章由张化瑞执笔,第七章由钱丽艳执笔,第八章由陈泓婕执笔。全部书稿由谢柏青审阅和定稿。北京大学文科专业计算机基础课程教学组的马莲芬、王凤芝、邓习峰、陈劲松、吴云芳和刘志敏等教师参加了讨论,陈徐宗、陈向群、李文新和董晓辉等人在工作中给予了很大支持。在此,一并表示致谢。

鉴于本人水平有限,书中难免有不妥与错误,敬请读者批评与指正。

主　编
2007 年 9 月于北京大学

目 录

第一章 绪论 (1)
  1.1 信息与信息社会 (1)
    1.1.1 信息 (1)
    1.1.2 信息社会 (2)
  1.2 计算工具的发展与变革 (2)
    1.2.1 我国古代的计算思想和工具 (2)
    1.2.2 西方近代的计算思想和工具 (2)
    1.2.3 现代计算机的诞生和发展 (3)
  1.3 计算机的特点 (3)
  1.4 计算机的分类 (4)
  1.5 计算机的应用领域 (5)
  参考文献 (6)

第二章 计算机系统 (7)
  2.1 计算机中的数制 (7)
    2.1.1 二进制计数制 (7)
    2.1.2 计算机科学中常用的其他数制 (8)
    2.1.3 数制的转换 (8)
  2.2 计算机基本原理 (10)
    2.2.1 计算机系统的逻辑结构 (10)
    2.2.2 总线结构的计算机 (11)
    2.2.3 中央处理单元 (12)
    2.2.4 存储器 (13)
    2.2.5 总线 (14)
    2.2.6 指令系统 (14)
    2.2.7 指令在计算机中的执行 (15)
    2.2.8 时钟频率 (18)
  2.3 信息在计算机中的表示 (19)
    2.3.1 数值数据在计算机中的表示 (19)
    2.3.2 文字数据在计算机中的表示 (21)
    2.3.3 字符的输入和输出 (26)
  2.4 微机硬件系统及其扩展 (28)
    2.4.1 微型计算机的硬件组成 (28)
    2.4.2 扩展卡和扩展槽 (32)

2.4.3　主要输入输出设备 …………………………………………………… (33)
　2.5　计算机软件系统 ………………………………………………………………… (37)
　　2.5.1　计算机系统的组成 …………………………………………………… (37)
　　2.5.2　操作系统 ……………………………………………………………… (38)
　　2.5.3　设备驱动程序 ………………………………………………………… (40)
　　2.5.4　实用程序 ……………………………………………………………… (40)
　　2.5.5　程序设计 ……………………………………………………………… (41)
　2.6　计算机发展简史 ………………………………………………………………… (43)
　参考文献 …………………………………………………………………………………… (45)
　思考题 ……………………………………………………………………………………… (45)

第三章　操作系统 …………………………………………………………………………… (47)
　3.1　操作系统概述 …………………………………………………………………… (47)
　　3.1.1　操作系统的概念 ………………………………………………………… (47)
　　3.1.2　操作系统的分类 ………………………………………………………… (47)
　　3.1.3　操作系统的主要组成部分 ……………………………………………… (48)
　3.2　操作系统的功能 ………………………………………………………………… (49)
　　3.2.1　处理机管理 ……………………………………………………………… (49)
　　3.2.2　存储管理 ………………………………………………………………… (49)
　　3.2.3　设备管理 ………………………………………………………………… (50)
　　3.2.4　文件管理 ………………………………………………………………… (51)
　3.3　常用操作系统 …………………………………………………………………… (52)
　3.4　文件与文件系统 ………………………………………………………………… (55)
　　3.4.1　文件概述 ………………………………………………………………… (55)
　　3.4.2　文件的共享和保护 ……………………………………………………… (56)
　　3.4.3　文件系统 ………………………………………………………………… (57)
　3.5　Windows 操作系统的使用 ……………………………………………………… (59)
　　3.5.1　Windows 概述 …………………………………………………………… (59)
　　3.5.2　Windows 的基本操作 …………………………………………………… (60)
　参考文献 …………………………………………………………………………………… (76)
　思考题 ……………………………………………………………………………………… (76)
　练习题 ……………………………………………………………………………………… (77)

第四章　计算机网络 ………………………………………………………………………… (78)
　4.1　计算机网络 ……………………………………………………………………… (78)
　　4.1.1　计算机网络概述 ………………………………………………………… (78)
　　4.1.2　计算机网络的基本组成 ………………………………………………… (82)
　　4.1.3　局域网和广域网 ………………………………………………………… (87)
　　4.1.4　数据通信基础 …………………………………………………………… (90)
　4.2　互联网 …………………………………………………………………………… (92)

4.2.1　互联网的基础知识…………………………………………(92)
　　4.2.2　互联网的应用……………………………………………(96)
　参考文献……………………………………………………………(101)
　思考题………………………………………………………………(101)
　练习题………………………………………………………………(102)
第五章　文字处理……………………………………………………(103)
　5.1　文字处理概述………………………………………………(103)
　　5.1.1　文字处理的基本问题……………………………………(103)
　　5.1.2　文字处理的关键…………………………………………(104)
　5.2　功能与界面…………………………………………………(104)
　　5.2.1　Word 的窗口界面………………………………………(105)
　　5.2.2　简单示例…………………………………………………(108)
　5.3　文件、视图和窗口…………………………………………(110)
　　5.3.1　文件和视图………………………………………………(110)
　　5.3.2　窗口………………………………………………………(111)
　　5.3.3　帮助………………………………………………………(112)
　5.4　文字…………………………………………………………(113)
　　5.4.1　内容的编辑………………………………………………(113)
　　5.4.2　格式的设置………………………………………………(119)
　5.5　表格…………………………………………………………(125)
　　5.5.1　内容的编辑………………………………………………(125)
　　5.5.2　格式的设置………………………………………………(127)
　　5.5.3　用表格排版………………………………………………(128)
　5.6　图形…………………………………………………………(128)
　　5.6.1　内容的编辑………………………………………………(128)
　　5.6.2　格式的设置………………………………………………(132)
　　5.6.3　插入对象…………………………………………………(135)
　5.7　Word 的特殊功能和技巧……………………………………(135)
　　5.7.1　对长文档的处理技巧……………………………………(135)
　　5.7.2　Word 的其他功能………………………………………(139)
　5.8　小结…………………………………………………………(143)
　5.9　文稿演示简述………………………………………………(143)
　参考文献……………………………………………………………(145)
　思考题………………………………………………………………(145)
　练习题………………………………………………………………(146)
第六章　电子表格……………………………………………………(147)
　6.1　Excel 概述……………………………………………………(147)
　　6.1.1　工作簿、工作表及单元格………………………………(147)
　　6.1.2　界面组成元素……………………………………………(147)

6.1.3　使用帮助 …………………………………………………………… (148)
　　6.1.4　文件操作 …………………………………………………………… (148)
6.2　数据的建立——输入与格式 ……………………………………………… (149)
　　6.2.1　输入数据 …………………………………………………………… (149)
　　6.2.2　命名与定位单元格 ………………………………………………… (151)
　　6.2.3　编辑数据 …………………………………………………………… (152)
　　6.2.4　格式化文字及数据 ………………………………………………… (154)
　　6.2.5　管理工作表 ………………………………………………………… (157)
　　6.2.6　管理窗口 …………………………………………………………… (157)
6.3　数据的表示——图形与图表 ……………………………………………… (158)
　　6.3.1　图形对象 …………………………………………………………… (158)
　　6.3.2　图表 ………………………………………………………………… (158)
　　6.3.3　打印工作簿 ………………………………………………………… (160)
6.4　数据的运算——公式与函数 ……………………………………………… (161)
　　6.4.1　公式 ………………………………………………………………… (161)
　　6.4.2　函数 ………………………………………………………………… (163)
6.5　数据管理与分析 …………………………………………………………… (165)
　　6.5.1　排序 ………………………………………………………………… (165)
　　6.5.2　记录单 ……………………………………………………………… (166)
　　6.5.3　数据检索 …………………………………………………………… (166)
　　6.5.4　数据汇总 …………………………………………………………… (167)
　　6.5.5　数据透视表 ………………………………………………………… (168)
　　6.5.6　进一步的分析功能 ………………………………………………… (170)
6.6　Excel 的其他功能 ………………………………………………………… (174)
参考文献 …………………………………………………………………………… (175)
思考题 ……………………………………………………………………………… (175)
练习题 ……………………………………………………………………………… (176)

第七章　多媒体基础 …………………………………………………………… (177)
7.1　多媒体技术概述 …………………………………………………………… (177)
　　7.1.1　媒体和多媒体 ……………………………………………………… (177)
　　7.1.2　多媒体技术的特性 ………………………………………………… (177)
　　7.1.3　多媒体技术的应用 ………………………………………………… (178)
7.2　多媒体信息处理的关键技术 ……………………………………………… (179)
　　7.2.1　多媒体数据压缩技术 ……………………………………………… (179)
　　7.2.2　多媒体数据存储技术 ……………………………………………… (181)
　　7.2.3　VLSI 芯片技术 ……………………………………………………… (183)
　　7.2.4　用于互联网的多媒体关键技术 …………………………………… (183)
7.3　多媒体信息的处理及表示 ………………………………………………… (184)
　　7.3.1　多媒体信息的主要元素 …………………………………………… (184)

7.3.2 多媒体信息的数字化 ……………………………………………… (185)
7.3.3 图像的处理与表示 ……………………………………………… (186)
7.3.4 数字音频的处理与表示 ………………………………………… (191)
7.3.5 数字视频的处理与表示 ………………………………………… (193)
7.4 多媒体硬件设备 ……………………………………………………… (195)
7.4.1 多媒体计算机的标准与组成 …………………………………… (195)
7.4.2 光盘驱动器 ……………………………………………………… (196)
7.4.3 声卡 ……………………………………………………………… (197)
7.4.4 视频卡 …………………………………………………………… (199)
7.4.5 其他辅助设备 …………………………………………………… (202)
7.5 多媒体常用软件 ……………………………………………………… (203)
7.5.1 图形和图像类软件 ……………………………………………… (203)
7.5.2 音频和视频类软件 ……………………………………………… (204)
7.5.3 动画类软件 ……………………………………………………… (205)
7.5.4 著作工具类软件 ………………………………………………… (207)
参考文献 ……………………………………………………………………… (207)
思考题 ………………………………………………………………………… (207)
练习题 ………………………………………………………………………… (207)

第八章 信息安全基础 …………………………………………………… (209)
8.1 信息安全概述 ………………………………………………………… (209)
8.1.1 信息安全的基本概念 …………………………………………… (209)
8.1.2 信息安全的起源与常见威胁 …………………………………… (209)
8.1.3 信息安全的目标 ………………………………………………… (210)
8.1.4 信息安全体系框架 ……………………………………………… (211)
8.1.5 信息安全标准 …………………………………………………… (211)
8.2 信息安全技术 ………………………………………………………… (212)
8.2.1 设置口令 ………………………………………………………… (213)
8.2.2 加密技术 ………………………………………………………… (213)
8.2.3 认证技术 ………………………………………………………… (214)
8.2.4 生物特征识别技术 ……………………………………………… (214)
8.2.5 防火墙技术 ……………………………………………………… (215)
8.2.6 入侵检测技术 …………………………………………………… (216)
8.2.7 虚拟专用网技术 ………………………………………………… (217)
8.2.8 电子邮件的安全性 ……………………………………………… (217)
8.2.9 无线网络的安全性 ……………………………………………… (218)
8.2.10 备份与恢复 …………………………………………………… (218)
8.3 黑客与计算机犯罪 …………………………………………………… (219)
8.3.1 黑客 ……………………………………………………………… (219)
8.3.2 计算机犯罪 ……………………………………………………… (220)

8.4 计算机病毒 …………………………………………………………………… (220)
　　8.4.1 计算机病毒概述 ……………………………………………………… (221)
　　8.4.2 计算机病毒的特征 ……………………………………………………… (222)
　　8.4.3 计算机病毒的分类 ……………………………………………………… (223)
　　8.4.4 计算机病毒的预防与清除 ……………………………………………… (226)
8.5 计算机道德与法律 ……………………………………………………………… (227)
　　8.5.1 计算机用户道德 ………………………………………………………… (227)
　　8.5.2 计算机信息的知识产权 ………………………………………………… (228)
　　8.5.3 信息安全的法律、法规 ………………………………………………… (228)
参考文献 ……………………………………………………………………………… (229)
思考题 ………………………………………………………………………………… (229)
练习题 ………………………………………………………………………………… (229)

第一章 绪 论

1.1 信息与信息社会

计算机是一种能够存储程序和数据并自动执行程序,快速而高效地完成对各种数字信息处理的电子设备。简单地说,计算机能够处理信息。信息是人们由客观事物得到的,使人们能够认知客观事物的各种消息、情报、数字、信号、图形、图像、语音等所包括的内容。

1.1.1 信息

"信息"一词,据记载,最早出自南唐诗句"梦断美人沉信息,目穿长路依楼台",但是作为一个科学概念以及科学对象来研究,却不过百年的历史。

最初研究信息理论的科学家香农(C. E. Shannon)和维纳(N. Wiener)在1948年先后发表了《通信的数学理论》和《控制论:在动物和机器中控制和通信的科学》两部著作,其中提到"信息是以消除随机不确定性的东西"和"信息就是信息,既不是物质,也不是能量",为信息学的建立奠定了理论基础。

人们每时每刻都在自觉或不自觉地通过自身的感官感受着外界传来的大量信息。人们感受到的这些信息分为未加工的信息和加工后的信息。未加工的信息包括通过视觉、听觉、触觉、味觉等器官直接感受到的信息等。通过加工处理,再用各种各样的媒体形式表达出来,更清晰、更准确、更有利于对客观事物的研究分析和判断处理,叫做加工后的信息。例如,利用测量的气象数据、空气质量状况来预测天气变化的趋势,然后利用语言、图片、文字、声音、影视等形式,将这种趋势通过广播、电视、报纸杂志和互联网等媒体发布出来。各种交通工具上的信号指示灯、钟表的数字和指针所表示的时间、下载的文件、收发的电子邮件等,都是我们在日常生活中几乎每天都接触到的信息。

从以上关于信息的认识来看,信息是事物运动的状态和方式。下面通过对信息的一些基本特征的描述,来进一步地认识和理解信息的概念:

(1) 客观性。

信息是客观存在的,是事物的一种属性,是不以人的意识为转移的。

(2) 普遍性。

信息是事物运动的状态和方式。宇宙中的所有物质都是运动的,运动是绝对的,所有的事物都在不断发展和变化着。因此,信息存在于自然界和人类社会之中,无时无刻,无所不在。

(3) 认知性。

信息是可以认知和理解的。但是对信息所表达的内容的理解,会因每个人不同的世界观、价值观、实践经验、认知水平等而有所差异。

(4) 共享性。

信息也是一种资源,但不同于材料和能源。材料和能源在使用之后会被转化、消耗;而信息在使用过程中是不会减少的,可以复制并不断地重复产生副本。使用信息的人越多,信息传播的面越广,信息的价值和作用就会越大。这是信息的共享性的必然结果。

(5) 时效性。

随着事物的发展和变化,信息的可利用价值也会相应地发生变化。信息的价值和作用有着鲜明的时效性。例如,用户在选购电脑时,一年前电脑的性能及型号信息对用户可能就已经毫无价值了。

(6) 依附性。

信息必须依附于载体,需要借助某种载体或符号才能表现出来并被感知,而且有些信息可以借助多种载体表现出来。例如,一条新闻可以通过电视节目来获得,也可以通过广播节目来获得,还可以通过报纸介绍来获得。

1.1.2 信息社会

信息社会亦被称为后工业社会。高度工业化的社会进一步发展,将成为信息社会,即信息起主要作用的社会。在信息社会中,信息产业高度发达且在产业结构中占据优势;信息资源得到充分开发利用且成为经济增长的基本资源之一;信息技术高度发展且在社会经济发展中得到广泛应用,从根本上改变了人们的生活方式、行为方式和价值观念。

1.2 计算工具的发展与变革

1.2.1 我国古代的计算思想和工具

人类最早有实物作证的计算工具——算筹诞生在我国。成语"运筹帷幄"中的"筹"指的就是算筹,它是一种计算工具。早在春秋战国时期,人们就已经使用竹子做的算筹来进行计算了。据《汉书·律历志》记载,算筹是圆形竹棍,长 23.86 cm,横截面直径是 0.23 cm,约 270 枚成束,放在布袋里随身携带。

在使用算筹进行计算时,古人创造了纵式、横式两种不同的摆法,按照纵横相间的原则表示任一自然数,从而进行加、减、乘、除、开方以及其他代数计算。负数出现后,算筹分红、黑两色,红筹表示正数,黑筹表示负数。由此可见,如果把算筹比做人类最早的"计算机(器)",那么算筹属于硬件,而摆法就是软件了。

我国古代在计算工具领域的另一项发明是算盘。它结合了十进制计数法和一整套计算口诀(相当于算盘的"软件")并一直沿用至今,所以被许多人看做是人类最早的"数字计算机"。

1.2.2 西方近代的计算思想和工具

人类对自动计算机械的追求是从计算工具开始的。从 1642 年法国数学家帕斯卡(B. Pascal)发明的齿轮式加法器到 1673 年德国数学家莱布尼兹(G. Leibniz)发明的乘法器,再到 1822 年英国数学家巴贝奇(C. Babbage)发明的差分器,这些工具的计算功能不断提高。

1834 年,巴贝奇提出了"分析机"的概念,由三个装置(类似现在的存储器、计算器、控制器)组成,并可以编程。尽管这台分析机最终未能问世,但其设计思想为现代电子计算机的结构设计奠定了基础。现代电子计算机的中心结构部分恰好包括了巴贝奇提出的分析机的三个装置。

1888年,美国人霍勒斯(H. Hollerith)发明了制表机。它采用穿孔卡片进行数据处理,并用电气控制技术取代了纯机械装置。霍勒斯于1896年创立了制表机公司;1911年,该公司并入计算制表记录(CTR)公司;1924年,老沃森(T. Watson)把CTR更名为国际商业机器(International Business Machines)公司,即鼎鼎大名的IBM公司。

1.2.3 现代计算机的诞生和发展

1946年2月15日,世界上第一台通用电子数字积分计算机ENIAC(electronic numerical integrator and calculator,电子数值积分和运算器)宣告研制成功。ENIAC的成功奠定了电子计算机的发展基础,是计算机发展史上的一座里程碑,也是人类在计算技术发展历程中达到的一个新起点。它的问世标志着电子计算机时代的到来。

自第一台电子计算机诞生以来的半个多世纪,计算机有了突飞猛进的发展。根据构成计算机的核心元器件的更新换代时间,可将计算机的发展历程划分为电子管时代、晶体管时代、集成电路(integrated circuit, IC)时代、大规模集成电路(large scale integration, LSI)和超大规模集成电路(very large scale integration, VLSI)时代和微型计算机时代。每代之间不是截然分开的,在时间上有所重叠。最近三十多年来,多媒体、网络无处不在,计算机已经广泛地应用于各个领域并对社会生活产生了深远影响。

1.3 计算机的特点

计算机具有强大的计算能力和逻辑判断能力,并且能够快速、准确地解决各种复杂的、大数据量的数学和逻辑问题。计算机的主要特点有:

(1) 自动控制能力。

计算机是由程序控制其操作过程的。只要根据应用的需要,事先编制好程序并输入计算机,计算机就能自动、连续地工作,完成预定的处理任务。计算机中可以存储大量的程序和数据。存储程序是计算机工作的一个重要原则,这是计算机能自动控制处理的基础。

(2) 高速运算能力。

现代计算机的运算速度最高可达几万亿次每秒。即使是个人计算机(personal computer, PC),运算速度也可达到几千万到几亿次每秒,远远高于人工计算速度。

(3) 很强的记忆能力。

计算机拥有容量很大的存储装置。它不仅可以存储指挥计算机工作的程序,还可以存储所处理的原始数据信息、中间结果与最终结果。计算机所能保存、处理、分析和重新组合的信息包括大量的文字、图像、声音等形式,以满足这些信息的各种应用需求。

(4) 很高的计算精度。

由于计算机采用二进制数字进行计算,因此可以通过增加表示数字的设备和运用计算技巧等手段使数值计算的精度越来越高。例如,可根据需要获得千分之一到几百万分之一,甚至更高的精度。

(5) 逻辑判断能力。

计算机具有逻辑判断能力;也就是说,计算机能够进行逻辑运算,并根据逻辑运算的结果选择相应的处理。当然,计算机的逻辑判断能力是在软件编制时就预定好的;软件编制时没有考虑到的问题,计算机还是无能为力的。

(6) 很强的通用性。

计算机能够在各行各业得到广泛的应用,具有很强的通用性,原因之一就是它的可编程性。计算机可以将任何复杂的信息处理任务分解成一系列的基本算术运算和逻辑运算,反映在计算机的指令操作中,按照各种规律要求的先后次序把它们组织成各种不同的程序,存入存储器中。在计算机的工作过程中,这种存储的指令序列指挥和控制计算机进行自动、快速的信息处理,并且十分灵活、方便、易于变更,这就使计算机具有极大的通用性。同一台计算机,只要安装不同的软件或连接到不同的设备上,就可以完成不同的任务。

1.4 计算机的分类

按计算机的规模和处理能力,可以将计算机分成以下几类:

(1) 超级计算机(supercomputer)。

超级计算机(又叫巨型计算机)的运算速度为每秒数十万亿次,甚至高于百万亿次浮点数运算;数据存储容量很大,结构复杂,功能完善,价格昂贵。它在计算机系列中,运算速度最快,系统规模最大,具有极强的处理能力。

(2) 大型计算机(mainframe computer)。

大型计算机是大型计算机中心、大型信息处理中心的核心系统;其主机运算速度快,存储容量大,事务处理能力强,数据输入、输出吞吐率高,可同时为众多用户提供服务。

(3) 微型计算机(microcomputer)。

微型计算机(简称微机;又称为个人计算机)的产生与发展是与大规模集成电路的发展分不开的。1971 年 1 月,英特尔(Intel)公司成功研制出世界上第一块 4 位微处理器芯片 Intel 4004,标志着微机时代的开始。微处理器加上半导体存储器(包括随机存储器)、外部接口、时钟发生器与其他部件,就组成了微机。从 1971 年至今,微处理器已由 4 位字长、8 位字长发展到 64 位字长;时钟频率由最初的 1 MHz[①] 发展到现在的几百至几千兆赫;运算速度为每秒几千万次,甚至几十亿次。随着性能的不断提高,计算机的体积大大缩小,价格不断下降,计算机得到了极大的普及。

(4) 嵌入式计算机(embedded computer)。

嵌入式计算机是把处理器和存储器以及接口电路直接嵌入设备当中的计算机。例如,一块配以程序段的微机芯片就可以构成用于洗衣机的嵌入式计算机。随着系统设计、计算机科学和微电子技术的不断发展,嵌入式计算机的应用正向国民经济、军事、生活服务等方面扩展。

(5) 小型计算机(minicomputer)。

小型计算机的运算速度低于大型计算机,存储容量小于大型计算机,与终端和各种外部设备连接比较容易,适于作为联机系统的主机或工业生产过程的自动化控制。

(6) 工作站(workstation)。

工作站是具有很强功能和性能的单用户计算机,通常使用在信息处理要求比较高的应用场合,如平面制作、工程或产品的计算机辅助设计(computer aided design,CAD)等。

---

① 1 MHz=10^6 Hz(赫[兹])。

1.5 计算机的应用领域

随着科学技术的发展,计算机的应用已渗透到社会的各个领域,正在改变着传统的工作、学习和生活方式,推动着社会的发展。

(1) 科学计算。

科学计算是指利用计算机来完成科学研究和工程技术中提出的数学问题的计算,是计算机最早、最重要的应用领域。以天气预报为例,如果用人工计算,预报一天的天气情况需要计算几个星期,这就失去了时效性;改用高性能的计算机系统,取得10天的预报数据只需要计算数分钟,这就使中长期天气预报成为可能。目前随着计算机性能的提高,天气预报更加准确,大大减少了各种自然灾害给人类造成的损失。

(2) 自动控制。

自动控制(又称实时控制或过程控制)是指使用计算机及时采集数据,对数据进行分析,并根据分析结果选择最佳方案从而对过程进行控制。军事上,常使用计算机控制导弹等武器的发射与导航,自动修正导弹在飞行中的航向。军事领域在武器系统中大量使用的嵌入式计算机,其实就是配有执行机构的实时控制系统。为了提高这类实时控制软件的质量,美国国防部还专门研制了一种通用的高级语言——Ada语言。在汽车工业方面,利用计算机控制机床和整条装配流水线,可以实现精度要求高、形状复杂的零件加工自动化,甚至使整个车间或工厂实现自动化。计算机技术与通信技术结合,可以实现遥控和遥测,如控制远距离的输油、输气等。

(3) 数据处理。

数据处理是对各种数据进行收集、存储、整理、分类、统计、加工、利用、传播等一系列活动的统称。早在20世纪50年代,人们就开始把登记、统计账目等单调的事务性工作交给计算机处理。60年代初期,银行、企业和政府机关纷纷用计算机来处理账册、管理仓库或统计报表,从数据的收集、存储、整理到检索统计,应用范围日益扩大,很快就超过了科学计算,成为计算机最大的应用领域。直到今天,数据处理在所有计算机应用中仍稳居第一位,耗费的机时大约占到全部应用的2/3。目前银行、航空与铁路运输的管理都是使用计算机网络,许多航空公司已经使用电子机票。

(4) 网络通信。

计算机技术与现代通信技术的结合构成了计算机网络通信系统。广义上的网络通信系统不仅包括计算机组成的网络,还包括各种无线通话系统、卫星通信系统等。计算机网络通信系统最常见的应用方式有上网浏览信息、参加网络视频会议、在网络上发布信息、收发电子邮件、手机通话、利用全球卫星定位系统(global position satellite,GPS)导航等。

(5) 辅助设计。

计算机辅助设计是计算机系统辅助设计人员进行工程或产品设计,以实现最佳设计效果的一种技术,目前已广泛地应用于飞机、汽车、机械、电子、建筑和轻工等领域。例如,在建筑设计过程中,可以利用CAD技术进行力学计算、结构计算、绘制图纸等,这样不但提高了设计速度,而且可以大大提高了设计质量。

(6) 教育培训。

计算机辅助教学(computer aided instruction,CAI)、校园网、远程教育正改变着传统教学模式,构建着全新的立体化教学环境。学生不仅可以跨院校、跨地区地接受教育,而且可以选择授课教师和内容,进行自主学习、终身学习。构建"学习型社会"不再是一种理念,已经变为现实。

(7) 电子商务。

电子商务就是利用计算机、网络和远程通信技术,实现整个商务(买卖)过程中的电子化、数字化和网络化。人们不再是面对面地看着实实在在的货物,靠纸介质单据(包括现金)进行交易(买卖),而是通过网络和网上琳琅满目的商品信息、完善的物流配送系统和方便安全的资金结算系统进行交易(买卖)。

(8) 电子政务。

电子政务就是政府机构应用现代信息和通信技术,将管理和服务通过网络技术进行集成,在互联网上实现政府组织结构和工作流程的优化重组,超越时间、空间及部门之间的分隔限制,向社会提供优质、全方位、规范、透明、符合国际水准的管理和服务。电子政务是实现政务公开、提高效率、科学决策、改进和完善服务职能的重要手段。以电子政务为核心的政府信息化是推动我国国民经济信息化的关键。

(9) 促进人文科学的发展。

从发展历程上看,信息技术侧重于自然科学各个领域的相关技术,但是在现代信息社会,信息技术与人文科学的融合更加明显。计算机技术的应用使得人文科学的相关研究有了更先进的工具和手段。例如,作家利用计算机进行创作,利用网络发表作品;设计师利用计算机来设计动画和实现影视特技;图书馆实现了电子图书;社会调查则可以通过网络来获得数据,并使用软件对数据进行快速处理。

(10) 休闲娱乐。

计算机不仅可以用来上网浏览、聊天、发邮件,还可以用来收看有线电视,并把电视节目录下来,慢慢欣赏。计算机网络游戏早已为大家所熟悉,虚拟现实的游戏使人们有更强的参与感。电影院、剧场中计算机控制的舞台、灯光、音乐为人们营造出更加舒适的观看效果。计算机的应用和普及极大地丰富了人们的休闲娱乐。

参 考 文 献

1. 贾积有.大学计算机应用基础.杭州:浙江大学出版社,2007.
2. 〔美〕Parsons J J, Oja D. 计算机文化. 吕云翔,张少宇,曹蕾,等,译. 北京:机械工业出版社,2006.

第二章 计算机系统

2.1 计算机中的数制

2.1.1 二进制计数制

日常生活中,人们常用十进制计数法进行计数。十进制计数法的特点是采用 0,1,…,9 共 10 个基本计数符号进行计数。在一个十进制数中,处在不同数位上的数字代表的数值不同。例如,处在个位上的"5"代表数值 5,处在十位上的"5"代表 50,处在百位上的"5"代表 500。实际上,每个数位都对应着一个权值,而处在该数位上的数字所代表的数值正是这个数字与相应权值的乘积。十进制数中各数位的权值是以 10 为底的幂,个位的权值是 10^0,十位的权值是 10^1,百位的权值是 10^2,等等,因此处在个位上的"5"代表的数值是 5×10^0,处在十位上的"5"代表的数值是 5×10^1,处在百位上的"5"代表的数值是 5×10^2。一个十进制数所代表的数值是每个数位上的数字所代表的数值的和,例如

$$365=3\times10^2+6\times10^1+5\times10^0$$

因此,十进制作为一种计数制,有两个特征:(1) 使用 10 个基本计数符号。在一种计数制中,所使用的基本计数符号的个数称为数制的基;也就是说,十进制的基是 10。(2) 在十进制数中,每个数位对应一个权值,权值是 10 的幂次。

尽管十进制在人们的日常生活中广泛使用,但是现代计算机并没有采用它,而采用的是二进制计数制。二进制也是一种计数方法,这种计数制的基是 2;也就是说,使用两个计数符号 0 和 1,例如 1011011。同十进制计数制一样,在二进制数中,每个数位也对应一个权值,权值是 2 的幂次。可以仿照十进制中按权值展开的方式求得一个二进制数所代表的具体数值,例如

$$(1011011)_2=1\times2^6+0\times2^5+1\times2^4+1\times2^3+0\times2^2+1\times2^1+1\times2^0=(91)_{10}$$

在现代计算机中,无论数值、文字、图片,还是指令,最终都采用二进制数表示。为什么不使用人们更为熟悉的十进制计数制呢?这是因为若采用十进制,计算机的设计将会更加复杂。采用二进制可以简化计算机的电路设计,提高计算机的运算可靠性,从而提升计算机的运算速度,降低计算机的成本。具体而言,在二进制中,0 和 1 两个计数符号只需两种对立的物理状态就可以实现,例如可以用电平的高低或电流的有无加以实现;而十进制则需要 10 种不同的物理状态才能表示出所需要的 10 个计数符号。同时,由于二进制只需要两个物理状态实现 0 和 1,技术上容易做得比较可靠,在传输和运算的过程中,由于受到干扰而发生错误的可能性较小;计数符号的减少带来运算法则的简化,采用二进制后,计算机运算电路的设计会大为简化。现代计算机不仅具有数值运算能力,同时也有很强的逻辑处理能力,二进制中的两个计数符号与逻辑中真值(true)、假值(false)有很简单的对应关系。基于这些原因,现代计算机的内部计数均采用二进制。回顾现代计算机不算很长的发展历史,其实可以发现,在其发展初期时使用的并非二进制计数制。1946 年诞生的世界上第一台通用电子数字计算机 ENIAC 采用的

就是十进制计数制。1949年建成的离散变量自动电子计算机(electronic discrete variable automatic calculator, EDVAC),经美籍匈牙利数学家冯·诺伊曼(von Neumann)的建议,才正式开始使用二进制计数制。

在现代计算机中,组成二进制数的每个0或1被称做一个二进制位(bit,读做"比特",写做"b"),每8个二进制位组成的单位被称为一个字节(byte,写做"B")。位是计算机中最小的数据单位。例如,二进制数1011101是一个由7个二进制位组成;二进制数01011101由8个二进制位组成,因而构成一个字节。

2.1.2 计算机科学中常用的其他数制

尽管在计算机中采用的是二进制计数制,但为了记述方便,计算机科学研究中常用的数制除二进制外,还包括十进制、八进制和十六进制。从技术实现的角度看,二进制有很多优点,但在使用过程中却不够直观。一个很小的数表示成二进制都要写成很多位。既不便于书写,也不便于记忆。例如,数字"91"写成十进制,只需要两位,但写做二进制,却需要7位。因此对于计算机科学工作者或计算机用户而言,需要使用更为紧缩、直观的记述方式。当然,最为直观的记述方式是十进制,对人们而言,这也是最容易接受的计数制;但在计算机科学中,十进制使用起来有时显得并不方便,这主要是因为十进制和二进制之间的转换相对而言较为麻烦。在计算机科学中,人们还经常使用十六进制和八进制,因为在二进制、十六进制和八进制之间转换显得很容易;同时,十六进制和八进制书写起来远比二进制紧缩、方便。

十六进制计数制的基是16。这意味着在十六进制中使用16个基本计数符号,分别是0,1,2,…,9和A,B,C,D,E,F。比十进制多出来的6个计数符号A~F分别对应着十进制的10,11,…,15。在十六进制数中,每个数位的权重是16的幂次。例如,十六进制数5B所对应的十进制数是

$$(5B)_{16} = (5 \times 16^1 + B \times 16^0)_{10} = (5 \times 16 + 11)_{10} = (91)_{10}$$

八进制计数制的基是8。这意味着在八进制中使用8个基本计数符号,分别是0,1,2,…,7。在八进制数中,每个数位的权重是8的幂次。例如,八进制数133所对应的十进制数是

$$(133)_8 = (1 \times 8^2 + 3 \times 8^1 + 3 \times 8^0)_{10} = (91)_{10}$$

在引入二进制以及八进制、十六进制计数制后,如果不对数加以标记,则有可能发生混淆。例如,数字"1011"既可能是一个二进制数,也可能是一个十进制数,还可能是八进制数或十六进制数。为了区别,一种处理方法是$(1011)_2$、$(1011)_{10}$、$(1011)_8$、$(1011)_{16}$分别代表二进制、十进制、八进制、十六进制中的"1011"。还可以通过在数字末端添加一个字母来表明计数制,通常字母B、D、O、H分别用来表示二进制、十进制、八进制和十六进制数。例如,二进制数1011101记做1011101B,十进制数91记做91D,八进制数133记做133O,十六进制数5B记做5BH。如果从上下文可以明确知道某个数所采用的计数制时,这些标记符号可以省略不写。

2.1.3 数制的转换

1. 二进制与十六进制、八进制之间的转换

十六进制和八进制之所以被广泛使用,主要在于它们和二进制之间方便的转换关系。每个十六进制的计数符号对应一个4位的二进制数。对于十六进制而言,要做到和二进制相互

转换，只需记住十六进制中每个计数符号与二进制的对应关系，如表 2-1 所示。

表 2-1　十六进制数与二进制数之间的转换对应关系

十六进制数	二进制数	十六进制数	二进制数
0	0000	8	1000
1	0001	9	1001
2	0010	A	1010
3	0011	B	1011
4	0100	C	1100
5	0101	D	1101
6	0110	E	1110
7	0111	F	1111

把一个二进制数转换成十六进制数，可从该二进制数最右端开始，每 4 个二进制位转换成一个十六进制数。若最左端不足 4 个二进制位，可在左端用"0"补足。以二进制数 1011011 为例，转换过程如下：

$$1011011 \longrightarrow \underbrace{0101}_{5}\underbrace{1011}_{B} \longrightarrow 5B$$

十六进制数转换成二进制数的过程正好相反，只需将每个十六进制数按照表 2-1 转换成一个 4 位的二进制数即可。例如，十六进制数 5 对应二进制数 0101，B 对应二进制数 1011，故十六进制数 5B 转换为二进制数 01011011。

二进制数转换成八进制数同二进制数与十六进制数的转换类似，只不过每 3 个二进制位对应一个八进制数。表 2-2 描述了八进制中每个计数单位与二进制数的对应关系。

表 2-2　八进制数与二进制数的转换对应关系

八进制数	二进制数	八进制数	二进制数
0	000	4	100
1	001	5	101
2	010	6	110
3	011	7	111

仍以二进制数 1011011 为例，其转换成八进制数的过程如下：

$$1011011 \longrightarrow \underbrace{001}_{1}\underbrace{011}_{3}\underbrace{011}_{3} \longrightarrow 133$$

八进制转换成二进制的过程与此相反，只需将每个八进制数按照表 2-2 转换成一个 3 位的二进制数即可。例如，八进制数 1 对应二进制 001，3 对应二进制数 011，所以八进制数 133 转换成二进制数 001011011。

2. 二进制与十进制之间的转换

二进制数与十进制数之间的转换比二进制数与十六进制、八进制数之间的转换复杂,因为两者之间并无简单的对应转换关系。

欲把一个二进制数转换为十进制数,通常采用逐位按权值展开并相加的方式。若

$$b_{n-1}b_{n-2}\cdots b_1 b_0 \quad (b_i=0 \text{ 或 } 1, i=0,1,2,\cdots,n-1)$$

是一个由 n 个二进制位组成的二进制数,则其对应的十进制数为

$$b_{n-1} \times 2^{n-1} + b_{n-2} \times 2^{n-2} + \cdots + b_1 \times 2^1 + b_0 \times 2^0$$

例如,二进制数 1011011 可按照下式转换成十进制数 91:

$$1 \times 2^6 + 0 \times 2^5 + 1 \times 2^4 + 1 \times 2^3 + 0 \times 2^2 + 1 \times 2^1 + 1 \times 2^0 = 91$$

把一个十进制数转换成二进制数,通常采用所谓的除余法,其基本过程为:先把所要转换的十进制数除以 2,余数即为二进制数的最低位;然后对商继续除以 2,余数为二进制数的次低位;如此继续,直到所得到的商小于 2,而此时的商就是二进制数的最高位。图 2-1 描述了运用除余法把十进制数 139 转换成二进制数 10001011 的过程。

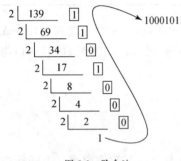

图 2-1 除余法

3. 十六进制、八进制与十进制之间的转换

十六进制、八进制与十进制之间的转换同二进制与十进制之间的转换类似,也可采用逐位按权值展开并相加的方式进行。设 $h_{n-1}h_{n-2}\cdots h_1 h_0$ 是一个 n 位十六进制数,$o_{n-1}o_{n-2}\cdots o_1 o_0$ 是一个 n 位八进制数,则其对应的十进制数可分别应用下面的公式求得:

$$(h_{n-1}h_{n-2}\cdots h_1 h_0)_{16} = (h_{n-1} \times 16^{n-1} + h_{n-2} \times 16^{n-2} + \cdots + h_1 \times 16^1 + h_0 \times 16^0)_{10}$$

$$(o_{n-1}o_{n-2}\cdots o_1 o_0)_8 = (o_{n-1} \times 8^{n-1} + o_{n-2} \times 8^{n-2} + \cdots + o_1 \times 8^1 + o_0 \times 8^0)_{10}$$

把一个十进制数转换成相应的十六进制数或八进制数,也可以采用除余法,只不过在转换过程中使用的除数分别是 16 和 8。

2.2 计算机基本原理

2.2.1 计算机系统的逻辑结构

说到计算机系统,人们首先想到的是,一个由各种电子和机械装置组成的复杂系统。这些电子和机械部件会在程序和数据驱动下完成人们交给计算机系统的各种运算、管理任务。可见,一个完整的计算机系统可说是由两部分组成:一部分即组成计算机系统的各种电子和机械装置。它们是计算机系统完成各种任务所依赖的物质基础,通常被称做计算机系统的硬件子系统。另一部分即驱动硬件子系统完成各种运算、管理任务的程序和数据,通常被称为计算机系统的软件子系统。在计算机系统中,硬件子系统与软件子系统必须相互配合才能工作,两者缺一不可。这是计算机系统区别于日常生活中其他系统的一个重要特征,也是计算机系统能够面向广泛应用领域的原因所在。

从硬件的角度看,现代计算机一般被认为由控制器、运算器、存储器、输入设备和输出设备五个部分组成。由于冯·诺伊曼在现代计算机的研究中贡献卓著,由上述五个部件组成的计

算机也被称为冯·诺伊曼机,其逻辑结构可用图 2-2 来描述。

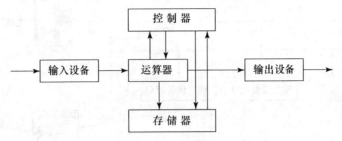

图 2-2　现代计算机的逻辑结构

从图 2-2 中可以看出,在现代计算机中处于核心地位的部件是控制器,它是整个计算机硬件系统的指挥和协调装置。控制器可以在指令的控制下,指挥其他计算机部件协同完成用户交予计算机完成的任务。运算器是计算机系统中的另一个核心部件;顾名思义,它是计算机系统中对信息进行加工和处理的部件。运算器可以在控制器的指挥下,完成各种诸如加、减、乘、除之类的算术运算以及与(and)、或(or)、非(not)这样的逻辑运算。正因为如此,运算器的核心部件被称为算术逻辑单元(arithmetic and logic unit,ALU)。存储器是计算机系统中用来存储的部件,其中既可保存计算机处理的各种数据,也用来保存指挥控制器工作的各种指令。在现代计算机系统中,输入和输出设备则构成了计算机系统的对外接口。其中,输入设备负责把用户提供的程序和数据转换成计算机可以处理的电信号,供计算机的控制器和运算器进行处理,典型的包括键盘、鼠标、扫描仪等;输出设备则负责把计算机的内部处理结果以用户可以理解的方式输出,常用的包括显示器、打印机、绘图仪等。

在现代计算机中,用户经由输入设备将控制计算机工作的指令和计算机要处理的数据输入计算机,并将这些指令和数据存储在计算机的存储器中。在控制器的指挥下,这些存储器中的指令被取出,并被进一步用于控制运算器完成用户所希望进行的各种运算,运算结果被保存在存储器中或经输出设备输出给用户。

由于控制器和运算器在整个计算机系统中处于核心地位,通常也合称为中央处理单元(central processing unit,CPU)。在一些面向个人使用的微型计算机系统中,这两个部分经常被集成在一块集成电路芯片中,称为微处理器芯片。

2.2.2　总线结构的计算机

从前文的描述可以看出,计算机在工作时,它的各个组成部分需要紧密配合,数据和指令经常需要在各个部件之间传送、交换。那么,它们是如何联系在一起的呢?它们之间的信息传输信道又是什么呢?现代计算机通常采用所谓的总线结构。计算机的各个组成部分通过总线联系在一起,各个部件之间的信息传送和交换通过总线进行。图 2-3 描述了计算机的总线结构。

总线是计算机各个部件传送、交换信息的公共通道。如果存储器中的某个数据要被传送到 CPU,通常首先被存储器传送到总线上,CPU 再从总线上获取。

从图 2-3 还可以看出,CPU 和存储器都直接与总线连接,但键盘、鼠标、显示器、打印机等输入或输出设备并没有直接与总线相连,而是通过一种特殊的被称为输入、输出设备接口的中间部件连接在一起。那么,为什么这些输入、输出设备不直接和总线相连呢?原因是输入、输

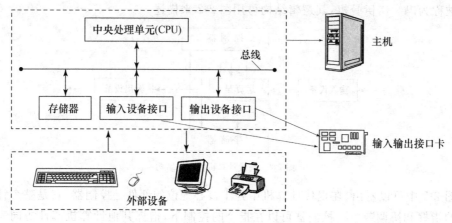

图 2-3 计算机的总线结构

出设备种类繁多,不仅有电子装置,也有机械装置,原理也不尽相同。各种设备使用的电气信号规格并不相同,与总线中使用的标准信号也不相容,因此需要特殊的输入、输出设备接口完成信号的转换和处理,使得来自各种设备的信号最终转换成总线可以接受的信号,也使得来自总线的信号最终可以转换为各种设备所特有的信号规格。一般而言,不同的设备需要不同的设备接口。输入、输出设备接口通常用一块特殊的印刷电路板来实现,这样的印刷电路板被称做输入输出(input/output,I/O)接口卡。

在面向个人使用的微机系统中,CPU、存储器、各种 I/O 接口卡以及连接它们的总线通常被封装在机箱内,构成主机(箱)部分,而键盘、打印机等设备则通过主机面板上的插槽与其相连接。相对位于主机箱内的 CPU、存储器等核心部件,键盘、打印机等设备也被称做外部设备。

2.2.3 中央处理单元

CPU 是控制器和运算器的合称。作为计算机的核心部件,对其结构作必要的了解,有益于掌握现代计算机的工作原理。图 2-4 是 CPU 的逻辑结构简图,只列出了说明其工作原理的必要部分。

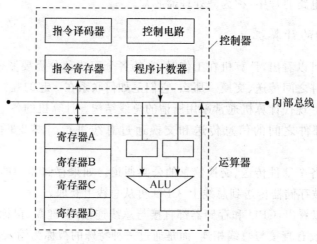

图 2-4 CPU 的逻辑结构简图

图 2-4 中,上半部分可以认为是控制器,下半部分可以认为是运算器,两者是通过总线连在一起的。由于在微机中,CPU 被实现为一块称做微处理器的集成电路芯片,连接运算器和控制器的总线位于该芯片内部,故也称做内部总线。内部总线最终和外部总线相连,从而使得运算器、控制器与计算机的其他部件连在一起。

控制器一般包括指令译码器、控制电路、指令寄存器和程序计数器四个必要部件。指令寄存器是一个寄存装置,其中寄存的是当前计算机正要执行的指令。在计算机处于工作状态时,控制器总是不断地将要执行的指令从存储器中取出,经总线存放在指令寄存器中。一旦一条要执行的指令被寄存在指令寄存器中,控制器就会启动它的指令译码器,对该指令进行译码工作。指令译码器对指令寄存器中的指令进行分析解释,并按照指令的要求驱动控制电路产生各种控制信号,指挥计算机的各个部件完成指令所要求的任务。待一条指令执行完,控制器又会去存储器中取出下一条要执行的指令,而下一条指令在存储器中的位置(地址)则存放在程序计数器中。程序计数器也是一个特殊的寄存装置,其中存放的是指令在存储器中的位置。控制器可以根据程序计数器中的内容,到存储器的某个位置取出指令并寄存在指令寄存器中。程序计数器作为一个指令地址的寄存装置,还有一项特殊的功能,即一旦某指令被控制器取走后,程序计数器中的内容会自动累加,其中的内容会更新为下一条要取出的指令在存储器中的地址。控制器的功能就是由这四个组成部件共同协作完成的。一旦计算机接通电源后,控制器就开始从存储器中取出指令,而后执行指令,然后再取出下一条指令,执行下一条指令,等等,按照这样的过程循环往复,一直工作到计算机关闭为止。

运算器通常由 ALU 和通用寄存器构成。ALU 是完成算术运算和逻辑运算的电子装置,从图 2-4 可以看出,它有两条输入通路和一条输出通路。通常参与运算的数据经过输入通路进入 ALU,ALU 在控制器的指挥下,进行指令规定的运算,并把运算结果经输出通路输出到总线上。在图 2-4 中,除 ALU 外,还可以看到若干个通用寄存器。通用寄存器是 CPU 中的数据寄存装置,既可以存放参与运算的各种数据,也可以存放算术逻辑运算的结果,其中存放什么样的数据是由指令决定的,不像指令寄存器那样专门用来寄存指令。因而,通用寄存器不是一种专用的寄存器。在不同的 CPU 芯片中,通用寄存器的数量可多可少。同存储器相比,通用寄存器速度快。通用寄存器越多,可以寄存的数据就越多,CPU 的运算速度就越快。但是受制于成本以及技术的限制,CPU 中的通用寄存器并不能太多,一般而言,少则几个,多则几十个。

2.2.4 存储器

存储器是计算机中用来保存数据和指令的部件。逻辑结构上,存储器由一系列存储单元组成,每个存储单元可以存放一个数据,该数据可以被计算机的控制器读出并参与运算。运算器的运算结果也可以存储在存储单元中。每个存储单元都拥有一个唯一的地址。控制器可以通过某个具体的地址读出某个存储单元的内容或向某个存储单元中写入数据。所有存储单元的地址是连续的,形成一个线性地址空间。图 2-5 描述了存储器的逻辑结构。存储器由 65536 个存储单元构成,每个存储单元的地址从 0 开始,线性递增,其中地址为 2 的存储单元中的内容为 40,地址为 3

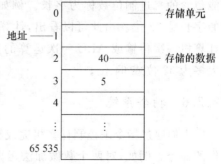

图 2-5 存储器的逻辑结构

的存储单元中的内容是 5。

仅从功能上看,CPU 中的寄存器和存储器中的存储单元没有区别,都是用来寄存数据的装置;但前者的读写速度更快。

尽管在图 2-5 中,存储单元中存储的数被写成十进制数,但我们需要时刻铭记在心,无论存储单元还是寄存器中存储的都是由若干个二进制位组成的二进制数。通常一个寄存器和存储单元所能存储的二进制数的位数是有限的,可以是一个或若干个字节。不同的计算机有不同的规定。例如,有些计算机的一个存储单元可以保存 8 个二进制位,即一个字节;有些计算机的一个存储单元可以保存 16 个二进制位,即两个字节。

存储容量一般用来描述存储器所能存储的数据的多少,其单位为字节。例如,可以说一个存储器的存储容量为 65536 个字节;也就是说,存储器中可以存放 65536 个字节的二进制数据。按照惯例,常把 2^{10}(即 1024)个字节称为 1K 字节(记做 1KB);把 2^{20}(即 2^{10} K)个字节称为 1M 字节(记做 1MB);把 2^{30}(即 2^{10} M)个字节称为 1G 字节(记做 1GB);把 2^{40}(即 2^{10} G)个字节称为 1T 字节(记做 1TB)。因此可以存储 65536 个字节的存储器,其存储容量也可以说成是 64K 字节(记做 64KB)。随着技术的进步,计算机存储器的容量越来越大,目前许多微型计算机的存储容量超过 1GB。

2.2.5 总线

现代计算机中,CPU、存储器、输入或输出设备接口之间通过总线相连。总线是连接计算机各个组成部件的通道,信息在各个部件之间的转移都通过总线进行。事实上,可以根据总线上传送的信号的类型进一步把总线分成三种类型:用于传送数据信号的总线被称做数据总线;用于传递控制信号的总线被称做控制总线;用于传递地址信号的总线被称做地址总线。现代计算机同时使用这三种总线,因此一般也称计算机的结构为三总线结构。

物理上,每种类型的总线都由若干条传输线组成。每条传输线在一个时刻可以传输一个二进制位,因而总线所包括的传输线的多少决定了总线的传输能力。由 8 条传输线组成的数据总线一次可以同时传输 8 个二进制位,即一个字节的内容。

目前,总线一次传输所能够同时传输的二进制位数以及 ALU 一次运算所能处理的二进制位数,都是表征计算机处理能力的指标。对于大多数计算机而言,这和通用寄存器以及存储单元中所能寄存的二进制位数是一致的。一般把总线一次传输所能传输的数据或 ALU 一次运算所能处理的数据称为一个字。一个字一般由一个或若干个字节组成,其中所能包含的二进制位数称为字长。例如,若 32 位二进制数,即 4 个字节的数据,则该计算机的字长是 32 位。由此可以看出,计算机的字长表征了计算机的处理能力。字长越长,表明计算机一次传输或 ALU 一次运算的数据越多,计算机的处理性能越强。目前微机的字长大多为 32 位或 64 位。

2.2.6 指令系统

人们通过指令来控制计算机完成特定的运算和管理任务。指令是要求计算机执行某种操作的命令。例如,对两个数做加法运算,可以要求计算机执行加法指令完成两个数相加的操作。并非人们想象得到的任何操作或运算都有指令与之相对应。例如,计算机中不会提供一条指令计算某个数的阶乘,这是因为阶乘运算可以通过执行若干条更为基本的指令来完成。因此计算机只提供一些完成基本操作的指令,人们通过使用这些基本指令及其组合就可以完成其他更为复杂的操作。通常工程师在设计时就确定了计算机可以执行的指令的种类和数量。一台计算机支持的所有指令的集合构成该计算机的指令系统。不同的计算机的指令系统并不相同,有些计算机支持的指令较少,有些计算机支持的指令较多。例如,一些计算机中有乘法指令,而另一些计算机中没有乘法指令。对于没有乘法指令的计算机,要进行乘法运算,就需要通过加法等更为基本的操作组合来完成。目前微机常用的指令系统一般包含数十条或上百条机器指令。

在计算机中,每条指令的基本格式一般如下:

操作码	地址码

其中,操作码用来表明指令要求计算机所要完成的运算或操作,例如加、减、移位、传送等;地址码用来给出参与运算的操作数和运算结果的位置,可以是寄存器和存储器地址等。为了对指令有更为深入的了解和直观上的认识,下面列举四条指令进行说明:

例 1   ADD A,[5]

说明   在这条指令中,ADD 是操作码,含义是加法操作;A 代表 CPU 中的寄存器 A;[5]表示存储器中的 5 号存储单元。这条指令的含义是先把寄存器 A 中的内容和 5 号存储单元中的内容相加,然后把结果放回到寄存器 A 中。

从上面的说明中,可以看到,加法指令把运算结果回存在寄存器 A 中,这是因为指令中只有两个地址码,指令中没有指出寄存运算结果的第三个地址码。这种指令属于两地址码。在采用两地址码的计算机中,一般规定运算结果放在第一个地址码所代表的存储单元或寄存器中。

例 2   MOV B,[10]

说明   在这条指令中,MOV 是操作码,含义是传送操作;B 与[10]分别代表寄存器 B 和10 号存储单元。这条指令的含义是把存储在第 10 号单元中的数据传送到寄存器 B 中。指令的执行结果是 10 号存储单元中的内容被复制了一份并放在寄存器 B 中。

例 3   IN [12],5

说明   这是一条输入指令,表示从 5 号设备读入一个数据,存放到 12 号存储单元中。可见,5 号设备是一个输入设备。

例 4   OUT [12],6

说明   这是一条输出指令,表示把 12 号存储单元的内容发送到 6 号设备并输出。可见,6 号设备是一个输出设备。

需要说明的是,在计算机中,无论操作码还是地址码,最终都表示为二进制码。使用 ADD,MOV,A,B 等助记符号,只是为了便于程序员学习和记忆,这些符号最终都必须转换为二进制码后才能在计算机中执行。

2.2.7   指令在计算机中的执行

与一般的家用电器不同,计算机是一种通用的机器。家用电器功能一般比较单一,而计算机却可以根据用户要求完成各种不同性质的任务。为什么计算机具有这种能力？原因在于程序员可以通过编写程序的方式来扩展计算机的能力。正如前文所述，每种类型的计算机都提供一套指令系统，程序员可以利用指令系统中提供的指令编写完成特定任务的程序，而所谓程序就是由程序员编写的能在计算机上执行的完成某个任务的指令序列。计算机顺序执行程序员编写的指令序列，就完成了某个特定的任务。

在现代计算机中，程序在执行前，首先都要存储在计算机的存储器中，然后再由 CPU 读取并执行；在计算机发展的早期阶段，程序在执行前并不存储在存储器中。把程序和其处理的数据同样对待，存储在存储器中，这一思想最早是由冯·诺伊曼提出的，相关思想通常被称做存储程序原理。目前所有计算机都采用存储程序原理；也就是说，所有程序在执行前都必须首先装入计算机的存储器中。

为了更好地理解程序及其在计算机中的执行过程，我们看一段简单的程序。该程序从输入设备读入两个数，进行相加操作，并把结果通过输出设备输出。假定输入设备的编号是 1，输出设备的编号是 2。下面为完成相应功能的指令序列：

```
IN [0],1
IN [1],1
MOV A,[0]
ADD A,[1]
MOV [2],A
OUT [2],2
```

该程序由六条指令组成。首先，两条 IN 指令分别从 1 号设备完成两个数的输入，输入后的数被分别存储在存储器中 0、1 号存储单元中。接下来，MOV 指令把 0 号单元中的数据传送到 CPU 的寄存器 A 中；ADD 指令把寄存器 A 中的数与 1 号存储单元中的数据相加并把结果寄存在寄存器 A 中，随后的 MOV 指令再把运算结果从寄存器 A 中传送到 2 号存储单元中存储。最后，OUT 指令把保存在第 2 号存储单元运算结果通过 2 号设备输出。现在假定该程序存放在存储器中从第 100 号开始的存储单元中，为了简单起见，假定一个存储单元可以存放一条指令，则上述程序被存储在存储器中第 100～105 号存储单元中，改写如下：

```
100：IN [0],1
101：IN [1],1
102：MOV A,[0]
103：ADD A,[1]
104：MOV [2],A
105：OUT [2],2
```

那么，上述程序如何在计算机中执行呢？事实上，一打开电源，计算机始终处在一个"取出指令—执行指令"的循环过程中。CPU 首先从存储器中取出一条指令，然后对该指令解码，并控制计算机的其他部件执行该指令。一条指令执行完后，CPU 会从存储器中取出下一条要执行的指令，再解码、执行。如此反复，直到计算机电源关闭。对上述程序而言，CPU 首先从存储器中的 100 号存储单元取出第一条输入指令,并把该指令寄存在 CPU 的指令寄存器中,进行译码,并启动控制电路执行。指令执行完后,CPU 再从 101 号存储单元中取出下一条指令并译码、执行。如此继续,直到程序中的所有指令被取出、执行。CPU 根据程序计数器中的内容确定到哪个存储单元读取指令。在上述程序开始执行时,程序计数器中的内容是 100,即 CPU 需要到第 100 号存储单元中读取要执行的指令。在第一条指令执行完成后,指令计数器的内容会自动累加为 101,这意味着 CPU 下一条要读取的指令位于 101 号存储单元中。通过程序计数器的自动累加,CPU 就可以逐条读入组成程序的指令并完成程序的执行。

我们以上述程序中的相加指令为例,说明指令在计算机中的执行过程。CPU 先在 102 号存储单元中读取指令;再通过总线将该指令传送到 CPU 中的指令寄存器中,同时程序计数器中的内容累加为 103,为读取下条指令做好准备。图 2-6 是指令读取过程的示意图,图中虚线标记了指令通过总线到达指令寄存器的过程。

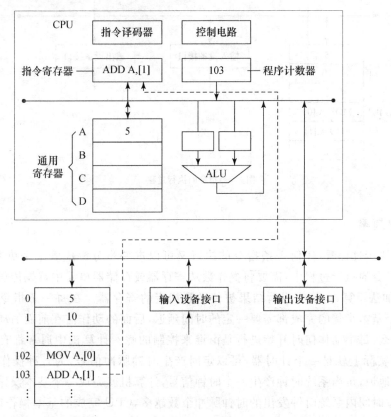

图 2-6 指令的读取过程

当把指令读入指令寄存器后,CPU 即开始执行该指令,图 2-7 显示了指令 ADD A,[1]的执行过程。不太严格地说,该指令的执行可以分做五步:① 指令译码器对指令寄存器中的指令进行译码,并驱动控制电路发出控制信号,引导指令的执行;② 在控制电路的驱动下,寄存器 A 中的数被读入到算术逻辑运算单元;③ 在控制电路的驱动下,第 1 号存储单元中的数据通过总线传送到 ALU;④ 控制电路驱动 ALU 进行加法运算;⑤ ALU 的运算结果被传送到寄存器 A 中,取代了 A 中原有的内容。

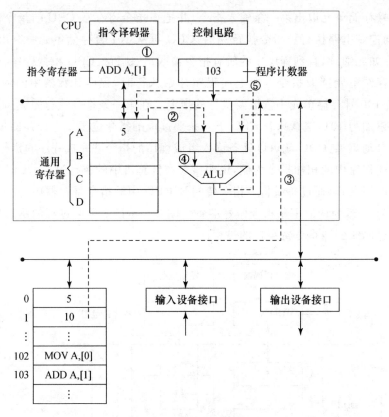

图 2-7 指令的执行过程

2.2.8 时钟频率

从指令的执行过程看,任何一条指令的执行又可以进一步分解成若干个更基本的步骤。例如,在加法指令的执行过程中,需要将操作数从寄存器或存储器单元中首先传送到 ALU,然后 ALU 进行加法运算,运算完成后结果被传送到指定的寄存器。在每一条指令或指令执行过程中,每一个基本步骤的完成都需要一定的时间延迟,后面的动作需在前面的动作完成后才可以开始。那么,每个动作何时开始进行是由谁来控制的呢?计算机中通常都有一个系统时钟。系统时钟实际上就是一个计时器,可以定时产生时钟脉冲信号,为各种操作建立同步信号。不太严格地说,每当系统时钟产生一个时钟信号,计算机就完成一个基本操作。从这个角度看,如果单位时间内系统时钟发出的时钟脉冲个数越多,CPU 完成的基本操作就越多;也就是说,CPU 的速度越快。通常,系统时钟单位时间内发出的时钟脉冲个数称为 CPU 的时钟频率。可见,时钟频率是表征 CPU 性能好坏的一个指标。所以,一般而言,时钟频率越高,CPU 的速度越快。时钟频率有时也称为主频,单位是 Hz。例如,20 世纪 80 年代初使用较多的微机 PC XT,使用的微处理器是英特尔公司生产的 8086,其时钟频率为 4.77 MHz。而目前常见的由英特尔公司生产的奔腾(Pentium)微处理器,其时钟频率已超过 2 GHz[1]。需要说明的是,时钟频率只是影响计算机性能的指标之一,不能仅仅单凭这一项来判断计算机的性能。

---

[1] 1 GHz=10^9 Hz。

2.3 信息在计算机中的表示

2.3.1 数值数据在计算机中的表示

1. 无符号整数的表示

数值计算是现代计算机的基本功能之一,日常生活中的许多任务都涉及大量的数值计算。为了完成各种数值计算的任务,首先要解决的是决定各种类型的数值如何在计算机中表示的问题。无符号整数是计算机可以处理的最简单的数值类型。以字长为 16 的计算机为例,一个无符号整数通常表示为一个 16 位二进制数,例如无符号整数 100 被表示成二进制数 00000000 01100100。

由于在字长为 16 的计算机中,一个整数被表示成两个字节。因此能表示的无符号整数的范围是有限的:最小的整数是 0(二进制数 00000000 00000000);最大的整数为 65535(二进制数 11111111 11111111)。一般而言,字长为 N 的计算机所能表示的无符号整数的范围为 $0 \sim 2^N - 1$。

二进制无符号整数的运算规则同十进制是类似的。以加法为例,在十进制运算中,遵循"逢十进一"的原则;但在二进制运算中,则遵循"逢二进一"的原则。例如:

$$
\begin{array}{r}
00000000\ 00000011 \\
+\ 00000000\ 00001001 \\
\hline
00000000\ 00001100
\end{array}
$$

在上述加法运算中,由于被加数和加数最右边的二进制位均为 1,故而相加后执行进位。被加数右边第 2 位是 1,加数右边第 2 位是 0,两者相加不进位,但由于还需要与来自右侧的进位 1 相加,所以还会产生进位。

两个数的运算结果可能会超出表数的范围。以加法为例,两个位于表数范围内的无符号整数,其运算结果完全可能大于 65535,这时一般称运算发生了溢出。如果运算发生溢出,则运算结果是不正确的,程序员需要对溢出的运算结果进行专门的处理。

与此相关的另一个问题是如何处理超出表数范围的无符号整数。此时,只能由程序员编写专门的大数处理程序,将一个超出表数范围的数分解成多段进行处理。

2. 有符号整数的表示

整数有正有负,计算机中也必须能够处理有符号的整数。计算机中常用补码表示有符号的整数。在补码表示中,零和正整数的补码表示同无符号整数一样。例如,在字长为 16 的计算机中,0 的补码表示为 00000000 00000000,+1 的补码表示为 00000000 00000001,+2 的补码表示为 00000000 00000010,以此类推,+32767 的补码表示为 01111111 11111111。

负整数的表示不那么直观,一个负整数的补码表示通常可通过下列步骤得到:

(1) 将该负整数转变为相反数。
(2) 将该相反数转换为二进制数。
(3) 将该二进制数按位求非(也称按位求反);也就是说,把是 0 的位转换为 1,而把是 1 的位转换成 0。
(4) 将以上运算得到的数加 1。

例如，要在字长为 16 的计算机中表示有符号整数 −100。首先，它的相反数是 +100，其对应的二进制数是 00000000 01100100，按位求非后得到 11111111 10011011。再将所得的二进制数加 1，即

$$
\begin{array}{r}
11111111\ 10011011 \\
+\ 00000000\ 00000001 \\
\hline
11111111\ 10011100
\end{array}
$$

也就是说，−100 的补码表示为 11111111 10011100。按照同样的办法可知，−1 的补码表示为 11111111 11111111，−2 的补码表示为 11111111 11111110，−3 的补码表示为 11111111 11111101，以此类推，−32768 的补码表示为 10000000 00000000。

在字长为 16 的计算机中，有符号整数的补码表示方案可用表 2-3 来表示。

表 2-3　有符号整数的补码表示方案

有符号整数	补码表示		补码表示	有符号整数
0	00000000 00000000		11111111 11111111	−1
+1	00000000 00000001		11111111 11111110	−2
+2	00000000 00000010		11111111 11111101	−3
+3	00000000 00000011		11111111 11111100	−4
⋮	⋮		⋮	⋮
+32 766	01111111 11111110		10000000 00000001	−32 767
+32 767	01111111 11111111		10000000 00000000	−32 768

从表 2-3 可以看出，由于 16 个二进制位最多可以表示 65536 个不同的二进制数，整个表数空间被分成了两个部分：最高位为 0 的部分被用来表示零和正整数；最高位为 1 的部分被用来表示负整数。因此从表数范围看，采用补码表示方案，字长为 16 的计算机可以表示的有符号整数的范围为 −32 768～+32 767。一般而言，对于字长为 N 的计算机而言，采用补码表示方案，可以表示的有符号的整数的范围为 $-2^{N-1} \sim 2^{N-1}-1$。

为什么这种表数方案被称为补码表示方案呢？原因是在补码表示方案中，一个负整数实际上是用该数的相反数的补数来表示的。以字长为 16 的计算机为例，1 相对于 65 536 的补数是 65 536−1（即 65 535），其二进制表示为 11111111 11111111，所以 −1 的补码表示为 11111111 11111111；100 相对于 65 536 的补数是 65 536−100（即 65 436），其二进制表示是 11111111 10011100，故 −100 的补码表示为 11111111 10011100。也就是说，如果把 X 以及 −X 的补码表示均视做无符号整数的话，则 X 的补码与 −X 的补码之和是 2^N（N 是计算机的字长）。

由于采用补数来表示某数的补码，对于一个补码表示的二进制数，人们直观上有时看不出它所表示的实际数字。若已知某数的补码表示为 $a_{N-1}a_{N-2}\cdots a_1 a_0 (a_i=0$ 或 $1; 0 \leqslant i \leqslant N-1)$，则该补码表示所对应的十进制数为

$$-2^{N-1}a_{N-1}+\sum_{i=0}^{N-2}2^i a_i$$

采用补码方案表示有符号整数,尽管不是很直观,但带来运算上的方便。同其他一些表示方案相比,补码表示法在运算时不用考虑符号位的问题,作为符号位的最高位可以和其他位一样参与运算。仍以加法为例,考虑在字长为 16 的计算机中,计算 -14 与 $+9$ 的和,可知 -14 与 $+9$ 的补码表示分别为 11111111 11110010 和 00000000 00001001,则两者相加可以直接按照无符号整数相加的规则进行,即

$$
\begin{array}{r}
11111111\ 11110010 \\
+\ 00000000\ 00001001 \\
\hline
11111111\ 11111011
\end{array}
$$

而运算结果 11111111 11111011 正好是 -5 的补码表示,即 $-14+9=-5$。在补码表示方案中,减法也可以很容易地转换为加法进行。例如,$9-14$ 可以转换成 $9+(-14)$,因此只需把 9 和 -14 的补码相加,即可得到两者的差。

2.3.2 文字数据在计算机中的表示

1. 西文字符的二进制编码

现代计算机不仅可以用来进行数值运算,也可以用来进行文字处理。同样,要完成文字处理任务,就必须解决各种文字在计算机中表示的问题。例如,如果希望计算机处理英文,就需要解决在计算机中表示"A"、"B"、"C"等字母的问题;此外,也还要解决在计算机中表示句号、逗号等标点符号的问题。

文字、符号在计算机中表示常常采用编码的方式,即为每个可能用到的字符分配一个二进制编码。例如,用编码 65 来表示字母 A,这样 A 在计算机中就被存储为 65 的二进制数形式。为了可以用同样的方式处理文字信息,所有计算机必须采用同样的编码方案;否则,不同的计算机中的文字信息在交换时就会发生混乱。这可以通过文字符号编码的标准化来实现。西文字符最常用的编码标准是美国标准信息交换代码(America Standard Code for Information Interchange,ASCII)。ASCII 编码标准规定了大小写英文字母、数字,标点符号以及一些常用符号的二进制编码。标准的 ASCII 码是 7 位二进制编码,所以其中包含了 128 个字符的编码。在计算机中进行表示时,每个字符可以用一个字节表示。由于标准 ASCII 码是 7 位二进制编码,所以字节的最高位为 0。完整的标准 ASCII 码表如表 2-4 所示。

表 2-4 标准 ASCII 码表

L \ H	0000	0001	0010	0011	0100	0101	0110	0111
0000	NUL	DLE	␣	0	@	P	`	p
0001	SOH	DC1	!	1	A	Q	a	q
0010	STX	DC2	"	2	B	R	b	r
0011	ETX	DC3	#	3	C	S	c	s
0100	EOT	DC4	$	4	D	T	d	t
0101	ENQ	NAK	%	5	E	U	e	u
0110	ACK	SYN	&	6	F	V	f	v
0111	BEL	ETB	'	7	G	W	g	w
1000	BS	CAN	(	8	H	X	h	x
1001	HT	EM	(	9	I	Y	i	y

(续表)

L \ H	0000	0001	0010	0011	0100	0101	0110	0111
1010	LF	SUB	*	:	J	Z	j	z
1011	VT	ESC	+	;	K	[	k	{
1100	FF	FS	,	<	L	\	l	|
1101	CR	GS	-	=	M	]	m	}
1110	SO	RS	.	>	N	∧	n	~
1111	SI	US	/	?	O	_	o	DEL

在表 2-4 中,某字符的二进制编码被分成高四位(H)和低四位(L),以字母"A"为例,编码的高四位是 0100,低四位是 0001,故其 ASCII 码是 01000001。又如,右圆括号")"的 ASCII 码是 00101000。

从表 2-4 还可以看出,除 A~Z,a~z,0~9 以及标点符号、特殊符号之外,ASCII 码中还有部分用于编码控制字符,其编码范围为 0~31。它们不属于文字编码,而是一些控制码,常用于控制输入、输出设备等。例如,编码 00001010(表中标记为"LF")实际上是用来控制在输出设备上换行的控制码。

需要说明的是,即使针对印欧语言,ASCII 码表也没有列出人们所希望处理的所有符号。例如,ASCII 码表中没有德语中的变元音"ä",因此,如果只采用标准的 ASCII 编码,就无法很好地处理德语文本。为了能对更多的文字、符号进行编码,目前计算机常常采用扩展的 ASCII 编码。这是 8 位二进制编码,因而可以表示 256 个字符。其中,0~127 编码和标准 ASCII 码一样;而在编码范围 128~255 内,又增加了一些其他的字符,如特殊的德语和法语字母。扩展的 ASCII 码是国际标准化组织(International Organization for Standardization,ISO)的标准,通常称为 ISO 8859,根据语系的不同,又可分成不同的标准,如 ISO 8859-1、ISO 8859-2 等。

有了 ASCII 码或 ISO 8859 码,现代计算机就可以处理大部分西文。例如,字符串"Hello,(空格)World!"在计算机中就表示为包括所有字符(包括标点和空格)的 ASCII 编码,即

  01001000 01100101 01101100 01101100 01101111 00101100 00100000
  01010111 01101111 01110010 01101100 01100100 00100001

2. 汉字的二进制编码

同西文字母一样,汉字也必须经过编码才能为计算机所处理。在对西文进行编码时,通常采用 ISO 8859 等编码标准。ISO 8859 中共有 256 个字符编码。可是汉字的数量成千上万,远远大于 256 个,如《康熙字典》中收录的汉字就有四万多个。因此用 1 字节的编码空间进行汉字的编码是不现实的。对于汉字而言,编码需要至少两个字节。若用两个字节进行编码,那么理论上可以有 65 536(即 2^{16})个不同的编码;也就是说,可以对 65 536 个汉字进编码,这完全可以满足对汉语文本进行处理的需要。基于这样的思路,我国大陆先后颁布了多个有关汉字编码的官方标准,包括 GB2312、GBK 以及 GB18030,通行于我国大陆地区和新加坡。与此同时,我国台湾地区也颁布了有关的汉字编码标准,如 BIG-5(又称大五码),并在香港、澳门和台湾地区得到广泛的使用。

公布于 1981 年的"信息交换用汉字编码字符集基本集"(称为 GB2312-80)共收录了 7445 个字符,其中包括汉字 6763 个,其他符号 682 个。对于汉字,又分做两级:一级汉字(3755 个)为常用字,按照音序排列;二级汉字(3008 个)多为生僻字,按照部首序排列。GB2312 编码方

案把编码空间分成 94 个区,并在每个区中设 94 个位,每个位中放置一个汉字或符号(图 2-8)。GB2312 码规定,在 94 个区中,01~09 区是符号、数字区,包括汉语的标点符号、常用的货币符号、图形符号、数学运算符号、各种形式的数字序号以及日文的假名符号;16~87 区是汉字区,包括所有两级共 6763 个汉字位于这一区段;此外,10~15 区和第 88~94 区是没有定义的空白区,目的是为以后的扩充或用户自行定义编码留下空间。

	0	1	2	3	4	5	6	7	8	9
00		啊	阿	埃	挨	哎	唉	哀	皑	癌
10	蔼	矮	艾	碍	爱	隘	鞍	氨	安	俺
20	按	暗	岸	胺	案	肮	昂	盎	凹	敖
30	熬	翱	袄	傲	奥	懊	澳	芭	捌	扒
40	叭	吧	笆	八	疤	巴	拔	跋	靶	把
50	耙	坝	霸	罢	爸	白	柏	百	摆	佰
60	败	拜	稗	斑	班	搬	扳	般	颁	板
70	版	扮	拌	伴	瓣	半	办	绊	邦	帮
80	梆	榜	膀	绑	棒	磅	蚌	镑	傍	谤
90	苞	胞	包	褒	剥					

图 2-8　GB2312 编码标准中的第 16 区

收入 GB2312 编码标准中的每个汉字或符号都有一个唯一的区号和位号与之对应;反过来,每个区号和位号可以唯一地确定一个汉字或符号,例如:符号"〖"位于 1 区第 28 位,汉字"啊"位于 16 区第 1 位。将汉字的区号、位号这两个数合起来称为汉字的区位码,例如"啊"字的区位码是 1601,写成 16 进制数是 1001H。

在通信领域,代码 0~31(十六进制数 00H~1FH)常被用做控制码,因而区位码不能直接用于通信,因为区位码与这些通信控制码之间存在冲突,即一个位于 0~31 区间内的编码既可能表示一个控制码,也可能表示一个汉字的区号或位号。为了消除两者在编码空间中的重叠,汉字在通信时,其区号和位号要分别加 32(十六进制数 20H)。这样形成的汉字代码可以用于通信领域,被称做汉字的国标交换码(简称交换码或国标码)。例如,"啊"字的国标码是 4833(十六进制数 3021H)。

然而,汉字编码要进入计算机内进行处理,还必须考虑到汉字与西文字母的冲突问题,因为一个文本中既可能有汉字,也可能有西文字母。标准的 ASCII 码为 7 位二进制数的编码,其编码范围位于 0~127(十六进制数 00H~7FH)之间;国标交换码的两个部分的范围均为 33~126(十六进制数 21H~7EH),因此国标码和 ASCII 码也存在冲突,即对于文本中的某个字节,计算机系统无法确定该字节代表的是用 ASCII 码表示的西文字母,还是用国标交换码表示的汉字两个字节编码中的一个字节。由于标准 ASCII 码是 7 位,用一个字节表示时,其最高位总为 0;而国标交换码的两个部分的范围均为 33~126,每个部分用一个字节表示时最高位也为 0,因此只要把汉字国标码的每个字节的最高位置为 1,汉字和西文 ASCII 的编码就可以有效地区别开了。对于文本中的任何一个字节,若其最高位是 0,则该字节代表一个西文字符;若其最高位是 1,则该字节及其后一个字节代表一个汉字。在国标交换码的基础上,将字节最高位置 1 形成的汉字编码,一般称为机内码。图 2-9 以"啊"字为例,说明区位码、国标交换码以及机内码的区别和联系。

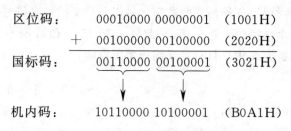

图 2-9　区位码、国标码和机内码的关系(以"啊"字为例)

需要说明的是,目前计算机系统正是采用机内码来表示汉字的,这一点需要明确,计算机系统并不采用区位码或国标交换码表示汉字。通常所说的 GB2312 码实际多指的是这种机内码。

GB2312 码属于双字节字符集;也就是说,需要用两个字节来表示一个汉字或符号。由于所有汉字和符号被区分成 94 个区和 94 个位,故而 GB2312 码中最多可容纳 8836(即 94^2)个汉字。除去数字符号区以及没有定义的空白区外,GB2312 码仅包含了 6763 个汉字。一定程度上,GB2312 码已基本满足了我国汉字处理的需要。汉字数量虽多,但常用的却不过三千多个,据有关统计,各类出版物中 90% 以上的版面由这些常用字组成,GB2312 码中收录的 6763 个汉字可以覆盖各类出版物中 99% 以上的版面。但是在有些应用场合中,使用 GB2312 码仍然面临收录汉字过少的问题。例如我国有许多人名、地名用字生僻,GB2312 码中可能没有收录,导致这些人名、地名无法有效用计算机处理。又如,在一些特殊的应用领域(如面向辞书、古代汉语的出版领域),涉及较多的生僻用字,GB2312 码也远远不能满足需要。

为了更好地满足中文信息处理的需求,需要针对 GB2312 码进行扩充,从而可对更多的汉字进行编码。1995 年,我国大陆地区发布了《汉字编码标准扩展规范》(称为 GBK,也称为 GB13000)。GBK 码是对 GB2312 码进行的扩展,共收录汉字和符号 21886 个,其中汉字 21003 个。GBK 仍然是两个字节的编码,细心的读者也许会发现,在 GB2312 码的机内码中,两个字节的最高位都是 1,那么只有 14 个二进制位用于实际汉字编码,这样的话,理论上只能对 16384(即 2^{14})个汉字进行编码。在 GBK 码中,并不要求两个字节的最高位都置 1,而仅仅要求第一个字节的最高位为 1。这同样可以保证计算机有效区分中文和西文字符。若文本中的一个字节最高位是 0,那么该字节代表一个西文字符;若字节的最高位是 1,那么无论该字节后一个字节的最高位是否为 1,计算机均会把该字节及其后一个字节作为一个汉字来对待。因而,在 GBK 码中,两个字节中有 15 个二进制位用于汉字编码,从而有效地扩充了汉字的编码空间。

2000 年,我国大陆地区又发布了 GB18030 汉字编码标准,对 GBK 码再次进行扩展。该标准收录了 27484 个汉字,同时还收录了藏族、蒙古族、维吾尔族等少数民族的文字。GB18030 不再是固定长度的编码,其编码长度可以是一、二个或四个字节。

GB2312、GBK 以及 GB18030 并非完全不同的汉字编码标准,这些编码方法之间存在着继承关系。套用信息技术领域的行话来讲,这些编码方法是向下兼容的;也就是说,除了新增加的汉字和符号外,同一个汉字或符号在这三种编码方法中的编码总是相同的。例如,"啊"字在计算机系统中的机内编码用十六进制表示是 B0A1H;在采用 GBK 以及 GB18030 的计算机系统中,其机内编码仍然是 B0A1H。这有效保证了在采用 GB18030 的计算机平台中仍然可以正确处理采用 GB2312 或 GBK 规范进行编码的汉语文本。

同 GBK 类似,由台湾财团法人资讯工业策进会于 1984 年发布的 BIG-5 码也属于双字节编码,共收录 13868 个汉字和符号。BIG-5 码目前通行于香港、澳门和台湾地区,与 GB2312、GBK 以及 GB18030 等编码间并没有兼容关系,同一个汉字在 BIG-5 以及 GB 码中的编码是不同的。采用 BIG-5 编码的电子文本必须首先转换为 GB 码,才能在采用 GB 码的计算机平台中处理和使用。

3. Unicode 编码

长期以来,字符编码标准的制订各自为政,不同的语言需要不同的编码标准。为了使计算机能够处理汉语,我国需要制订汉字的编码标准。同样,为了使计算机能够处理韩文、日文,韩国、日本也需要制订相应的字符编码标准。同一种语言甚至还存在多种编码标准。没有任何一种字符编码标准可以覆盖世界上所有语言的文字和符号,这给计算机处理各种文字信息,尤其是多语信息带来了很大障碍。计算机系统常常需要支持多种编码标准。此外,由于各种编码标准的制订并没有考虑其他编码标准,所以各种编码的编码空间常常存在冲突,同一种编码在不同的标准中对应着不同的字符。改变这一局面的唯一办法是制订一种可以覆盖所有语言文字和符号的编码标准。Unicode 就是这样一种编码,为每种语言的每个字符设定一个统一且唯一的编码,以满足统一、高效处理世界上各种语言的需要。

Unicode 字符集有两种格式:一种采用双字节进行编码,称为 UCS-2;另一种采用四字节编码,称为 UCS-4。UCS-4 规定最高位必须是 0,所以实际上是 31 位的编码,并且根据最高字节(最高位为 0 的字节)把所有编码空间分成 128 组;每组根据次高字节分为 256 个平面;每个平面再根据第 3 个字节分为 256 行;每行包含 256 个单元。第 0 组的第 0 个平面被称做基本多语种平面(basic multilingual plane,BMP),其中的字符前两个字节的值总为 0。将 UCS-4 中的 BMP 去掉前面的两个零字节,就得到了 UCS-2。目前的 UCS-4 规范中还没有任何字符被分配在 BMP 之外。

在计算机系统中,直接使用 UCS-4 或 UCS-2 并不方便,例如,其中有大量的零字节,而零字节在很多计算机程序设计语言中有特殊的含义,因此在计算中多采用 UCS 的变换码,即 UTF 编码。常见的 UTF 规范包括 UTF-8 和 UTF-16,下面简要介绍 UTF-8。

UTF-8 是变长编码,理论上可以多达 6 个字节长;不过对于 16 位 BMP 字符最多只用到 3 个字节长。从 UCS 到 UTF-8 进行变换,遵循表 2-5 的原则。

表 2-5　UTF-8 编码规则

UCS 编码	UTF-8 编码
00000000H~0000007FH	0XXXXXXX
00000080H~000007FFH	110XXXXX 10XXXXXX
00000800H~0000FFFFH	1110XXXX 10XXXXXX 10XXXXXX
00010000H~001FFFFFH	11110XXX 10XXXXXX 10XXXXXX 10XXXXXX
00200000H~03FFFFFFH	111110XX 10XXXXXX 10XXXXXX 10XXXXXX 10XXXXXX
04000000H~7FFFFFFFH	1111110X 10XXXXXX 10XXXXXX 10XXXXXX 10XXXXXX 10XXXXXX

例如，在 UCS-2 中，汉字"啊"的编码是 554AH（二进制数 01010101 01001010），位于表2-5中第三行的区段内，故"啊"的 UTF-8 码是 11100101 10010101 10001010，即 E5958AH。因此在 UTF-8 中，汉字用第三个字节进行编码。再如，在 UCS-2 中，西文字母"A"的编码是 0041H，因其位于表 2-5 中第一行的区段内，故"A"的 UTF-8 码是 41H。可见，在 UTF-8 中，拉丁字母仅用一个字节进行编码。

在 UCS-2 中，区段 00000000H～0000007F 中被分配给了标准 ASCII，在变换成 UTF-8 时，这些字符的编码均为一个字节长，和 ASCII 码是完全相同的，因此 UTF-8 和 ASCII 码是向下兼容的。但 UTF-8 和 GB 码是不兼容的，属于不同的编码标准，在两者之间进行转换，需要凭借专门的编码转换软件。

2.3.3 字符的输入和输出

1. 汉字的输入码

对于像英文这样的小字符集语言而言，字符的输入不是一个特别困难的问题，可以直接通过键盘进行。英文中常用的字母、数字以及符号在键盘上都有按键与之对应，输入时只需直接按键即可输入。但对于汉字这样的大字符集语言而言，字符的输入就不会这样简单。汉字的输入问题曾经是计算机在我国普及的一个"瓶颈"。最初采用的是汉字大键盘输入方法，即特制一种大键盘，键盘上有上千个按键，每个按键对应一个汉字，按住一个按键可以输入一个汉字。这种大键盘输入方法使用起来极为不便，输入效率极低，已被淘汰。

目前采用的汉字输入方案通常是一种键盘编码方案，即利用通用的标准键盘对汉字进行编码输入。在键盘编码输入法中，通常用一个规定好的按键组合来代表一个汉字，通过输入规定的按键组合就可以输入某个汉字。这种按键的组合就称做汉字输入码。为了便于输入，汉字输入码必须设计得容易学习和记忆，因为在输入汉字时，用户必须很快将该汉字转换成输入码，然后经由键盘输入。

汉字输入码只是提供了一种汉字输入途径；需要注意的是，汉字在计算机内部必须表示为相应的机内编码，例如 GB2312，GBK 等。因此，汉字输入的过程也就是把汉字输入码转换为汉字机内编码的过程。通常计算机中都保存着一张汉字输入码与机内码的对照表。当用户输入输入码后，计算机会根据该表将输入码转换成汉字机内码，完成汉字的输入过程。

理想的情况下，每个汉字应该拥有一个唯一的输入码；但是为了使得汉字输入码易学、易用，通常很难做到每个汉字拥有一个唯一的输入码。在这种情况下，会出现两个乃至多个汉字拥有相同的输入码的问题，此时称为发生了重码。在输入汉字时，如果有重码，计算机不能自动确定用户所输入的到底是哪一个汉字，通常需要用户进行选择，在多个拥有相同输入码的汉字中选出自己所需要的。由于这种选择会降低汉字的输入效率，所以设计汉字输入码时，必须在保证易学、易用的前提下，尽量降低重码的可能性。

目前，汉字输入码五花八门，不下百种，各种设计方案原理不同，各有千秋。但概括而言，这些输入码基本都可归入以下两类：

（1）拼音码。

拼音码是以汉字发音为基础的一种汉字输入码；多是把汉字的拼音作为汉字的输入码，如把"ji"作为"计"字的输入码，用户通过输入"ji"就可以输入汉字"计"。拼音码的最大优点是简单易学，只要学过汉语拼音的人都会很快掌握；缺陷之处在于同音字太多，从而导致大量重码。

拼音码一直是使用最为广泛的输入码,典型的包括智能 ABC、全拼、双拼、微软拼音等。

(2) 拼形码。

拼形码是根据汉字字形设计出来的汉字输入码;将构成汉字的偏旁部首或笔画与键盘上的按键对应起来。用户在输入汉字时,首先将汉字拆分成基本的偏旁部首或笔画,再经由键盘上的相应按键输入。同拼音码相比,拼形码的重码率低,由于输入时无需在重码汉字中进行选择,从而容易达到较高的输入速度。专业打字员常使用拼形码进行汉字输入,但拼形码的缺点是学习代价较大,记忆较为困难。目前使用最为广泛的拼形码是五笔字型输入法。以"常"字为例,其输入码是 IPKH,分别对应字根"⺌"、"冖"、"口"和"丨"。

2. 字符的输出

英文字符在计算机内表示为 ASCII 码,汉字在计算机中表示成 GB2312 码或其他汉字机内编码;但在显示器等输出设备上看到的并非这些编码,而是我们期望看到的字母或汉字。计算机是怎样做到这一点呢? 为了在输出设备上输出正确的英文字符或汉字,必须为计算机配备字形知识,即计算机必须知道每个汉字或英文字符的字形,并在需要的时候将某个字的字形送到输出设备进行输出。同样,每个字形也必须表示为二进制代码,存储在计算机的字形库中。这些二进制代码有时也称做字形码。

在计算机中描述字的字形,通常有以下两种办法:

(1) 点阵字形描述法。

点阵表示法是描述字符或汉字字形的最基本的方法。在计算机中,ASCII 码的输出一般采用 5×7 或 7×9 的点阵来表示。汉字字形要远远比 ASCII 字符复杂,一般要用 16×16 或 24×24 的点阵。

所谓点阵字形,就是将字形描述为一个点的矩阵。点有黑、白两色,凡是字符笔画经过的地方,点是黑色的;而字符笔画没有经过的地方,点是白色的。图 2-10 是汉字"啊"的16×16 的点阵字形描述。在图 2-10 中,点阵共有 16 行,每行有 16 个点,因此共有 256 个点,有些点是黑色的,有些点是白色的,其中黑点相连形成了"啊"的字形。为了在计算机中存储字形,上述点阵信息还必须转换为二进制形式存储。通常把白色的点用二进制位"0"来表示;黑色的点用二进制位"1"来表示,这样一个 16×16 的点阵就可以转换成一个由"0"和"1"组成的 16×16 的矩阵。对于"啊"字,第一行的点转换为二进制后即为 00000000 00000100,可以表示为两个字节,第二行的点转换成二进制后是 01001111 01111110,也可以用两个字节来表示,依次类推,一个 16×16 点阵的字形转换成二进制后,会得到一个由 32 个字节的二进制数组成的字形码。

图 2-10 "啊"字的 16×16 点阵字形

为了能够输出所有的汉字或英文字符,必须为每个汉字或英文字符设计点阵字形,并转变成二进制字形码存储在计算机中,供在显示器或打印机上输出时使用。

对于点阵字形技术而言,为了使字形更加美观,常常需要更多的点阵来设计字形。除 16×16 的点阵外,计算机中还经常使用 24×24、48×48 的点阵字形。点阵精度的提高意味着存储空间的增加,一个 16×16 的点阵字形需要 32 个字节的存储空间;24×24 的点阵字形需要 72 个字节的存储空间;48×48 的点阵字形需要 288 个字节的存储空间。由于汉字数量很多,存储字形需要很多的存储空间。

点阵字体的主要缺点是在字号放大时,常会出现锯齿状失真,字体变得不太美观。而矢量字形技术可以有效地避免这个问题。

(2) 矢量字形描述法。

矢量字形正是为改进点阵字形描述法中的锯齿状轮廓而产生的。矢量字形不采用点阵的办法来描述;其核心是用多条直线或曲线描述字形的轮廓,并通过对封闭区域进行填充处理的方式来描述汉字或英文字符的字形;换句话说,通过一连串被称为矢量的直线或曲线绘制出笔画的轮廓。只要这些有序的矢量折线与文字的笔画轮廓曲线足够近似,描述出的字形就会很美观。由于笔画优美且能任意缩放,矢量字形描述技术在目前的计算机上得到了越来越广泛的应用。

图 2-11 是矢量字形原理的示意图。从图中可以看出,在矢量字形中,"啊"字的轮廓是通过若干折线首尾相接刻画出来的。矢量字形在存入计算机时,只需要存储这些矢量折线,不像点阵字体中要存储每个点的信息。目前计算机中常用的 TrueType 字形技术、PostScript 字形技术都是矢量字形描述技术。

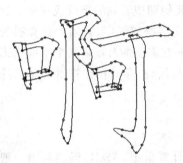

图 2-11 "啊"字的矢量字形示意图

通过上文的介绍,我们知道,汉字在机器中存储以及处理时使用的是 GB2312 码等机内编码,输入时使用的是形形色色的输入码,而在显示器或打印机上输出时要使用每个字的字形码。我们以"常"字为例来说明这几种码之间的关系:用户在键盘上输入"常"字的输入码 IPKH(五笔字型码);计算机通过检索输入码和机内码的对照表,将输入码转变为相应的机内码 B3A3(GB2312 码)进行存储和处理;在需要输出时,再检索机内码和字形码的对照表,根据字形码将"常"字输出在显示器或打印纸上。

除文字和数值信息外,现代计算机还可以处理各种图像、影视、声音等信息,这些信息也必须以一定的方式转换成二进制信息存储在计算机中并进行处理。关于这些信息的表示、存储和处理,我们将在和多媒体信息有关的后续章节中进行介绍。

2.4 微机硬件系统及其扩展

2.4.1 微型计算机的硬件组成

我们可以从多种角度对现代计算机进行分类。一种常见的分类是根据计算机的处理能力将计算机分成巨型计算机、大型计算机、小型计算机、工作站和微机,其中微机为面向普通用户使用的个人计算机,目前已经非常普及。这里我们以微机为例,来简要说明计算机的硬件结构。

要了解微机的硬件组成,最为简便的方法就是打开微机的主机箱盖进行观察。人们一般都会想当然地认为微机内部结构非常复杂,但实际上由于制作工艺的进步,微机的硬件结构其实显得非常简单、清晰。图 2-12 展示了典型的微机内部结构。初看起来可能会觉得杂乱无章,但实际上整个机箱内部呈积木式结构,模块性很强,主要部件包括印刷电路板、电源、光盘驱动器(简称光驱)、软盘驱动器(简称软驱)、硬盘驱动器和带状缆线等。

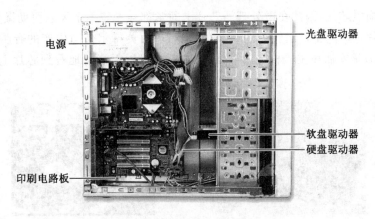

图 2-12 典型的微机内部结构

(1) 主机板。

在机箱内部,核心通常为一块较大的印刷电路板,一般被称做主机板,有时也称做母板。微机中最核心的部件(如微处理器、存储器、接口卡等)都安插在主机板上的插座和插槽内。微机系统中的各种设备和其他部件最终也都要连接在主机板上。图 2-13 展示了一块典型的主机板。

在主机板或扩展卡上,有许多有多个引脚的黑色方块,即为通常所说的芯片。由于集成电路技术的高速发展,目前可以把数以亿计的晶体管、电容、电阻、导线等电子元器件组成的线路集成在一小片晶体硅上,用陶瓷载体封装后,就形成了集成电路芯片。正是由于大规模集成电路技术的进步,把大量复杂的电子线路封装在芯片中,才使微机体积变得很小,机箱内部的结构显得简单、清晰。

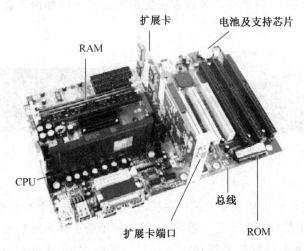

图 2-13 典型的主机板

(2) 微处理器。

在主机板上,有一块较大的芯片比较引人注目,即微机的 CPU,在微机中称做微处理器。微处理器是计算机中最为核心的部件,计算机的控制器和运算器都封装在微处理器中。计算机一经加电,微处理器就会处在高速运转过程中。由于长时间运转的芯片会产生大量热量,导致温度升高而损毁芯片,因此在微处理器芯片上通常都会安装一个风扇协助微处理器散热,保证微处理器芯片长时间正常运转。图 2-14(a)是一块由英特尔公司生产的奔腾Ⅲ型微处理器芯片;图 2-14(b)是安插在主机板上的微处理器芯片,可以很清楚地看到芯片上方装有一个散热用的风扇。

图 2-14 微处理器芯片

(3) 存储器。

除了微处理器芯片外,存储器也安插在主机板上。在计算机中,通常会装配两种类型的存储器:一种是只能读出而不能写入的存储器,称为只读存储器(read only memory,ROM)。ROM 中存储的程序和数据在厂家制造时就已经写入,其中的内容在计算机电源关闭后也不会消失。另一类存储器是既可以读出也可以写入的存储器,称为随机读写存储器(random access memory,RAM)。RAM 在加电的情况下可以随时进行读出和写入,但其中存储的程序和数据在计算机掉电后则会消失。微机中,通常把若干块 RAM 芯片安插在一块条状的印刷电路板上组成双列直插式内存模块(也就是通常所说的内存条);然后安插在主机板的存储器插槽中,如图 2-15 所示。微机用户可以根据需要来更换或增加内存条,以达到扩充内存容量的目的。

 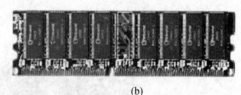

图 2-15 内存条及其插槽

ROM 和 RAM 在逻辑上最主要的区别在于,计算机不加电时其中存储的内容是否可以永久保持。由于 ROM 中的内容是出厂时被写入,其内容不会受到是否加电的影响。因此 ROM 中常用来存放一些很基本的维持系统加电后可以运转的程序,主要包括基本输入输出系统(basic input/output system,BIOS),用来完成对系统的加电自检,系统中各功能模块的初始化,驱动键盘、显示器等设备正常工作及引导操作系统的功能。计算机开机后,微处理器首先从 ROM 中读取程序并执行指令,检查微机硬件设备是否可以正常运转。在确认没有设备故障的前提下,从硬盘等外部设备中将操作系统读入 RAM 中;随后微处理器执行已经装入 RAM 中的操作系统,并进一步根据用户需要将其选择的程序装入 RAM 中并运行。可见,微机开机后首先会到 ROM 中读取要执行的指令。因此如果 ROM 发生故障,微机将不能正常启动和工作。

存储器是计算机系统中的重要部件,其容量和速度对计算机系统性能有很重要的影响。因为微处理器需要频繁地从存储器中读取将要执行的指令和数据,如果存储器的速度很慢,与微处理器的速度不匹配,则微处理器需要等待存储器。此时尽管微处理器的速度很快,但微机总体性能仍然会很低。存储器的容量也很关键,如果存储器的容量较小,则较大的程序或数据不能全部载入,微机就不能运行这些大程序或处理这些数据,而需要用复杂的管理办法来运行这些程序或处理这些数据,导致进一步降低系统的工作效率。但是,容量大且速度快的存储器价格非常昂贵,大量使用会导致微机系统价格的提升。

权衡系统性能和价格,目前计算机中常采用多级存储体系解决这一问题。在这样的计算机系统中,存储器通常按照其性能、容量以及价格分成不同的级别,不同性能、容量和价格的存储器共同组成计算机的存储器体系。最简单的办法是把计算机存储器分成两个级别,其中一级存储器速度很快,但容量较小,价格昂贵;二级存储器速度较慢,但容量很大,价格便宜。在逻辑上,一级存储器位于微处理器和二级存储器之间。在微机运行时,一级存储器中的内容是二级存储器中部分内容的副本。微处理器读写程序和数据时先访问一级存储器,若其中没有相应内容,再访问二级存储器,同时再把相应内容复制到一级存储器。这样就减少了对速度较低的二级存储器的访问次数,提高了微处理器访问存储器的性能。在这种结构中,一级存储器通常被称做高速缓冲存储器(cache);二级是我们一般所说的内存储器。目前的微机系统中,还可以把高速缓冲存储器继续分成多级,例如分为片内高速缓冲存储器和片外高速缓冲存储器:片内高速缓冲存储器直接集成在微处理器芯片中,速度最快,但容量一般最小;片外高速缓冲存储器则安插在主机板上,速度比片内高速缓冲存储器慢,但容量要大些。随着技术的进步,微机所配备的存储器不断扩大容量,一般都有几百兆到上千兆个字节。但无论如何,存储器的容量仍然是有限的,为了弥补这一不足,目前的微机系统大多还支持"虚拟存储器"的概念。虚拟存储器并不是真正意义上的存储器,而是硬盘等外部存储设备上的一个区域。由于硬盘等外部存储设备容量巨大,计算机系统通常通过软、硬件手段把硬盘上的部分区域划分出来用做存储器,以弥补存储器容量不足的问题。虚拟存储器的容量通常可以很大,但其存取速度远远小于内存储器。

图 2-16 描述了目前微机系统中的多级存储体系。其中,层次越高,存储器的容量越小,但读写速度越快;层次越低,容量越大,但读写速度越慢。片内高速缓冲存储器拥有最快的读写速度,但容量最小;虚拟存储器的容量可以非常大,但存取速度则最低。

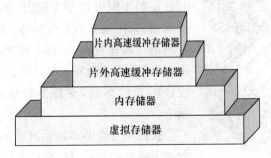

图 2-16　多级存储体系

2.4.2 扩展卡和扩展槽

前文已经做过介绍,输入、输出设备和微处理器并不直接通过总线连接在一起,而是要通过输入输出(I/O)接口卡与总线相连接。I/O 接口卡也称为 I/O 适配器或 I/O 扩展卡,通常是一块印刷电路板。I/O 扩展卡一端用来连接总线,另一端用来连接各种外部设备,如 2-17 所示。

图 2-17 I/O 扩展卡

不同的设备使用不同的 I/O 接口卡,常见的 I/O 接口卡包括:(1) 显示接口卡(又称显示适配器,简称显卡),用来连接显示器;(2) 软、硬盘接口卡,用来连接磁盘驱动器和光盘驱动器;(3) PS/2 卡,提供两个串行口和一个并行口,其中并行口可以用来连接打印机,串行口可以用来连接鼠标和其他串行设备;(4) 通用串行总线(universal serial bus, USB)接口卡,用来连接各种 USB 设备;(5) 音频接口卡(又称声卡),用来连接音箱和麦克风等;(6) 网络适配器(简称网卡),用来通过网线将计算机接入局域网,如高速以太网卡;(7) 调制解调器(modem)接口卡,用来将计算机通过电话线接入网络;等等。

每台计算机都需要的一些接口卡常常直接集成在主机板上,随主机板一起提供。例如,很多主机板都集成有显卡以及软、硬盘接口卡的功能。主机板上一般都会提供几个插槽专门用来插入各种接口卡,通常称为 I/O 扩展槽。形形色色的接口卡就插在这些扩展槽里。扩展槽的多少决定着计算机连接外部设备的能力,即计算机的扩展能力。

随着总线技术的进步以及总线标准的变化,目前微机中的扩展槽按照所支持的总线标准和性能的不同可以分为三类,如图 2-18 所示:(1) PCI 扩展槽,采用较新的总线标准,支持 64 位的数据传输和较高的传输速度;(2) ISA 扩展槽,采用过时的总线标准,用于兼容老设备和低速设备;(3) AGP 扩展槽,基于较新的总线标准,支持图形显示优化,专用于图形显示卡。

按照所支持的总线标准的不同,主机板上的扩展槽分成不同的类型;同样,接口卡也按照同样的原则分做不同的类型。因此当把接口卡安插到扩展槽中时,应注意

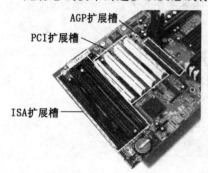

图 2-18 I/O 扩展槽

接口卡和扩展槽的类型必须匹配,某种类型的扩展槽只能插入某种类型的接口卡。例如,对于显卡而言,既有支持 PCI 扩展槽的显卡,也有支持 ISA 扩展槽的显卡,前者必须安插在 PCI 扩展槽中,后者必须安插在 ISA 扩展槽中。不同类型的扩展槽宽度、颜色各不相同,一般不会插错。

接口卡用来连接总线和外部设备。接口卡在插入扩展槽中后,其连接设备的一端会出现在主机箱的后面板上。面板上提供了连接不同设备的插座,通常称为扩展端口,各类设备就通过各种电缆连接在这些端口上。

2.4.3 主要输入输出设备

微机中可用的输入输出设备种类很多,限于篇幅,这里只简单介绍最常见的几种及其工作原理。

1. 硬盘

RAM,ROM 属于内存,有时也称做主存储器。在计算机运行时,内存中,尤其是 RAM 中存放着正在运行的程序以及需要处理的数据;但 RAM 中的内容在电源关闭后将会消失。因此内存不能用来长久保存程序和数据,只是运行中的程序的"栖息地",程序运行结束后即退出内存,回收其所占内存供其他程序运行使用。

现代计算机中除内存外,还常常配备辅助存储设备(包括硬盘、光盘、U 盘、软盘、磁带等),用来长久保存数据,其中存储的数据或程序不会随着电源的关闭而消失。这些存储器也被称为外存储器(简称外存)。需要说明的是,外存属于现代计算机五大部件中外部设备的范畴,并不属于存储器的范畴。存放在外存中的程序和数据必须首先从外存装入到内存中,才可以得到运行和处理。

外存的种类有很多,不同外存的存储原理、介质、速度和容量不尽相同,这里仅有选择性地简单介绍。

我们通常所说的硬盘实际上由两个部分组成:一部分是硬盘的盘片;另一部分是控制硬盘读写的硬盘驱动器。不过,硬盘盘片封装在硬驱中,从外观上看,两者是一体的。和软盘不同,硬盘一般由多个圆形的镁铝合金盘片组成,每个盘片表面都覆有磁性材料,用以记录数据。硬盘的所有盘片通过主轴连接在一起,工作时所有盘片沿着主轴高速旋转。每个盘片的表面都有一个读写磁头,可在驱动电路的控制下沿着磁盘表面径向移动,读写数据。图 2-19 是硬盘工作原理的示意图。

硬盘中,每个盘片以主轴中心为圆心,被均匀地划分为若干个半径不等的同心圆,称为磁道。不同盘片的表面上,半径相同的磁道在垂直方向构成同心圆柱,称为柱面。盘片表面的磁道又被等分成若干弧形扇区。各种数据被记录在这些扇区上,每个扇区都可以记录固定字节的数量。

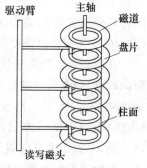

图 2-19 硬盘工作原理

硬盘盘片的大小经历了一个发展的过程:早期直径较大,为 5.25 英寸[①];目前常见的直径为 3.5 英寸、2.5 英寸和 1.8 英寸等。随着技术的进步,硬盘的存储容量也越来越大,价格越来越便宜,目前微机配置的硬盘容量一般都有数百 GB,甚至更多。

---

① 1 英寸=25.4 mm(毫米)。

硬盘在使用前应进行低级格式化、分区和高级格式化的操作,建立起磁道、扇区等数据记录的区域。硬盘在出厂前通常已做过低级格式化,用户在第一次使用前需做分区和高级格式化操作。对已经存有数据的硬盘进行分区和格式化操作应慎重,因为这些操作将会导致硬盘中原有数据的丢失。

2. 光盘

光盘也是一种常见的数据存储介质。它的优点是存储容量相对较大,盘片成本低廉,读取速度相对较快,盘片和光盘驱动器分离,因而便于携带;缺点是只能读出,不能随时写入。因此光盘常用做电子出版物、商业软件、多媒体资料的发行介质。

从工作原理上看,光盘存储系统由光盘盘片和光盘驱动器两个部分组成。各种数据记录在光盘盘片上,但这些数据需要通过光驱才能被计算机读出并进行处理。目前光驱已成为微机的基本配置,每台微机都会配置光驱。

在光盘上记录数据要通过激光烧录的方式进行。在光盘的基板上涂有一层有机染料,当光盘进行烧录时,激光在该染料层上烧录出一个接一个的"坑",这样有"坑"和没有"坑"的状态就分别形成了"0"和"1"的信号。在利用光驱读取数据时,用激光去照射旋转着的光盘,从有"坑"和没有"坑"的地方得到的反射光的强弱是不同的,光驱据此判别是"0"还是"1"。因此光盘是利用光信号记录数据的。

一般而言,光盘是只读的,原因在于烧录在光盘上的"坑"是不能恢复的;也就是说,当"坑"烧成后将永久性地保持现状。在光盘上烧录数据需要使用特殊的光盘刻录机,不能利用光盘驱动器向光盘写入数据。目前光盘可被分为 CD-ROM 和 DVD-ROM 两类,两者记录数据的原理是相同的,但记录数据的容量不同:一张 CD-ROM 光盘通常可以存储 650 MB 的数据;而一张 DVD-ROM 则可以记录 4.7 GB 的数据。在 CD-ROM,DVD-ROM 上记录和读取数据的激光束的特性是不同的,因此光驱也是不同的。

光驱读取光盘的速度通常用倍速来衡量,但倍速的含义对于 CD-ROM 和 DVD-ROM 是不同的:对于 CD-ROM 而言,单倍速光驱的读出速度是 150 KB/s,因此 X 倍速的光驱的读出速度是 150X KB/s;对于 DVD-ROM 而言,单倍速光驱 DVD 光驱的读出速度约为 1350 KB/s,因此 X 倍速光驱的读出速度是 1350X KB/s。随着技术的进步,光驱的读出速度越来越快,CD-ROM 光驱读出速度已经超过 50 倍速,DVD-ROM 光驱的读出速度也达到 16 倍速。

只读光盘不能满足计算机用户存储数据的需要,目前市场上也有允许用户写入的光盘。但同软盘、硬盘等存储设备相比较而言,可记录光盘的写入是受限的,只能通过专门的光盘刻录机来刻录数据。目前可记录光盘的类型主要有 CD-R,CD-RW,DVD-R,DVD+R,DVD-RW,DVD+RW,DVD-RAM 等。其中,CD-R,DVD-R,DVD+R 是一次可写型光盘(也就是说,不能用来反复刻录数据);而 CD-RW,DVD-RW,DVD+RW,DVD-RAM 是可多次刻录数据的可擦写光盘。DVD-R,DVD-RW 同 DVD+R,DVD+RW 的区别在于使用了不同的格式标准。

由于光盘的读出和刻录需要使用不同的设备,给用户造成不便,目前市场上出现了一种称为 Combo 的集成光盘设备,可以进行 CD-ROM 和 DVD-ROM 的读取,也可以完成对 CD-R 以及 CD-RW 的刻录。

3. U 盘

U 盘虽然也被称做"盘",但其外形并非是盘片形。U 盘是目前最方便携带的移动存储设备,已经完全取代了软盘的作用(软盘基本上被淘汰)。

U盘不是利用光磁介质存储数据的设备,其存储数据的介质是半导体芯片。采用半导体存储介质,可以把U盘做得很小,便于携带。与硬盘等存储设备不同,U盘没有机械结构,不怕碰撞,也没有机械噪声;与其他存储设备相比,U盘的耗电量很小,读写速度也非常快。

如果打开U盘,就会发现它的内部组成并不复杂,即在一块较小的印刷电路板上安插着两种芯片:一种是USB接口控制芯片;另一种是闪存存储芯片,数据就记录在闪存存储芯片中。图2-20展示了U盘的内部结构,其中可以看到USB接口控制芯片。

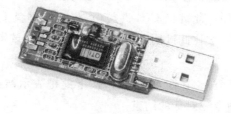

图2-20 U盘的内部结构

目前常见的U盘按照容量可分为128 MB、256 MB、512 MB、1 GB、2 GB、4 GB和8 GB等不同的类型。

4. 键盘

键盘是计算机最基本的输入设备。用户经由键盘可以将各种程序和数据输入计算机。尽管键盘有多种,但基本大同小异,目前通用的大约有101～105个按键,如图2-21所示。每个按键上都标明了通过该键可以输入的字符或该键代表的功能。

图2-21 键盘

键盘上的按键通常分成打字键盘区、功能键盘区、数字小键盘区和屏幕编辑键盘区四个区域:打字键盘区是其中最大的一个区域,也是最常用的一个区域,字母、数字以及一些常用的符号都通过该区域的按键进行输入。功能键区位于键盘的上方,按键上标有F1,F2,…,F12等字样,功能由具体的软件定义。在不同的软件中,按同一个功能键所完成的功能可能不同,但是大多数软件都将F1键的功能定义为获取帮助。数字小键盘区是一组数字键快速输入的区域。位于这个区域的按键同时有输入数字和屏幕编辑两种作用。屏幕编辑键盘区包括光标移动键、翻页键,主要用于在文字处理中移动光标位置和编辑、修改正在处理的文本。

在整个键盘中,下列按键的功能需要特殊说明:

(1) Shift键(也称上档键)。按下此键,同时按下打字键盘区中标有两个符号的按键时,将键入标在按键上方的符号;或者按下此键,同时按下打字键盘区中的字母键,将改变输入字母的大小写。

(2) Caps Lock 键(也称大写锁定键)。这是一个开关键。按下此键,位于键盘上方的 Caps Lock 指示灯会变亮;此时再按打字键盘区的字母键,输入的为大写字母。在指示灯亮的状态下,按此键,指示灯变暗;此时再按打字键盘区的字母键,输入的为小写字母。使用此键可以完成字母大小写输入状态之间的切换。

(3) Ctrl 键(也称控制键)。此键需要与键盘上的其他按键配合使用,具体完成的功能与软件有关。使用时,首先按住该键,然后再按其他的按键。例如,在 Microsoft Word 软件中,按住此键再按 S 键,就可以对当前正在编辑的文件进行保存。

(4) Alt 键(也称换档键)。此键与 Ctrl 键类似,也需与键盘上的其他按键配合使用。例如,在 Windows 操作系统中,按住此键同时再按制表键(Tab),就可以在当前处在运行状态的软件界面之间进行切换。

(5) Enter 键(也称回车键)。在输入文本时,按下此键表示结束当前行并开始新的一行。在许多软件中也用于表示命令或对话的结束。

(6) Backspace 键(也称回格键)。按下此键,表示光标回退一格,同时原来位于光标左侧的字符被删除。

(7) 空格键,即键盘最下方没有任何标记的长键。此键用于输入空白字符。

(8) Tab 键。此键的作用通常是把光标移动到下一个制表位,常用于制作需对齐效果的多列文字表格。

(9) Esc 键(也称退出键)。此键常被软件定义为取消某种操作。

(10) ←,→,↓,↑ 键,位于屏幕编辑键区和数字小键盘区,分别用于将光标向左、右移动一个字符的位置以及向下、上移动一行。

(11) Home,End,PgUp,PgDn 键,位于屏幕编辑键区和数字小键盘区,分别用于将光标移动至行首、行尾以及上移、下移一屏。

(12) Del 或 Delete 键(也称删除键),位于屏幕编辑键区和数字小键盘区,用于删除光标所在位置的字符。

(13) Ins 或 Insert 键(也称插入键),位于屏幕编辑键区和数字小键盘区,通常用于编辑文字时在插入状态和改写状态之间进行切换。

(14) Num Lock 键(也称数码锁定键),位于数字小键盘区上方。同 Caps Lock 键类似,这是一个开关键。按下此键,键盘上方的 Num Lock 指示灯变亮,此时数字小键盘用来输入数字;再按此键,指示灯变暗,此时数字小键盘用来进行屏幕编辑。

为了熟练使用键盘,提高工作效率,通常需要进行专门的指法训练。

5. 鼠标

鼠标也是微机目前必备的输入设备。在操作图形用户界面时,鼠标拥有键盘所不能替代的便捷性。鼠标是一种指点设备,通常有两三个按键,可以很方便地用来在显示器上定位。用户在桌面上用手移动鼠标,在屏幕上会表现为光标的同步移动。用户经常用这样的手段把光标移动到屏幕上的特定位置,并进行相应的操作。鼠标的常见操作包括移动、单击、双击以及拖动:移动鼠标指用手在桌面上移动鼠标;单击鼠标指按动鼠标按键一次;双击指快速连续按动鼠标按键两次;拖动鼠标指按住鼠标按键并移动鼠标。目前双键鼠标上的左、右两键之间也常装有一个滚轮,用于浏览屏幕内容的滚动。

根据原理的不同,鼠标可分为光学鼠标、机械鼠标和光学机械鼠标。为了避免鼠标线缆给鼠标使用带来的不便,目前市场上也有不少使用无线连接技术的无线鼠标可供用户选择使用。

6. 显示器

显示器是微机最基本的输出设备,也是微机的必备设备。用户可以通过显示器所显示的信息,了解自己的工作状况、程序的运行状况以及运行结果。根据显示原理的不同,显示器主要分为阴极射线管显示器和液晶显示器,其中液晶显示器体积小,重量轻,厚度薄,功耗低,电磁辐射小,不闪烁,长期使用对眼睛的损害比阴极射线管显示器小。目前液晶显示器正逐渐取代阴极射线管显示器,成为微机的标准配置。

显示器上最基本的显示单位一般称为像素。无论液晶显示器,还是阴极射线管显示器,所显示的每帧图片都是由若干像素组成的阵列形成的。分辨率是评价显示器性能的一个常用指标,指的是显示屏在水平和垂直方向上可以显示的最大像素数。例如,某显示器的分辨率是 1024×768,含义是该显示器可在垂直方向上显示 1024 个像素,在水平方向上显示 768 个像素。通常分辨率越高,显示屏可以显示的内容越丰富,图像也越清晰。目前的显示器一般都能支持 800×600、1024×768、1280×1024 等规格的显示分辨率。显示器的另一个技术指标是点距,指的是显示屏上两个相邻像素之间的距离。点距越小,图像越清晰,细节越清楚。常见的点距有 0.21 mm、0.25 mm 和 0.28 mm 等,目前市场上常用的是 0.28 mm 点距的显示器。

7. 打印机

打印机也是一种常见的输出设备。根据打印原理的不同,一般可将打印机区分为击打式打印机和非击打式打印机:击打式打印机靠机械动作实现印字功能,打印速度慢,噪声大但成本低,常见的如点阵式打印机目前已不多见。非击打式打印机靠电、磁或光学作用实现印字功能,没有机械动作,分辨率高,噪声小但成本高。目前常见的打印机均属于非击打式打印机,包括喷墨和激光打印机。

打印机的打印质量通常用打印分辨率来衡量。打印分辨率指的是在每英寸范围内可以打印的点数,单位是 dpi。例如,某打印机的分辨率是 9600 dpi,含义是该打印机在每英寸范围内可以打印 9600 个点。一般而言,分辨率越高,打印效果越好。打印机的打印速度常用每分钟打印的页数衡量,单位是 ppm。由于每页的打印量并不完全一样,所以这个数字不一定准确,只是一个平均数字。例如,某打印机的打印速度为 25 ppm,含义是该打印机每分钟可以打印 25 页。

2.5 计算机软件系统

2.5.1 计算机系统的组成

组成计算机的各种电子部件和机械部件通常称为硬件,仅由硬件组成的计算机称为裸机。单纯的裸机是不能工作的,需要软件的驱动才能完成各种数据计算和处理任务。所谓软件指的是可以在计算机上运行的各种程序和数据。因此,完整的计算机系统是由硬件系统和软件系统两个部分组成的,两者缺一不可,如图 2-22 所示。从图中可以看出,计算机硬件系统由 CPU、主存储器、辅助存储器以及各种输入和输出设备组成。

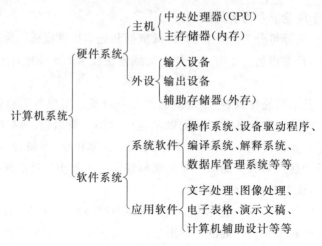

图 2-22 计算机系统的组成

根据功能,计算机软件可以分为系统软件和应用软件两大类:

所谓系统软件是指管理、监控、维护计算机硬件资源和软件资源并使之高效工作的软件。例如,系统软件提供字符的输入、显示以及打印功能,磁盘文件的建立、删除功能,等等。有了这些基本功能,用户可以很方便地使用计算机,软件开发人员可以很容易地开发出各种其他软件,而不需要自己考虑过多的硬件细节。系统软件通常包括操作系统(operating system, OS)、设备驱动程序,实用程序,高级程序设计语言的编译、解释程序以及数据库管理系统(database management system, DBMS),等等。系统软件,尤其是操作系统处于计算机软件系统的核心地位,其他软件都要在其支持下才可以运行。

所谓应用软件是指用户为了解决某些特定问题而开发、研制或购买的各种软件。典型的应用软件包括文字处理软件、财务管理软件、电子表格软件、演示文稿制作软件和图像处理软件等。应用软件要在系统软件的支持下才可以运行。应用软件的开发人员通常无需自己操作各种硬件资源,而是透过系统软件提供的功能来使用计算机资源。在购买计算机时,计算机通常都已经安装了各种系统软件,但通常不会安装应用软件,用户可以根据需要购买并安装各种应用软件。例如,财会人员会选择购买、安装财务软件来完成财务处理工作。

根据相互之间的依赖关系,裸机、系统软件、应用软件构成了一种层次关系,如图2-23所示。裸机处于最底层,系统软件要依赖裸机执行,并为应用软件提供支持,便于应用软件和计算机用户高效使用硬件资源。应用软件种类繁多,我们将在后面的章节中进行介绍,这里我们主要对系统软件进行介绍。

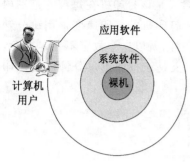

图 2-23 计算机系统的层次结构

2.5.2 操作系统

操作系统是一个管理计算机系统中各种软件资源和硬件资源的软件;同时,也为用户使用计算机提供了一个方便、有效、安全、可靠的工作环境。

通常可以从两个角度看待操作系统:(1)从资源管理的角度看,操作系统管理着计算机系统中的各种硬件资源和软件资源,使它们相互配合,协调一致地进行工作。操作系统追求的目标是合理调度、分配计算机的各种资源,最大限度地提高系统中各种资源的利用率。(2)从服务用户的角度看,操作系统给计算机用户提供了一个方便、友好的工作环境,在计算机用户和裸机之间架起了一道桥梁。

作为计算机系统中各种资源的管理者,操作系统的功能主要体现为:

(1) 管理中央处理器。

目前的操作系统多数都被设计成多任务操作系统;也就是说,计算机中同时有多个处在运行状态的程序。一般把处在运行状态的程序称为进程。由于目前的微机大多只有一个微处理器,在多任务操作系统中,就存在多个进程竞争使用处理器的问题,因为任何一个时刻,微处理器只能选择一个进程执行,在某个时刻,哪个进程可以使用微处理器并使自己得到执行,哪个进程必须等待,都归操作系统管理。操作系统一方面要保证处理器高效运转;另一方面也要保证各个进程得到公平的对待和服务。

(2) 管理存储器。

存储器也是计算机系统中的紧缺资源。目前计算机系统都遵循存储程序原理,所有运行中的程序及其处理的数据都必须放在内存中。操作系统决定着如何使用计算机的存储器:哪些存储器空间分配给操作系统本身使用?哪些存储器空间分配给其他程序使用?当某程序运行完成后,存储器空间如何回收?当存储器空间不足时,如何用有限的存储器空间运行程序?同样,操作系统要保证存储器资源得到高效利用。

(3) 管理设备。

操作系统也决定着程序如何有序地使用各种输入输出设备。当两个程序都想使用设备时,怎样分配?使用完成后,怎样回收?通常各个设备的访问方式是不同的。操作系统还要提供一定的手段,使其他程序和用户也能以一种相同的方式使用各种设备,由操作系统负责完成主机和外设之间的信息交换。

(4) 管理文件。

操作系统以文件为单位管理各种软件和数据资源。所谓文件指的是位于存储设备上的命名数据(或指令)集合。用户的数据和程序都可以文件的形式存储在外存上,因此文件可以进一步分为程序文件和数据文件。操作系统将位于硬盘等设备上的各种文件组织成为文件系统并进行管理和维护,使得用户可以很方便地在硬盘等外存上建立、删除文件等。操作系统也决定着如何充分利用硬盘等辅助存储器的存储空间,如何给文件分配外存空间和回收已被删除的文件所占用的空间,等等。

作为用户使用计算机的桥梁,操作系统为用户提供了一个使用计算机的界面,通过这个界面,用户可以很容易地运行自己所希望运行的程序、以文件的方式管理各种数据和程序,等等。早期的操作系统提供的是字符界面;目前的操作系统所提供的界面多为图形界面,在图形界面中,操作系统以图标、按钮、对话框等图形元素与用户进行各种对话。

目前常见的操作系统主要有微软公司开发的 Windows 系列软件,包括 Windows 98、Windows 2000 以及 Windows XP 等。另一个被广泛使用的系列操作系统是 Linux。同 Windows 操作系统不同,这是一个由自由软件基金会所支持开发的免费操作系统,其发行版本包括 RedHat,Debian 等。

根据功能的不同,操作系统通常被分成桌面操作系统和服务器操作系统:桌面操作系统面向个人使用;而服务器操作系统面向的则是能为处在网络中的其他用户提供各种服务的计算机。以微软公司开发的 Windows 为例,Windows 2000 Server,Windows 2003 Server 都是服务器操作系统;而 Windows 2000 Professional,Windows 2003 Professional,Windows XP等则属于桌面操作系统。

2.5.3 设备驱动程序

设备驱动程序是用于控制和存取设备的程序。由于外部设备五花八门,每种设备的原理、功能各不相同,从而存取这些设备的方法也不尽相同,不大可能用相同的方法来存取所有的设备。因此在开发操作系统时,也不大可能开发出针对每种设备的存取、控制程序。当安装了某些操作系统不能识别的设备时,该设备就不能正常工作,这通常通过安装设备驱动程序的方式解决。设备驱动程序提供了对该类设备进行读写和控制的方法。在安装了设备驱动程序之后,操作系统就可以通过设备驱动程序提供的服务进一步管理和控制各种设备。

不同设备的存取方法不同,因而需要使用不同的设备驱动程序。例如,打印机需要打印机驱动程序;光盘驱动器需要使用光盘驱动程序;鼠标也需要鼠标驱动程序。很多时候,即使是同类设备的不同型号,也需要不同的设备驱动程序。一般而言,设备生产厂商在提供设备的同时也会提供相应的设备驱动程序。

为了方便用户使用,操作系统中会包含一些常用设备的驱动程序。对于这些设备,用户即使不安装相应的设备驱动程序,也可以正常使用;但有时候,由于操作系统提供的设备驱动程序和设备不完全匹配,会导致所安装的设备不能发挥出最佳性能。

即使成功安装了设备驱动程序,在系统中添加新设备也不是一件轻而易举的事情,因为要使设备正常工作,常常还需要对设备做一些参数的配置工作,这样才可以使该设备和系统中已有的设备协调工作,不会发生资源冲突。可是正确配置这些参数,需要了解计算机和设备的许多技术细节,普通用户常常会感觉到难以应付。目前这一问题已通过即插即用(plug and play,PnP)标准的引入得到了解决。凡是支持该标准的设备接口卡在安装时,只要操作系统、微机主板也支持即插即用标准,则参数的配置会由计算机自动完成,从而解决了用户配置设备的困难。目前常用的微机和 Windows 操作系统都支持即插即用标准。

2.5.4 实用程序

实用程序可视为是操作系统的一种补充,主要为用户提供一些在计算机操作过程中经常需要使用但未被操作系统所涵盖的功能。例如,磁盘在使用以前通常需要进行格式化操作,而完成磁盘格式化功能的程序就是一个典型的实用程序。又如,在硬盘使用之前通常要进行分区操作,硬盘分区程序也是一个实用程序。此外,一些完成数据备份和恢复等功能的程序都可以视做实用程序。

实用程序和操作系统的界限是很模糊的。操作系统提供商在推出操作系统时,通常会同时提供硬盘分区、磁盘格式化、数据备份和恢复、系统检测、磁盘碎片整理这样的实用程序。也有一些实用程序是由一些第三方软件公司开发的。例如,由赛门铁克(Symantec)公司开发的诺顿(Norton)工具软件就是一款可以在 Windows 平台上运行的实用程序,用于帮助用户修复磁盘错误或从损坏的磁盘上恢复数据等。又如,Winzip 等共享软件也属于实用程序,可以完成数据的压缩和解压缩处理。

2.5.5 程序设计

当计算机用户希望计算机完成某项工作,但又没有可以完成该工作的软件时,只能自行开发或委托软件开发人员去开发相应的软件。因此计算机系统需要提供相应的软件开发工具,允许用户或程序员利用这些工具开发相应的软件。软件开发工具实际上提供了扩展计算机处理能力的手段。

程序员编写程序和开发软件需要使用程序设计语言。程序设计语言是一种形式语言,为程序员提供了一套标准的基本语句和形式语法。程序员可以利用这些语句,遵循所规定的语法,编写完成具有特定功能的程序。之所以被称为"语言",是因为程序设计语言充当了程序员和计算机之间的交流工具。程序员将自己的意图用程序设计语言写成"文章"(即程序),而计算机通过阅读、理解这样的"文章",获知程序员的意图,并完成程序员所要求的工作。

在计算机发展的早期,程序员要使用机器语言来编写程序。机器语言指的是由 CPU 所提供的指令系统。程序员利用指令系统中的指令编写程序,机器语言中的指令均为 0 和 1 组成的二进制代码,CPU 可以直接读入这些二进制指令并执行,因此用机器语言写的程序可以直接执行,无需任何处理。但是机器指令用二进制表示,非常难以记忆,用机器语言编写的程序也很难阅读,不利于程序员开发较为复杂的程序。

为了便于程序员记忆及阅读,人们引入了"汇编语言"的概念。汇编语言将二进制机器指令进行符号化,将其中的操作码以及地址码改用英文字符缩写(例如用 ADD 表示加法的操作码),远比二进制代码容易记忆。同时,用汇编语言编写的程序,可读性也比机器语言程序好得多。

同机器语言相比,汇编语言的出现为程序的编写、阅读和调试提供了便利。但是汇编语言同机器语言没有本质的不同,它只是机器语言的简单符号化。程序员利用汇编语言编写程序,仍然不是一件很轻松的事情。首先,汇编语言、机器语言和具体的 CPU 有关,CPU 不同,指令系统就不同;也就是说,它所支持的机器语言和汇编语言也不同。这样,程序员为不同的计算机编写程序,就需要学习不同的机器语言或汇编语言;同时,即使完成同样任务的汇编语言或机器语言程序,也不能直接移植到其他的机器上执行。另外,程序员利用汇编语言和机器语言编写程序,需要了解机器的硬件细节。在汇编语言中,将数据放在何处?是在寄存器中,还是在存储器中,都需要程序员自己决定,这使得一些缺乏硬件知识的人员无法进行程序设计工作。

由于上述原因,程序员需要更加容易使用的程序设计语言。BASIC,Pascal,C 等所谓高级语言就是在这样的需求下产生的。高级语言尽量使用人类语言中的词汇表示需要机器完成的动作和要处理的数据。例如,在 BASIC 语言中,单词 print 被用来表示在显示器上显示或在打印机上打印信息。正因如此,高级语言易于学习,用高级语言编写的程序也易于理解和阅读。高级语言同汇编语言有着本质的不同:汇编语言只对机器语言做了简单的符号化,语句同机器语言指令间有着简单的对应关系;而高级语言同机器语言之间缺乏这种简单对应关系,一条高级语言语句所能完成的工作可能需要十几条乃至几十条机器指令才可以完成。此外,高级语言同具体的计算机无关,利用高级语言写的程序可以很容易地在不同的计算机之间进行移植。由于高级语言把存储单元、寄存器等硬件部件隐藏起来,程序员即使没有有关的硬件知识,也可以编写出程序。为了同高级语言相区别,汇编语言和机器语言一般被认为是低级语言或面向机器的语言。

目前提出的高级语言不下百种；并且，高级语言的理念也在不断进步之中，出现了面向对象的程序设计语言。随着这些语言的出现，大型软件的开发时间也变得越来越短。以下是一段用C++语言编写的小程序，其功能是从键盘上读入a,b两个数，然后计算出$3a-2b+1$的值并输出。读者可凭借这个简单的程序对高级语言获得一个初步印象：

```
#include <iostream.h>
void main()
{int a, b, result;
cout<<"Please input two numbers：\n";
    cin>>a>>b;
result=3*a-2*b+1;
cout<<"result is"<<result<<endl;
}
```

根据前文对计算机工作原理的了解，我们知道CPU只能读取和执行二进制机器指令；换句话说，计算机所能"理解"的唯一语言是机器语言。由于汇编语言对二进制指令进行了符号化，尽管汇编语言指令与机器语言对应关系简单，但CPU并不能识别这些符号的含义，也不能执行这些符号化的指令。因此，用汇编语言编写的程序并不能直接拿到CPU上去执行，必须首先被转换成机器语言代码，才能在机器上执行。把汇编语言程序转换为机器语言代码的过程一般称为汇编，能够完成汇编任务的程序被称为汇编程序。因此，如果程序员希望利用汇编语言编写程序，首先应该在计算机上安装汇编程序，利用汇编程序将自己编写的程序汇编成机器代码后，才能在机器上执行。相对于汇编的过程，程序员用汇编语言写的程序被称做源程序，汇编后的程序通常被称做目标程序。汇编程序的任务就是把汇编语言源程序转换成机器语言目标程序。

对于利用高级语言编写的源程序也是这样。计算机不能"理解"汇编语言，当然更不能"理解"C语言等高级语言，因此用高级语言写的程序要在机器上执行，同样也要进行"翻译"处理。把高级语言源程序翻译成机器语言目标程序，有两种方式：一种称为编译；另一种称为解释。编译的过程同汇编的过程类似。当程序员写完高级语言源程序后，就交给编译程序去翻译，编译程序会首先检查源程序中是否包含错误。若有错误，就返回给程序员继续修改；若没有错误，就把源程序翻译成机器语言目标代码。在成功得到目标代码后，就可以在机器上执行目标代码程序并产生程序员所期望的运行结果。编译过程和汇编过程的区别在于其复杂性，由于高级语言语句和机器语言中的指令没有简单的对应关系，因此编译过程要比汇编过程更加复杂。

有的高级语言要求按照解释的方式执行；对于这样的高级语言，源程序写完后要交给解释程序去翻译、执行。和编译程序不同，解释程序并不试图把整个源程序翻译成目标程序后再执行目标程序。解释程序首先读入源程序的第一条语句，检查是否有错误，若没有错误，则将其转换成目标代码，并立即执行所得到的目标代码；接着再读入源程序中第二条语句，执行同样的过程；如此继续，直到处理完源程序的最后一条语句。此时对整个源程序而言，每条语句都被翻译成二进制目标代码并执行。解释程序结束后，通常也不会产生一个目标代码程序(解释过程中所产生的目标代码并不会被保存),因此若想再次执行,还必须遵循同样的过程,把源程序交给解释程序去翻译并执行。可以看出,解释程序不仅进行翻译工作,在翻译过程的同时也执行了所翻译的程序;而编译程序的工作则相对单纯,它只进行翻译工作。同时,由于解释程序最终没有产生一个目标代码程序,因此每次执行都需要源程序,而编译程序会产生一个完整的目标代码程序。编译完成后,源程序不再重要,执行时只需要目标代码程序。从执行效率而言,编译的工作方式优于解释的执行方式,因为编译后的程序执行时不再有翻译的过程。但从调试程序的角度看,解释的工作方式则比较方便。目前大多数高级语言都是编译型语言,例如Pascal,C,C++等;少数为解释性语言,如 Perl 语言。BASIC 语言传统上属于解释型语言,不过目前基本上已经被改造为编译型语言。

随着软件技术的进步,程序设计变得越来越方便。除了这些编译程序、解释程序外,目前计算机上也提供了各种各样的集成式开发环境(integrated development enviroment,IDE)。这些集成式软件开发环境不仅仅提供编译程序的功能,也提供友好的编辑环境,协助程序员编写源程序,还提供各种程序调试手段,使得程序员很容易地发现并排除程序中的错误。例如,微软公司开发的 Visual Studio 系列就是这样的集成式开发环境。

2.6 计算机发展简史

现代计算机科学自诞生之日到现在,时间不算很长,但人类探索高效计算工具的历史却可以追溯到遥远的古代。我国古人发明的算盘堪称这种探索的一个成功典范,算盘携带方便,便于演算。在我国,时至今日,很多人仍在使用着算盘。当然,客观地说,算盘的计算能力远远不能同现代计算机相比。我国人没有在发明算盘的基础上继续发明出功能更为强大的计算工具,也不能不说是一件颇为遗憾的事情。

在西方,自中世纪起,科学家研制高效计算工具的努力也不曾停止过。1642 年,法国数学家帕斯卡(Pascal)发明了一台可以完成 6 位数加减法运算的齿轮式计算装置,被认为是世界上第一台机械式计算机。这位英年早逝的天才 39 岁就离开了人世,他也曾留给后人一句广为传颂的名言:"人活着好比脆弱的芦苇,但是他又是有思想的芦苇。"为了纪念这位先驱,人们把 1971 年发明的一种高级程序设计语言命名为 Pascal 语言。

在此后的 300 年间,不断有新的思想和更为先进的机械计算装置出现。德国科学家莱布尼茨(Leibniz)于 1671 年研制出一台可以进行乘法运算的机械计算机。英国科学家巴贝奇先后提出了"差分机"和"分析机"的设计思想,并于 1832 年制成了一台差分机。巴贝奇将他的一生都用于机械计算机的研制工作;但由于思想超前,他所提出的分析机最终没有成功,这位巨星最终在耗尽家产后孤独地离开了人世。巴贝奇的"分析机"思想是极其先进的,它支持程序设计的思想。英国诗人拜伦的女儿、数学才女、伯爵夫人艾达(Ada)曾是巴贝奇事业的坚定支持者,开天辟地地为分析机编制出一批程序,其中包括三角函数计算、级数相乘、伯努利函数程序等。艾达编制的这些程序即使到了今天,也是很先进的,人们公认她是世界上第一位软件工程师。

在 IBM 公司的支持下,美国科学家艾肯(Aiken)于 1943 年成功研制了早期计算机的最后代表"马克(Mark)一号"。"马克一号"是在巴贝奇思想的基础上研制成功的,但艾肯设计的"马克一号"是一种电动的机器,它借助电流进行运算,最关键的部件是继电器。"马克一号"上大约安装了3000个继电器,每个都有由弹簧支撑的小铁棒,通过电磁铁的吸引上下运动。吸合则接通电路,代表"1";释放则断开电路,代表"0"。继电器"开关"能在大约0.01 s的时间内接通或断开电流,这当然比巴贝奇的最初设计所使用的齿轮要先进得多。"马克一号"代表着自帕斯卡以来人类所制造的机械计算机或电动计算机的顶尖水平,当时就被用来计算原子核裂变过程。之后它运行了15年,编制出的数学用表我们至今还在使用;它甚至还可以被用来求解微分方程。

现代意义上的计算机诞生于1946年,标志性事件是ENIAC研制成功。这是世界上第一台电子数字式计算机,是由美国科学家毛奇莱(Mauchly)和艾克特(Eckert)负责设计完成的。冯·诺伊曼虽不是课题组的正式成员,但作为研究小组的常客也参加了研究工作。ENIAC这台巨大的计算机每秒可以进行5000次运算,比使用齿轮的机械计算机以及使用继电器的机电式计算机快上10000倍之多。ENIAC是在美国军方支持下完成的,被用于弹道的计算和氢弹的研制工作。虽然从现在的观点看,ENIAC的计算速度还比不上一台普通微机,但它的诞生具有划时代的意义,标志着电子计算机时代的到来。

在计算机的历史上值得一提的另外一件事是经由冯·诺伊曼领导研制的计算机EDVAC的问世。EDVAC诞生于1952年,在EDVAC中使用了冯·诺伊曼提议的二进制计数制并采纳了存储程序的原理,正式确定了现代计算机的结构,时至今日,我们使用的计算机仍然采用同样的原理和结构,都属于所谓的冯·诺伊曼机。

自ENIAC问世,目前已经过近六十年的发展历程,这期间计算机硬件技术的发展可谓日新月异。从1946年起,可以认为计算机硬件的发展经历了下面五个阶段:

(1) 电子管阶段(1946~1958年)。

在这个阶段,计算机的逻辑元件主要采用电子管,存储器采用汞延迟线,用纸带以及穿孔卡片作为输入输出手段,每秒钟仅能执行几千条指令。程序员用机器语言和汇编语言编写程序。由于电子管平均寿命有限,所以电子管计算机可靠性较差,且体积大,能耗高,速度慢,容量小,价格昂贵。

(2) 晶体管阶段(1958~1964年)。

晶体管的问世及应用大大缩小了计算机的体积,计算机的可靠性进一步提高,价格进一步降低。在这个阶段,计算机的逻辑元件主要采用晶体管,存储器采用磁芯存储器,用磁带作为辅助存储设备,每秒钟可以执行上百条指令。出现了FORTRAN等高级程序设计语言。但是,晶体管计算机无论性能、还是体积、价格,仍不能满足各行各业对计算机日益增长的需求。

(3) 集成电路阶段(1964~1971年)。

1958年,诺伊斯(Noyce)领导发明了集成电路技术。1964年,IBM公司推出的IBM 360机标志着计算机进入了集成电路时代。在这个阶段,主要采用中、小规模集成电路作为基本器件,存储器采用半导体存储器,用磁带和磁盘作为辅助存储器,每秒钟可以执行的指令数超过一千万。软件方面出现了操作系统以及模块化的软件设计思想。计算机的体积更小,寿命更长,功耗、价格进一步下降,而速度和可靠性相应地有所提高,应用范围进一步扩大。由于集成电路成本迅速下降,形成了成本低而功能比较强的小型计算机供应市场,占领了许多数据处理的应用领域。

(4) 大规模集成电路阶段(1971~1980年)。

随着集成电路工艺技术的飞速发展,出现了大规模以及超大规模集成电路技术。这使得单个芯片上可以集成成千上万个晶体管。这个阶段的计算机大量采用大规模集成电路技术和超大规模集成电路技术。中央处理器、存储器等计算机部件高度集成化,磁盘等辅助存储器容量进一步扩大,运算速度大幅提高,每秒可执行上亿条指令。软件方面出现了数据库管理系统、分布式操作系统等,软件设计方法持续进步,逐渐形成了专门的软件产业部门。

(5) 微型计算机阶段(1980 年至今)。

随着微处理器芯片的出现,计算机体积的进一步缩小、成本的持续下降,大型计算机、小型计算机逐渐淡出市场,面向个人使用的微机迅速发展,进入寻常百姓家庭。1981 年,IBM 公司推出的 IBM PC 宣告了这个时代的来临,配置包括 64 KB 内存、单色显示器、可选的盒式磁带驱动器、两个 160 KB 单面软盘驱动器,当时售价仅 2880 美元。微软公司发布了为 IBM PC 使用的磁盘操作系统(disk operating system,DOS)。今天我们使用的微机已经远远超出了上述配置,微机操作系统也已不仅仅是支持单个任务的操作系统。计算机进入完全普及的时代。

计算机科学始终保持着高速发展,各种新技术、新设备层出不穷。美国科学家摩尔(Moore)在 1965 年曾提出了一个有关集成电路发展的预言:"半导体芯片上集成的晶体管和电阻数量将每年翻一番。"1975 年,该预言又被进一步修正为"芯片上集成的晶体管数量将每两年翻一番"。该预言一般也称为摩尔定律,尽管这一技术进步的周期已经从最初预测的 12 个月延长到如今的近 18 个月,但摩尔定律这一经验性规律一直是成立的。时至今日,比较先进的集成电路已含有约 1.7×10^{10} 个晶体管。该规律未来是否还成立,还有待时间检验;但从目前的情形看,计算机及其相关技术持续高速发展的势头暂时不会发生改变。

参 考 文 献

1. 许卓群. 微型计算机应用基础. 北京:高等教育出版社,1997.
2. 马莲芬. 微型计算机使用基础. 北京:海洋出版社,1997.
3. 朱巧明,李培峰,吴娴,等. 中文信息处理技术教程. 北京:清华大学出版社,2005.
4. 李秀,等. 计算机文化基础. 第 3 版. 北京:清华大学出版社,2003.
5. 〔美〕Parsons J J,Oja D. 计算机文化. 吕云翔,张少宇,曹蕾,等,译. 北京:机械工业出版社,2006.

思 考 题

1. 现代计算机有哪些组成部件?各部件的功能是什么?
2. 把十进制数 98 分别转换成二进制、十六进制和八进制数。
3. 把二进制数 10101010 分别转换成十六进制数、八进制数和十进制数。
4. 什么是位、字节和字?它们之间的关系如何?
5. 若字长为 8,请写出有符号整数 −16 的补码表示。
6. 在计算机中,西文字母是如何表示的?
7. 在计算机中,汉字是如何表示的?编码标准 GB2312,GBK 和 GB18030 之间的关系如何?
8. 什么是 Unicode?什么是 UTF-8?

9. 点阵字形技术和矢量字形技术有什么区别?
10. 什么是存储程序原理?
11. 什么是总线?其作用是什么?
12. 什么是指令和指令系统?简述指令在计算机上的执行过程。
13. 简述 ROM 与 RAM 的不同之处。
14. 简述计算机的多级存储体系。
15. 简述硬盘、光盘的工作原理。
16. 影响微机性能的因素有哪些?
17. 计算机的主机板一般提供哪些类型的扩展槽?
18. 简述操作系统的功能。
19. 简述设备驱动程序的功能。
20. 程序设计语言主要有哪些类别?
21. 什么是汇编程序、编译程序和解释程序?它们之间有何不同?
22. 什么是摩尔定律?

第三章 操 作 系 统

操作系统是电子计算机系统中负责支撑应用程序运行环境以及用户操作环境的系统软件,同时也是计算机系统的核心与基石。它的功能常包括直接监管硬件,管理各种计算资源(如内存和处理器时间),提供诸如作业管理之类的面向应用程序的服务,等等。

3.1 操作系统概述

3.1.1 操作系统的概念

为了使计算机系统中所有软、硬件资源协调一致、有条不紊地工作,必须有一个软件来进行统一的管理和调度。这个软件就是操作系统。操作系统是最基本、也是最主要的系统软件。离开了操作系统,计算机不能工作,而且操作系统的性能很大程度上直接决定了整个计算机系统的性能。

操作系统直接运行在裸机上,这是对计算机硬件系统的第一次扩充。它协助计算机完成基本的硬件操作,同时也和外面一层的应用软件进行交互,完成一系列的应用任务。所以说,操作系统是计算机硬件与其他软件的接口,也是用户和计算机的接口。

3.1.2 操作系统的分类

经过多年的快速发展,操作系统数量繁多,多种多样。按照不同的划分标准,操作系统可以分成不同的类型。按照操作系统的用户界面类型划分,可以分成命令行界面的操作系统(比如 DOS)和图形用户界面(graphical user interface,GUI)的操作系统(比如 Windows)。下面我们按照操作系统的使用对象来分,可以分为桌面操作系统、服务器操作系统和嵌入式操作系统。

桌面操作系统(又称客户端操作系统或个人操作系统),是专为单用户微机设计的;服务器操作系统(又称为网络操作系统)是专门为网络中作为服务器的计算机设计使用的。许多常用的操作系统属于这两类。表 3-1 总结了这些操作系统的常用版本及其特性。

表 3-1 常见计算机操作系统

操作系统	主要基于	界面类型	适用范围
DOS	英特尔个人计算机或兼容机	命令行界面	仅限于个人计算机
Windows 2000	英特尔个人计算机或兼容机	图形用户界面	个人计算机和服务器
Windows Me	英特尔个人计算机家庭个人计算机或兼容机	图形用户界面	仅限于个人计算机
Windows XP	英特尔个人计算机或兼容机	图形用户界面	个人计算机和服务器
Windows Vista	英特尔个人计算机或兼容机	图形用户界面	个人计算机和服务器
Mac OS	Macintosh 个人计算机	图形用户界面	个人计算机和服务器

(续表)

操作系统	主 要 基 于	界面类型	适用范围
Unix	服务器、较大型的多用户计算机和某些个人计算机	传统用命令行界面;现多采用图形用户界面	个人计算机和服务器
Linux	英特尔个人计算机或兼容机、服务器和较大型的多用户计算机	命令行或图形用户界面	个人计算机和服务器
OS/2 Warp4	商用个人计算机和较大型的多用户计算机	图形用户界面	个人计算机和服务器

嵌入式操作系统是一种支持嵌入式系统应用的操作系统软件。它把操作系统嵌入到电子设备中,以控制设备的运转。比如,全自动洗衣机的控制面板就是这样一个例子。由于基于硬件的不同,嵌入式操作系统与计算机操作系统有着明显的区别。与计算机操作系统相比,嵌入式操作系统在系统的实用性、硬件的相关依赖性、软件的固化以及专用性方面具有突出的特点。

嵌入式操作系统一般可以分为两类:一类是面向控制、通信等领域的实时操作系统;另一类是面向消费电子产品的非实时操作系统,包括个人数字助理(personal digital assistant, PDA)、移动电话、机顶盒等。

最流行的三款面向消费电子产品的嵌入式操作系统有:Palm OS(Palm 品牌以及其他专用手持设备的标准操作系统);Windows CE(嵌入式系统的 Windows 版本,用在手持设备及其他可移动设备上,具有与计算机操作系统相似的功能,比如用户可以使用 Microsoft Word 的微型版本);Pocket Computer OS(微软公司开发的一种特殊类型的操作系统,用于微型版本的掌上计算机,能够安全访问专用网络数据,具有无线上网功能)。

3.1.3 操作系统的主要组成部分

操作系统主要由四部分组成:

(1) 驱动程序。

这是最底层的、直接控制和监视各类硬件的部分。它们的功能是隐藏硬件的具体细节,并向其他部分提供一个抽象的、通用的接口。

(2) 内核。

这是操作系统最核心的部分,通常运行在最高特权级,负责提供基础性、结构性的功能。

(3) 支撑库(亦称接口库)。

这是一系列特殊的程序库,是最靠近应用程序的部分。它们的功能是把系统提供的基本服务包装成应用程序所能够使用的应用编程接口(application program interface, API)。例如,GNU C 运行库就属于这一部分,它把各种操作系统的内部编程接口包装成 ANSI C 和 POSIX 编程接口的形式。

(4) 外围。

这是指操作系统中除以上三部分以外的所有其他部分,通常是用于提供特定高级服务的部件。

3.2 操作系统的功能

计算机操作系统是一个庞大的管理控制程序,它的主要功能是对系统中所有软、硬件资源进行有效的管理和调度,以提高计算机系统的整体性能。归纳起来,大致包括处理机管理、存储管理、设备管理及文件管理四个方面的管理功能。

3.2.1 处理机管理

早期的计算机系统中,一旦某个程序开始运行,它就占用了整个系统的所有资源,直到该程序运行结束。这是单道任务程序系统。在这种方式下,系统的资源利用率不高,大量资源在许多时间内处于闲置的状态。

为了提高系统资源的利用率,现在所有的操作系统都具有在同一时间内执行多道程序的能力。这样的操作系统被称为多道程序系统。从宏观上讲,CPU 是在同时执行多道程序;但从微观上讲,任何时刻 CPU 仅能执行一道程序,只是因为 CPU 的运行速度非常快,从用户角度看就好像多道程序在同时执行。它的好处是多道程序共享系统资源,提高了系统资源的利用率。这就需要操作系统承担资源管理的任务,对包括处理机在内的系统资源进行管理。

处理机管理的主要任务就是把 CPU 的时间有效、合理地分配给各个正在运行的程序。在许多操作系统中,包括 CPU 在内的系统资源是以进程(process)为单位分配的,目前很多的操作系统把进程再划分为线程(thread)。因此,处理机管理在某种程度上可以说是进程管理或线程管理。

3.2.2 存储管理

存储器是操作系统的核心资源。对存储器管理的好坏直接影响到它的利用率,还会影响到整个系统的性能。

计算机的内存是 CPU 可以直接访问的存储器。一个进程要在 CPU 上运行,就必须占用一定的内存。尽管目前微机内存容量的配置已经达到很大,但有时还是不能满足实际的需要。为了解决这个矛盾,可以采用虚拟内存技术加以解决。具体说来,操作系统的存储管理主要体现在以下四个方面:

(1) 虚拟内存。

所谓虚拟内存是指在计算机系统中,操作系统使用硬盘空间模拟内存,为用户提供一个比实际内存大得多的内存空间。在系统的运行过程中,部分进程保留在内存中,其他暂时不在 CPU 运行的进程放在外存中,操作系统根据需要负责内、外存之间的交换。例如,虚拟内存技术会把一个需要 400 KB 存储空间的程序分成 10 页存储,每页存储能力为 40 KB。当计算机执行程序时,只把某些页存储在实际的 RAM 中;当需要其他页的内容时,计算机会从虚拟内存中找到这些页,然后改写那些不再需要的内存页。这个过程就称为页面调度。

并不是所有的操作系统都提供虚拟内存功能。虽然虚拟内存技术允许计算机系统在有限内存的情况下仍可正常运行,但处理器会浪费大量的时间来进行 RAM 内、外存储页的交换,从而降低整个计算机的工作效率。

(2) 存储器分配。

存储器分配是存储器管理的重要部分,这是因为:首先,任何时候,存储器都是被多个进程共享的。进程创建时,需要分配存储器;进程消亡时,需要释放包括存储器在内的所有资源。其次,在运行过程中,进程需要的存储空间会随时变化。再次,有些进程放在内存,有些进程放在外存。进程需要在内、外存之间调进调出,涉及内、外存储器的分配与释放问题。第四,为了充分利用存储器,系统有时需要在存储器中移动进程。

(3) 地址的转换。

编写程序时,程序员无法知道程序将要放在内存空间的哪个地址运行。程序中的地址使用的是逻辑地址,而不是真实的物理地址。当程序调入内存时,操作系统将程序中的逻辑地址变换成存储空间中的物理地址。

(4) 信息的保护。

由于内存中有多个进程,为了防止一个进程的存储空间被其他进程破坏,操作系统要采取软、硬件结合的保护措施。不管采用什么方式进行存储分配和地址转换,在操作数地址被计算出来以后,都先要检查它是否在该程序分配到的存储空间之内。如果是,则允许访问这个地址;否则拒绝访问,并把出错信息通知用户和系统。

3.2.3 设备管理

计算机工作中需要配置很多外部设备(比如打印机和扫描仪等),它们的性能和操作方式都不一样。操作系统的设备管理就是负责对这些设备进行有效的管理,具体说来包括:

(1) 设备驱动程序。

设备驱动程序是操作系统管理和驱动设备的程序,是操作系统的核心之一。驱动程序实际上是硬件厂商根据操作系统编写的配置文件,是添加到操作系统中的一些代码,其中包含相关硬件设备的信息。有了这些信息,操作系统就可以与设备进行通信。用户在使用设备之前必须安装驱动程序,否则无法使用。

设备类型不同,驱动程序是不同的;厂商不同,同一种类型设备的驱动程序可能不完全相同;操作系统不同,同一种类型设备的驱动程序也不同。在安装操作系统时,会自动检测设备并安装相关的设备驱动程序,用户如果需要添加新的设备,必须再安装相应的驱动程序。

(2) 即插即用(PnP)。

即插即用指的是把设备连接到计算机上后,不需要手动配置就可以立即使用。即插即用技术不仅需要设备支持,而且需要操作系统支持。大多数1995年以后生产的设备都是即插即用的,目前绝大多数的操作系统也都支持即插即用技术。

需要提醒的是,即插即用并非不需要安装设备驱动程序,而是指操作系统可以自动检测到设备并自动安装驱动程序。

(3) 通用即插即用(universal plug and play,UPnP)。

即插即用是针对传统单机设备的一种技术。为了应对计算网络化、家电信息化的发展趋势,微软公司在1999年推出最新的即插即用技术,即通用即插即用技术。它可以使计算机自动发现和使用基于网络的硬件设备,自动发现和控制来自不同厂商的各种网络设备,比如网络打印机、互联网(internet)网关和消费类电子设备。通用即插即用是针对网络设备提出的技术,它面向的重点是未来社会中的信息家电。

(4) 集中管理。

各种类型的设备在速度、工作方式、操作类型等方面都有很大的差别。面对这些差别,需要使用一种统一的方法管理各种外部设备。各种现代操作系统都尽可能地为用户设计一个简洁、可靠、易于维护的设备管理系统来集中管理设备。

以 Windows 操作系统为例,对设备进行统一管理的是设备管理器和控制面板。在设备管理器中,用户可以了解如何安装和配置计算机上的硬件以及硬件如何与计算机程序交互信息;还可以检查硬件状态,更新安装在计算机上的设备驱动程序。

在"我的电脑"的快捷菜单中选择"属性"命令,然后选择"硬件"选项卡,再选择"设备管理器",如图 3-1 所示。

图 3-1　Windows XP 的"设备管理器"窗口

3.2.4　文件管理

在计算机中,文件是一组相关信息的有名集合。所有的程序和数据都是以文件的形式存放在计算机的外存(比如磁盘)中。文件根据其用途,可分为程序文件和数据文件两类:程序文件包含计算机执行特定任务的程序代码或指令,它是主动的,可以要求计算机完成某些动作;数据文件包含一些可以查看、编辑、存储、发送、打印的文档、图片、表格、视频和音频等数据,它是被动的,通常需要使用应用程序来创建。

操作系统中,负责管理和存取文件信息的部分称为文件系统。在文件系统的管理下,用户可以按照文件名访问文件,而不必考虑各种存储器的差异,也不必了解文件在外存中的具体物理地址以及是如何存放的。文件系统为用户提供了一种简单、统一的访问文件的办法,所以又被称为用户和外存储器的接口。

操作系统管理下的文件有时多达成千上万个。操作系统为了跟踪所有文件,在硬盘中会创建一个硬盘内容的清单,称为文件分配表(file allocation table,FAT)。只要有文件被创建、移动、重命名或删除,操作系统就会更新文件分配表内的信息。

系统中有非常多的文件,要找到需要的文件非常困难。为了快速寻找文件,操作系统提供了一种树状目录结构来组织文件。一棵树代表一个存储设备,树根为根目录(又称根文件夹),树的分支为子目录(又称文件夹),这些分支可以细分为更小的分支或子文件夹,分支的末端为树叶,代表单个文件,如图 3-2 所示。在这个树状结构中,用户可以将同一项目相关的文件放在同一子目录中,也可以按文件用途或类型将文件分类存放。

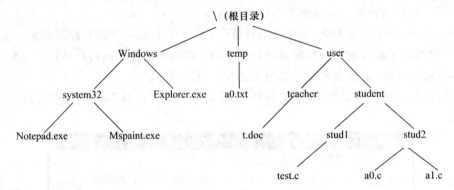

图 3-2 文件的树状目录结构

在 Windows 的树状目录结构中,位于树根的文件夹是"桌面",计算机上所有的资源都组织在其上。从"桌面"开始可以访问任何一个文件和文件夹,如图 3-3 所示。"桌面"上有"我的文档"、"我的电脑"、"网上邻居"和"回收站"等,它们为系统的专门文件夹,不能改名,称为系统文件夹。

图 3-3 Windows 的目录结构

3.3 常用操作系统

1. DOS(Disk Operating System)

在 20 世纪 80 年代和 90 年代初,DOS 是最主要的操作系统,它的命令行界面给人留下了难以使用的印象。DOS 有两种主要形式:PC-DOS 和 MS-DOS。这两种版本的 DOS 最初都是由微软公司提出的,但 PC-DOS 是为 IBM 微机设计的,而 MS-DOS 是为 IBM 兼容机设计的。现在 PC-DOS 属于 IBM 公司,还在不断改进;而 MS-DOS 属于微软公司,已经不再更新。尽管今天 DOS 不再广泛使用,但它并没有彻底消失,实际上,它已经被集成到 Windows 中。在幕后发挥作用,所以 Windows 用户不必直接使用它的那些复杂的命令。

在 DOS 鼎盛时期,运行 DOS 的计算机上开发了成千上万的程序;现在,在互联网上还存在很多 DOS 程序。有时 Windows 用户可以使用"所有程序"菜单的"附件"子菜单中的"命令提示符"来运行这些程序。

2. Windows

Windows 是基于图形用户界面的操作系统。它的最初版本 Windows 1.0、2.0、3.0 在计算机用户中并没有产生多大反响;1992 年发布的 Windows 3.1 才使其成为微机操作系统的主要选择;1995 年发布的 Windows 95 和 1998 年发布的 Windows 98 逐渐巩固了其霸主的地位。早期的 Windows 主要有两个系列:一是低档 PC 上的桌面操作系统,如 Windows 95 和 Windows 98;二是高档服务器上的网络操作系统,如 Windows NT 3.51 和 Windows NT 4.0。2000 年,推出面向个人用户的 Windows Me、面向商业用户和服务器计算机的 Windows 2000 及面向工作站的 Windows 2000 专业版。这里,工作站指的是高性能、单用户的微机,通常被用于处理高级或高端的计算任务,比如专业视频编辑、科学可视化等。

Windows 3.11 之前的所有版本都不能算是一个完整的操作系统,它们是为了克服用户学习和使用 DOS 命令时的困难而设计的,可以为 DOS 计算机产生图形用户界面,仅仅是简单的操作环境的变换。这之后的 Windows 操作系统,特别是 Windows 95 和 Windows 98 的发布,改变了这个状况。这两个版本的操作系统不仅改进了用户界面,而且采用 32 位处理系统提高了系统响应速度,同时还允许多任务处理和较长的文件名。Windows 98 和 Windows 95 的差别还在于它增加了一些功能,例如与互联网的高度集成、专为桌面用户界面定制的许多操作,改进了对大容量硬盘的支持以及对 DVD 和 USB 的支持。

Windows NT 是 Windows 2000 发布之前一直使用的标准网络版操作系统,它是一个多任务处理操作系统,采用与 Windows 95 和 Windows 98 类似的图形用户界面,分为工作站版和服务器版,其中服务器版是专为小型局域网用户设计的。

Windows 2000 是 Windows NT 的升级版。它采用 Windows NT 技术设计,与基于 Windows 9X 内核设计的操作系统(如 Windows 95、Windows 98 和 Windows Me)相比,其功能更加强大,运行更加稳定,具有比 Windows NT 更强的防止系统瘫痪的能力。与 Windows 95 和 Windows 98 相比,它的一个主要缺点是对存储空间和 RAM 的要求比较苛刻,因此许多桌面用户宁愿选择基于 Windows 9X 技术的操作系统。

Windows Me (Millennium Edition)是面向个人用户的操作系统,专为家庭个人计算机设计,是 Windows 98 的替换产品。和 Windows 2000 不同,它基于 Windows 9X 技术,而不是 Windows NT 技术。另外,虽然支持改进的家用网络和共享的因特网连接,它依旧是一个面向个人的操作系统,而不是网络操作系统。它的另一特征是多媒体功能的改进、较好的系统保护能力、快速的启动过程以及其他适用于因特网的动作和游戏。Windows Me 也是第一个支持真正的即插即用功能的操作系统。

Windows 2000 的继任者 Windows XP 是微软公司在 2001 年发布的。设计它的目的是完全取代 Windows 2000(用于商业用户和服务器)和 Windows Me(面向个人用户),它是基于 Windows NT 技术的。Windows XP 的许多最新特性与多媒体和通信有关,比如改进的图片、视频、音乐的编辑与共享,实时通话的使用和应用软件的共享等。Windows XP 有家庭版和专业版两个不同的版本。

Windows 2003 是继 Windows XP 后微软公司发布的又一个新产品;其名称虽然沿用了

Windows 操作系统家族的习惯用法,但从其提供的各种内置服务以及重新设计的内核程序来说,已经与 Windows 2000、Windows XP 操作系统有了本质的区别。Windows 2003 是一种服务器操作系统,具有强大的服务器管理功能。与之前的 Windows 系列版本相比,Windows 2003 新增了许多功能,主要体现在安全性(为商业用户提供更加安全的平台)、网络通信(扩展了 Windows 2000 服务器的网络架构,具有更强大的网络通信功能)、终端服务(为应用程序的部署提供新的选择,在低带宽条件下更有效地访问数据,增强了原有终端服务的功能)等几个方面。

Windows Vista 是由微软公司推出的最新操作系统,于 2006 年 11 月面向企业提供,并于 2007 年 1 月面向消费者广泛提供,旨在帮助企业使用信息技术,在当今全新的工作环境中获得竞争地位。Windows Vista 操作系统具有比 Windows XP 更优越的多项重要改进;其突出特点包括:(1)全新的用户界面。(2)快速搜索。搜索超越了分层文件结构,可自动组织信息,以搜索文件、电子邮件及应用程序;可从每个开始菜单、控制面板及大多数窗口访问。(3)安全与隐私。Windows Defender 有助于防止恶意软件、蠕虫、病毒及间谍软件。"自动更新"与"Windows 安全中心"有助于利用最新的安全补丁不断更新计算机。(4)更高的性能,可实现快速的启动、关机与恢复以及快速的应用程序与文件加载。"磁盘优化"功能可对硬盘上的文件及应用程序进行排序,以优化启动和文件加载时间。操作系统内置诊断功能提供了对常见错误情况的诊断与纠正,有助于在机器出现故障时保护数据。新型"启动修复"技术可提供逐步诊断,指导数据恢复,并有助于最大程度地减少数据丢失。(5)睡眠与快速恢复将待机模式的速度与睡眠模式的数据保护以及低功耗进行了完美结合,可从睡眠模式快速恢复,凭借非易失性内存,电池使用时间更长。(6)浏览器的支持,例如 Internet Explorer 7 选项卡页面、真正简单的整合(really simple syndication,RSS)支持、改进的导航功能。

3. Macintosh 操作系统

Macintosh 操作系统(Mac OS)专为苹果(Apple)公司生产的计算机而设计。1986 年,苹果公司发布的 Macintosh 操作系统确定了图形用户界面的标准,今天许多的新型操作系统都是随之开创的足迹。

Macintosh 操作系统在许多方面都超越了 Windows 操作系统,尤其在图形处理和内置网络支持等方面。正是由于它的这些特点,在桌面彩色印刷系统、广告与市场经营、出版、多媒体开发、图形艺术、科学和工程可视化计算等方面,Macintosh 操作系统是首选操作系统。

4. Unix 和 Linux

Unix 最初是贝尔(Bell)实验室在 1969 年专为中型计算机设计的一种操作系统。Unix 是一种柔性操作系统,广泛用于各种类型的机器上。Windows 专为英特尔型芯片设计,Mac OS 专为 PowerPC 芯片设计;而 Unix 并不专为某一处理器设计。这一点与其他操作系统是不一样的。从微机到大型机,所有的计算机系统都可以运行 Unix。

Unix 的早期版本使用的是命令行用户界面。另外,Unix 的柔性结构特征使得它在运行速度上远远低于其他专为某种微处理器量身定做的操作系统。这些特性大大限制了它在个人计算机环境下的推广应用,最大缺点是市场上的各种版本 Unix 操作系统通常彼此不兼容。

Linux 是 Unix 的一个变种。最近一些年,虽然微软公司的 Windows 系统被广泛地接受,但仍然有些计算机程序设计人员不喜欢它,设计了另外的操作系统。Linux 就是在这一基础上发展起来的。Linux 最初于 1991 年被提出,由于它是一个开源免费软件,这一点促进了它的流行和推广。

Unix 和 Linux 提供适合于服务器和高性能工作站的操作系统,所以在个人计算机上通常不使用。

5. OS/2

OS/2 是一种由 IBM 公司专为高级用户终端设计的操作系统。新版的 OS/2 操作系统又叫 OS/2 Warp。OS/2 提供了网络、多任务和多用户的支持,并且是第一个内置语音识别技术的操作系统。

3.4 文件与文件系统

3.4.1 文件概述

1. 文件的概念

计算机中,文件指的是具有符号名的一组相关元素的有序序列,是一段程序或数据的集合。文件是一种抽象机制,它提供了一种把信息保存在存储介质上,便于以后存取的方法,而用户不必关心实现细节。

2. 文件的命名与文件名通配符

每个文件都有一个文件名并可能有扩展名。存储文件时,必须提供符合规则的合法文件名,这种规则又叫文件命名规范。每种操作系统都有自己的文件命名规范。比如,Windows 系统就要求组成它的文件名和扩展名的字符总长度不能超出 255 个字符;DOS 的文件名必须为 1~8 个字符,扩展名不多于 3 个字符;Unix 下的文件名为 14~256 个字符(取决于系统的版本)及长度不限的扩展名。而字符的组成也有要求,一般是 26 个英文字符、数字 0~9 及一些特殊符号。对于是否允许文件名中出现空格符号,不同的操作系统有不同的要求。

文件名通配符(又叫文件名替代符)是用来表示一组符合要求的文件名的符号,有多位通配符"*"和单位通配符"?"两种:"*"用来代表所在位置开始的任意字符或字符串,例如 *.doc 表示所有扩展名为.doc 的文件(如 a.doc、b.doc、ac.doc、ccc.doc 等);"?"代表所在位置上的一个任意字符,例如,xyz?.doc 表示以"xyz"开头的后面可以跟一个任意字符的.doc 文件。

3. 文件的类型与文件扩展名

文件一般分为可执行文件、数据文件和配置文件等类型。

扩展名一般用来刻画文件的类型,与文件的格式相关联。文件的格式指的是文件中组织和表示数据的方法,现在存在有数以百计的文件格式。大多数应用软件都有用于存储文件的专属文件格式,例如微软公司的 Word 软件以.doc 格式存储文件。

一般数据文件的扩展名的命名可以分为通用扩展名与特定应用扩展名两大类:通用扩展名指明了包含于该文件中数据的通用类型,并通常意味着用户可以使用多种应用软件来打开它。比如,一些图像文件的扩展名为.bmp 和.jpg 等;视频文件的扩展名为.avi 和.mpg;音频文件的扩展名为.mp3 和.wav 等。另一类扩展名则不那么通用,它们与某个特定的应用程序相关联,需要特定的应用软件来打开文件。不同的应用软件可以为它所生成的结果文件取不同的扩展名。比如,Word 创建的文档通常使用扩展名.doc;Adobe Photoshop 创建的文件通常使用扩展名.psd;Adobe Illustrator 创建的文件通常使用扩展名.ai。又如,可执行文件大多数具有扩展名.exe,但有些具有扩展名.com。

除了数据文件和可执行文件之外,计算机通常还包含对硬件或软件操作必要的其他文件,其扩展名常需按系统约定。表 3-2 列出了一些常见的约定扩展名。

表 3-2　一些常见的约定扩展名

扩展名	含　义	扩展名	含　义
.asc	ASCII 码文件	.lst	源程序列表文件
.asm	汇编语言源文件	.wri	写字板文本文件
.bak	备份文件	.ini	初始化信息文件
.com	系统程序文件或可执行命令文件	.htm	网页面文件
.dbf	数据库文件	.hlp	帮助文件
.drv	设备驱动程序	.tmp	临时文件
.lib	程序库文件	.bat	可执行的批处理文件
.obj	目标文件	.exe	可执行命令文件或程序文件

4. 文件的树状目录结构与路径

磁盘上有成千上万文件和文件夹。为了有效管理和使用它们,操作系统使用一种树状目录结构来组织,也就是说,磁盘为根目录(即根文件夹),用户可以在其下建立子目录(即文件夹),在子目录下再建子目录,等等,这样就构成一个树状结构,用户可以将不同的文件分门别类放在不同的子目录中。树的叶结点就是具体的文件。在这种结构中,不同目录下的文件可以同名。

在如图 3-2 所示的树状目录结构中,文件或文件夹是通过路径来唯一标识的。路径是文件夹的字符表示,它是用"\"相互隔开的一组文件夹,用来标识文件或文件夹所属的位置。路径又分为绝对路径和相对路径:以根文件夹开始的路径叫绝对路径;相对路径是指从当前文件夹出发,到达所访问的文件所经历的路径。比如图中,文件 test.c 的绝对路径表示为\user\student\stud1\test.c,如果当前文件夹为 temp,则相对路径为..\user\student\stud1\test.c。其中,".."表示从当前目录回到上一级目录。

一个磁盘只有一个根文件夹,根文件夹与分隔符都用"\"表示,但含义不同。一个文件名的全称由盘符名、路径、主文件名(简称文件名)和扩展名组成,其格式为

[盘符名:][路径]<文件名>[.扩展名]

其中方括号内的内容可省略,尖括号内的内容是必需的。文件名全称中的路径可以用绝对路径,也可以用相对路径。

在 Windows 的文件树状结构中,根文件夹是桌面。计算机上所有的资源都组织在桌面上,从桌面开始可以访问任何一个文件和文件夹。

3.4.2　文件的共享和保护

不同用户使用同一文件称为文件的共享;限制非法用户使用或破坏文件称为文件的保护。随着多用户环境和计算机网络的发展,为了充分利用资源,文件共享的范围在不断扩大。这在方便用户的同时,也给文件和计算机系统带来了安全隐患。因此,提供文件的共享和保护是文件系统的重要内容。

1. 文件的共享

在多用户环境下,系统提供文件共享功能,使共享用户通过文件名来访问同一个文件,不

必为每个文件保留一份副本。这样可以提高文件利用率,避免存储空间的浪费。

不同的系统实现文件共享的方法各不相同,主要有绕道法、链接法和基本文件目录法三种:

(1) 绕道法。该方法要求被访问的共享文件处在当前目录下。当所访问的共享文件不在当前目录下时,用户从当前目录向上返回到与共享文件所在路径的交叉点;再沿路径下行访问共享文件。这种文件共享方式的访问速度较慢。

(2) 链接法。该方法访问速度较快。链接法是将一个目录中的指针直接指向共享文件所在的目录。

(3) 基本文件目录法。该方法是在文件系统中设置一个基本目录。每个文件占用一个目录项,每个基本目录项包含一个系统内部标识符和除文件名之外的有关文件的说明信息;再由文件名和系统内部标识符组成符号文件目录。每位用户都有一个符号文件目录,两者组成文件目录内容。利用基本文件目录组成的多级目录结构,可以方便地实现文件共享。

2. 文件的保护

文件的共享极大方便了用户,由此也带来了一系列的文件安全考虑。这就是文件保护问题。文件的保护可以从下面两方面来考虑:一是文件的存取控制;二是文件的分级安全管理。

文件的存取控制指的是用户对文件的使用权限,即读、写和执行的权限问题。文件系统的存取控制应做到:对于拥有读、写或执行权限的用户,应使其对文件进行相应操作;对于没有读、写或执行权限的用户,应禁止其对文件进行相应操作;防止一个用户冒充其他用户对文件进行存取;防止拥有存取权限的用户误用文件。

上述功能是由一组称为存取控制验证模块的程序来实现,它们可分为三步验证用户的存取操作:审定用户的存取权限;比较用户权限的本次存取要求是否一致;比较存取要求和被访问文件的保密性,看是否有冲突。

文件的分级管理分为系统级、用户级、目录级和文件级四个级别:系统级安全管理就是拒绝未经注册的用户进入系统,以保护系统中各类资源(包括文件的安全),常用方法是注册登录法;用户级安全管理就是通过对所有用户进行分类和限定各类用户对目录和文件的访问权限,来保护系统中目录和文件的安全;目录级安全管理是为了保证目录的安全,规定只有系统核心才具有写目录的权利,与用户权限无关;文件级安全管理主要是通过文件属性的设置来控制用户对文件的访问。

3.4.3 文件系统

1. 文件系统的概念

文件系统是操作系统中统一管理信息资源的一种软件,管理文件的存储、检索和更新,提供安全、可靠的共享和保护手段,并且方便用户使用。文件系统包含文件管理程序(文件与目录的集合)和所管理的全部文件,是用户与外存的接口。

2. 文件系统的功能

文件系统的功能从用户角度看,是实现"按名存取";从系统角度看,是对文件存储器的存储空间进行组织和分配,负责文件的存储并对存入的文件实施保护和检索。具体说来,可以总结为:

(1) 统一管理文件的存储空间,实施存储空间的分配与回收;

(2) 实现文件的"按名存取",完成从名字空间到存储空间的映射;

(3) 实现文件信息的共享,并提供文件的保护和保密措施;

(4) 向用户提供一个便于使用的接口,提供对文件系统的操作命令以及对文件的操作命令(如信息存取、加工等);

(5) 进行系统维护并向用户提供有关信息;

(6) 提供与输入输出设备的统一接口。

文件系统在操作系统接口中占的比例最大,用户使用操作系统的感觉在很大程度上取决于对文件系统的使用效果。

3. 常见的文件系统

如前所述,文件系统是操作系统中借以组织、存储和命名文件的系统。不同的操作系统使用不同的文件系统,大部分应用程序都基于某种文件系统进行操作,在不同的文件系统上是不能工作的。

常用的文件系统有很多,例如 MS-DOS 和 Windows 3.X 使用 FAT16 文件系统(默认情况下 Windows 98 也使用 FAT16);Windows 98 和 Windows Me 可以同时支持 FAT16、FAT32 两种文件系统(默认情况下,Windows 98 也使用 FAT16);Windows NT 则支持 FAT16 和 NTFS 两种文件系统;Windows 2000 可以支持 FAT16,FAT32 和 NTFS 三种文件系统;Linux 则可以支持多种文件系统,如 FAT16,FAT32,NTFS,Minix,ext,ext2,xiafs,HPFS 和 VFAT 等,不过一般使用 ext2 文件系统。

(1) FAT12,FAT16 和 FAT32。FAT 的全称是文件分配表系统(file allocation table),最早于 1982 年开始应用于 MS-DOS 中。FAT 文件系统主要的优点就是它可以允许多种操作系统访问,如 MS-DOS,Windows 3.X,Windows 95,Windows 98,Windows NT 和 OS/2 等。FAT16 在使用时遵循如下命名规则,即文件名最多为 8 个字符,扩展名为 3 个字符(Windows 系统已经不加这种限制)。FAT12 是 IBM 第一台个人计算机中 MS-DOS 1.0 使用的文件系统,主要用于软盘;限制分区的最大容量为 16 MB。FAT32 主要应用于 Windows 98,可以增强磁盘性能并增加可用磁盘空间(因为与 FAT16 相比,它的一个簇的大小要比 FAT16 小很多),而且支持 2 GB 以上的分区大小。

(2) VFAT。VFAT 是指 FAT 的扩展,主要应用于在 Windows 95 中。它对 FAT16 文件系统进行扩展,并支持长文件名(文件名可长达 255 个字符);仍保留有扩展名,而且支持文件日期和时间属性,为每个文件保留了文件创建日期/时间、最近被修改以及最近被打开的日期和时间。

(3) HPFS。HPFS 是高性能文件系统,支持长文件名,比 FAT 文件系统有更强的纠错能力。OS/2 的 HPFS 主要克服了 FAT 文件系统不适合于高档操作系统这一缺点;Windows NT 也支持 HPFS,使得从 OS/2 到 Windows NT 的过渡更为容易。HPFS 和 NTFS 都有包括长文件名在内的许多相同特性,但前者使用可靠性较差。

(4) NTFS。这是专用于 Windows NT 和 Windows 2000 操作系统的高级文件系统,它支持文件系统故障恢复,也支持大存储媒体、长文件名。NTFS 的主要弱点是只能被 Windows NT 和 Windows 2000 所识别;虽然它可以读取 FAT、HPFS 文件系统的文件,但其文件却不能被 FAT 和 HPFS 文件系统所存取,因此兼容性方面比较成问题。

(5) ext2。这是 Linux 中使用最多的一种文件系统,因为它是专门为 Linux 设计,拥有最快的速度和最小的 CPU 占用率。它既可以用于标准的块设备（如硬盘），也被应用在移动存储设备（如软盘）上。现在已经有新一代的 Linux 文件系统（如 SGI 公司的 XFS、ReiserFS 和 ext3 文件系统等）出现。

（6）Mac HFS。这是苹果计算机的文件系统，对大容量磁盘有比较好的支持；不过，现在大多数苹果计算机还在使用 FAT32 文件系统。

（7）ISO 9660。这是 CD-ROM 的文件系统；现在已经延伸出很多新的文件系统（如 Juliet 等），对它的一些缺点进行了弥补。

（8）UDF。这是可读写光盘的文件系统。

在上面介绍的文件系统中，但占统治地位的却是 FAT16、FAT32 和 NTFS 等少数几种，使用最多的当然就是 FAT32。Windows 系统中，只要在"我的电脑"中右击某个驱动器的属性，就可以在"常规"选项卡中看到所使用的文件系统。

3.5 Windows 操作系统的使用

3.5.1 Windows 概述

1. Windows 的发展

微软公司从 1983 年开始研制 Windows 操作系统，它的第一个版本于 1985 年问世，1987 年推出了 Windows 2.0。1990 年推出的 Windows 3.0 是一座里程碑，之后出现的一系列 Windows 3.X 操作系统使得 Windows 和在此环境中运行的应用程序具有风格统一、操作灵活、使用简单的用户界面。在此之后推出的 Windows NT 可以支持从桌面到网络服务器等。1995 年发布的 Windows 95 系统是一个具有里程碑意义的个人计算机操作系统，引入了诸如多进程、保护模式、即插即用等特性，最终统治了个人计算机操作系统市场。在随后的几年中，微软不断对 Windows 产品升级，先后推出了 Windows 98、Windows 98 SE 和 Windows Me 等版本，在对新硬件支持、多媒体播放、因特网连接共享及稳定性、易用性等方面做了较大改进。2000 年推出的 Windows 2000 继承了 Windows NT 的多数优点和体系结构，并在 Windows NT 基础上增加了很多新功能，具有更强的安全性、更高的稳定性和更好的系统性能。Windows 2000 的继任者 Windows XP 是 2001 年发布的，它的许多新特性与多媒体和通信有关。2003 年推出的 Windows 2003 是一种服务器操作系统，具有强大的服务器管理功能，并增添了许多新功能。微软公司推出的最新版本的操作系统是 Windows Vista，有面向企业和面向个人用户两种版本，其功能较之 Windows XP 有了更新的改进。Windows 版本的发展简史如表 3-3 所示。

表 3-3 Windows 版本的发展简史

操作系统名称	发布日期/年	类　　型
Windows 1.0	1985	桌面操作系统
Windows 2.0	1987	桌面操作系统
Windows 3.0	1990	桌面操作系统
Windows 3.1	1992	桌面操作系统
Windows NT Workstation 3.5	1994	桌面操作系统

(续表)

操作系统名称	发布日期/年	类　　型
Windows NT 3.5x	1994	服务器操作系统
Windows 95	1995	桌面操作系统
Windows NT Workstation 4.x	1996	桌面操作系统
Windows NT Server 4.0	1996	服务器操作系统
Windows 98	1998	桌面操作系统
Windows 2000	2000	桌面操作系统
Windows Me	2000	桌面操作系统
Windows 2000 Server	2000	服务器操作系统
Windows XP	2001	桌面操作系统
Windows 2003	2003	服务器操作系统
Windows Vista	2006	桌面操作系统

2. Windows 的基本特征

Windows 是一个系列化的产品,在其发展过程中每个版本的出现都会有突出的新功能和新特点。下面我们归纳出 Windows 系列的一些基本特征:

(1) 统一的窗口和操作方式。Windows 系统中,所有的应用技术都具有相同的外观和操作方式。一旦掌握了一种应用程序的使用方法,就很容易掌握其他应用程序的使用方法。

(2) 多任务的图形化用户界面,加上功能完善的联机帮助,使 Windows 易于学习,操作方便。

(3) 事件驱动程序的运行方式对于用户交互操作比较多的应用程序,既灵活又直观。

(4) Windows 提供了丰富的应用程序,比如 Word,Excel,PowerPoint 和 Access 等。

(5) 标准的应用程序接口。Windows 为开发人员提供了很强功能的应用程序接口。开发者可以通过调用这类接口创建 Windows 界面的窗口、菜单、滚动条和按钮等,使得各种应用程序界面风格一致。

(6) 实现数据共享。Windows 提供剪贴板功能,为应用程序提供在不同文档中交换数据的平台。

(7) 支持多媒体和网络技术。Windows 系统提供多种数据格式和丰富的外部设备驱动程序,为多媒体应用提供了理想的平台;在通信软件的支持下,共享局域网及因特网资源。

(8) 不断增强的功能。Windows 的每种新版本更新都反映了用户的最新要求及对新硬件的支持,这在一定程度上也增强了 Windows 系统的易用性。

3.5.2 Windows 的基本操作

Windows 操作系统是一个基于图形用户界面的操作系统。从软件意义上讲,图形用户界面的关键组成元素是图标、按钮、工具条和窗口等,还包含菜单、对话框和提示等;从硬件角度讲,界面的组成元素还有鼠标、键盘和显示器等。

我们对 Windows 操作系统的使用都是在这些图形界面元素上完成的,所以我们先来介绍对它们的使用。

1. 图形用户界面及其操作

（1）鼠标及其操作。

鼠标是 Windows 操作系统中使用频率很高的输入设备，其基本操作分为单击、双击、拖动、三击以及指向五种，不同的操作动作代表不同的操作要求：指向指的是移动鼠标，使光标指向某一具体项，它往往是单击、双击或拖动的先行动作。单击指的是快速按下并释放鼠标按键，常用于选定一个具体项（比如选定一个文件夹）。双击指的是在不移动鼠标的前提下，快速两次按下并释放鼠标按键，常用于打开一个项目。双击操作还有一些指向性功能，比如在 Word 中，鼠标在选定区双击，选中一个段落。在"我的电脑"或"资源管理器"的"工具"菜单中，打开"文件夹选项"对话框，可以设定"打开项目的方式"为单击或双击。三击指的是在不移动鼠标的前提下，快速按下鼠标三次后并释放鼠标按键。例如，在 Word 中，在段落中三击选定整个段落，在选定区三击选定整个文档等。拖动指的是按住鼠标按键的同时移动鼠标的动作。以上针对鼠标的操作都是指对鼠标左键的操作，需要操作右键时，本书会特别说明。另外，还可以在鼠标设置中改变左、右键的作用。

Windows 中，鼠标的光标在不同情况下有不同的标记；也就是说，不同的光标形状代表的意义也不同，如图 3-4 所示。这些形状也可以通过鼠标属性的设置来进行调整。

图 3-4　鼠标光标形状及其含义

所有关于鼠标的设置都可以通过双击"控制面板"中的"鼠标"，在"鼠标属性"对话框中调整参数来实现。

（2）图标及其操作。

图标指的是 Windows 中各种对象的图形标识。根据对象的不同，图标可以分为文档图标、文件夹图标、应用程序图标、快捷方式图标和驱动器图标等，下方通常都有标识名，如图 3-5 所示。文档图标指向由某个应用程序所创建的信息；文件夹图标指向用于存放其他应用程序、文档或子文件夹的"容器"；应用程序图标指向具体完成某一功能的可执行程序；快捷方式图标（左下角带有弧形箭头）提供对系统中一些资源对象的便捷访问。快捷方式是 Windows 提供的一种快速启动程序、打开文件或文件夹的方法。快捷方式实际上是一种特殊的文件类型，其特殊性在于该文件只包含链接对象的位置信息，并不包含对象本身的信息。

图 3-5　不同类型的图标

图标的基本操作有移动、打开、复制、更名、删除及创建图标快捷方式：移动图标指鼠标先指向图标，然后按下左键不松开，拖动图标到目的位置。打开图标指鼠标先指向图标，然后单击或双击。复制图标指移动图标，松开鼠标前先按住 Ctrl 键，在不同磁盘间复制，只需移动图标到另一磁盘即可；也可以通过快捷菜单复制。更名图标指右键单击图标，在弹出的快捷菜单中选择"重命名"命令。删除图标指移动图标，将其拖到回收站即可或通过快捷菜单删除。创建图标快捷方式指右键单击图标，在弹出的快捷菜单中选择"创建快捷方式"命名。

（3）桌面及其操作。

桌面指的是用户启动计算机登录到 Windows 系统后所看到的整个屏幕空间，是窗口、图标和对话框等图形界面对象所在的屏幕背景。用户向系统发出的各种操作命令都是通过桌面来接收和处理的。一般说来，桌面由快捷图标、背景画面和任务栏等组成。

桌面的基本操作包括创建桌面图标、排列桌面图标、清理桌面及桌面属性设置等。创建桌面图标指在桌面空白处单击鼠标右键，在弹出的快捷菜单中选择"新建"命令。排列桌面图标指在桌面空白处单击鼠标右键，在弹出的快捷菜单的"排列图标"子菜单中设置。清理桌面指如果用户在桌面创建了多个快捷方式，但最近不需使用，可以启动桌面清理向导来清理桌面。具体做法是：在桌面空白处单击鼠标右键，在弹出的"排列图标"子菜单中选择"运行桌面清理向导"命令，按照提示逐步执行。清理完毕后，桌面上出现"未使用的桌面快捷方式"文件夹。如果需要恢复，双击该文件夹，在"编辑"菜单中选择"撤销移动"命令即可。桌面属性设置指通过属性设置，用户可以改变桌面外观和选择屏幕保护程序等；具体做法是：在桌面空白处单击鼠标右键，在弹出的快捷菜单中选择"属性"命令。

另外，可以通过 组合键快速回到桌面。

（4）窗口及其操作。

窗口是桌面上用于查看应用程序或文档等信息的活动区域。Windows 中有应用程序窗口、文件夹窗口和对话框窗口等。Windows 桌面可以打开多个窗口，窗口又分为活动窗口和非活动窗口。

标准的窗口一般由控制菜单按钮，标题栏，最大化、最小化按钮，还原按钮，菜单栏，工具栏，滚动条，状态栏及窗口主体等组成，如图 3-6 所示。

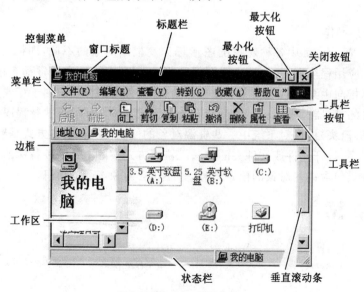

图 3-6　Windows 的标准窗口

窗口的基本操作有打开、移动、缩放、最大化、最小化、切换和排列等：打开窗口指选定具体图标，双击鼠标左键；或单击鼠标右键，在弹出的快捷菜单中选择"打开"命令。移动窗口指在标题栏按下鼠标左键不放，拖动鼠标到合适位置后再松开即可。如果需要精确移动窗口，可以在标题栏单击鼠标右键，在弹出的快捷菜单中选择"移动"命令，然后使用键盘上的方向键来移动，移到合适位置后再单击鼠标或按回车键确认。缩放窗口指将鼠标移到窗口边框或窗口角，当鼠标变为双箭头形状时，按下左键，移动鼠标到合适位置后再松开即可；也可以通过在标题栏单击鼠标右键，在弹出的快捷菜单中选择"大小"命令，然后使用键盘上的方向键来移动，移到合适位置后再单击左键或按回车键确认。最大化、最小化窗口是指使用窗口标题栏右上角的最大化、最小化按钮或者左上角的控制菜单进行调节。在标题栏上双击，也可以进行"最大化"与"还原"两种状态的切换。切换窗口指将非活动窗口切换为活动窗口。切换方法主要有三种：第一，先同时按下 Alt+Tab 组合键，出现切换任务栏；然后按住 Alt 键，再使用 Tab 键选择所要切换的窗口，选中后再松开组合键。第二，单击任务栏上已经打开窗口的对应按钮。第三，单击非活动窗口的任何位置。排列窗口是如果所打开的多个窗口需要全部处于显示状态，可以使用层叠或平铺（横向、纵向）窗口。在任务栏的空白处单击鼠标右键，在弹出的快捷菜单中选择相应命令即可。关闭窗口指使用控制菜单或使用关闭按钮。

（5）菜单及其操作。

Windows 中的菜单可以分为"开始"菜单、程序菜单（下拉式菜单）、快捷菜单（弹出式菜单）等三种。Windows 中的绝大多数工作都是从"开始"菜单开始的。用户可以通过它启动应用程序，找到所有的功能设置等。在桌面上单击任务栏上的"开始"按钮，按键盘上的 Windows 快捷键或 Ctrl+Esc 组合键，都可以打开"开始"菜单。"开始"菜单是一种级联式菜单，有些菜单项存在下一级菜单。

不同版本的 Windows 系统在"开始"菜单上所列举的内容不完全一样。以 Windows XP 为例，分为"开始"菜单和经典"开始"菜单两种样式，可以通过"任务栏和'开始'菜单"属性设置进行选择。具体做法是：先在任务栏上的空白处或"开始"按钮上单击鼠标右键，在弹出的快捷菜单中选择"属性"命令；再在弹出的"'开始'菜单"选项卡上单击，选择相应的菜单选项后按"确定"即可。默认"开始"菜单大体分为四个部分，如图 3-7 所示：最上方的部分标明了当前登录计算机系统的用户，具体内容可以更改。中间部分的左侧是用户常用应用程序的快捷启动项，根据其内容的不同，中间会有分组线隔开；右侧是系统工具菜单，用户可以由此实现对计算机的操作与管理。"所有程序"菜单的部分显示了系统中安装的所有应用程序。最下方的部分为计算机控制菜单，有"注销"和"关闭计算机"两个按钮。经典"开始"菜单大体分为三部分，如图 3-8 所示：最上方的部分为系统启动某些常用程序的快捷启动项；中间部分为控制和管理系统的菜单选项；最下方的部分为"注销"和"关闭计算机"的选项。用户不仅能够方便地使用"开始"菜单，而且还可以根据自己的爱好和习惯自定义。

程序菜单指的是菜单栏上的下拉式菜单，包含了应用程序和文件夹等的所有菜单项。程序菜单也是级联式菜单。最后一级菜单项命令的右边若有另一键符或组合键，就是该命令的快捷键（热键）。例如，在资源管理器中，在"查看"菜单"浏览器栏"子菜单的"搜索"命令右边出现"Ctrl+E"，表示按 Ctrl+E 组合键即可立即执行命令。

图 3-7 Windows XP 的默认"开始"菜单

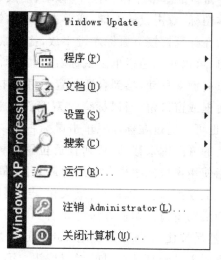

图 3-8 Windows XP 的经典"开始"菜单

快捷菜单指点击鼠标右键出现的弹出式菜单。在不同的情况下出现不同的菜单项，列出与用户正在执行的操作直接相关的命令。快捷菜单也是级联式菜单。

菜单的基本操作有：选择菜单项和取消菜单项。在选择菜单项时，对于首级菜单项旁（针对下拉式菜单而言）圆括号中带下划线的字母，按 Alt 键和对应字母键，就相当于用鼠标选择该菜单项；对于其他菜单项旁圆括号中带下划线的字母，直接键入对应字母，表示选择该菜单项。取消菜单项，只需在菜单外单击鼠标左键，也可按 Alt 键或 Esc 键。

(6) 任务栏及其操作。

任务栏一般出现在桌面的最下方，由开始按钮、应用程序栏和通知栏组成。另外在任务栏上还可以增加许多工具栏，目的是提高使用效率，比如在"快速启动"工具栏上放置一些常用程序的快捷方式图标。单击"开始"按钮，可以打开"开始"菜单；应用程序栏显示已经启动的应用程序名称；通知栏显示时钟等系统当时的状态，还放置了系统开机状态下常驻内存的一些项目，双击它们一般会打开相应的设置程序。

任务栏的基本操作包括移动任务栏、添加工具栏、改变任务栏尺寸、隐藏任务栏、新建工具栏及任务栏的属性设置等：默认情况下，任务栏是锁定的，不可移动。如果需要移动，先用鼠标右键单击任务栏空白处，在弹出的快捷菜单中解除锁定；然后用鼠标左键单击任务栏空白处，并按住左键不放，移动鼠标，将任务栏拖到合适位置后再松开鼠标即可。改变任务栏尺寸指在任务栏未锁定时，可以改变其尺寸；具体做法是：将鼠标移到任务栏与桌面的交界处，此时鼠标形状变为一个上下垂直的箭头"↕"，按住鼠标向上拖动即可。添加工具栏指用鼠标右键单击任务栏空白处，在弹出的快捷菜单中选择"工具栏"菜单中相应的菜单项即可。使用新建工具栏，可以帮助用户将常用的文件夹或网址显示在任务栏上，而且可以单击访问。具体做法是：用鼠标右键单击任务栏空白处，在弹出的快捷菜单中单击"工具栏"菜单中的"新建工具栏"命令，在相应的对话框进行设置。隐藏任务栏指用鼠标右键单击任务栏空白处，在弹出的快捷菜单中选择"属性"命令，然后在"任务栏和开始菜单属性"对话框的"任务栏"选项卡中设置。

此外，使用"任务栏和开始菜单属性"对话框还可以设置任务栏的其他属性。

（7）对话框及其操作。

对话框是为用户提供信息或要求用户提供信息而临时出现的特殊窗口。它和标准的窗口有相似之处，但更简洁、直观，更侧重与用户的交流。

一般说来，对话框包含标题栏、选项卡与标签、文本框、列表框、命令按钮、单选按钮和复选框等几部分：标题栏位于对话框的最上方。在标题栏上，左侧为对话框的名称，右侧为关闭按钮，有些还有"帮助"按钮。对话框多由若干个选项卡构成，选项卡上写明标签，利于区分，用户可以通过切换不同的选项卡查看和设置不同的内容。比如，如图 3-9 所示的对话框中包含"主题"和"桌面"等 6 个选项卡，有些对话框需要用户手动输入某些内容。比如，用鼠标左键单击"开始"按钮，选择"运行"命令，弹出如图 3-10 所示的"运行"对话框，这时要求用户在文本框中输入要运行的程序、文件夹文档或其他名称。列表框指的是有些对话框在选项组下列出很多选项，用户可以从中选取但不能更改。命令按钮指在对话框中"确定"、"应用"和"取消"等带有文字的按钮。单选按钮通常是一个小圆圈，其后有文字说明。一个选项组中通常有多个单选按钮，选中其中一个后其他单选项就不起作用了。复选框通常是一个小正方形，其后有相关的文字说明，可以任意选择。

图 3-9 "显示属性"对话框

图 3-10 "运行"对话框

（8）剪贴板及其操作。

剪贴板是 Windows 提供的信息传递和共享的方式之一。这种方式可以用于不同的 Windows 应用程序之间，也可以用于同一个应用程序的不同文档之间，还可以用于同一文档内的不同位置之间。被传递或共享的信息可以是一段文字，也可以是图片和声音等。

用户在使用剪贴板时，只需在信息源窗口中选定准备传递的信息，然后执行"剪切"或"复制"命令，信息内容就自动转入剪贴板，再转到目标窗口，执行"粘贴"命令，即可把剪贴板中的信息粘贴到插入点位置。使用"剪切"命令后，在信息源窗口不再保留传递的信息，而使用"复制"命令后，在信息源窗口还保留传递的信息。

剪贴板实际上是 Windows 在内存中所开辟的存放交换信息的临时区域。只要 Windows 处于运行中，剪贴板就处于工作状态，随时准备接收需要传递的信息。

如果将某个活动窗口以位图形式复制到剪贴板，需要使用 Alt＋Prt Sc 组合键；如果要将整个屏幕的画面以位图形式复制到剪贴板，直接按 Prt Sc 键即可。

总结起来，对于 Windows 对象有鼠标、菜单、快捷菜单、快捷键和工具栏按钮五种操作方式。

2. 资源管理

下面介绍计算机对文件资源的管理。前面已经介绍了文件与文件系统的理论知识，这里主要介绍 Windows 中对文件和文件夹的具体使用。

（1）文件和文件夹。

Windows 中的文件指文档或应用程序，用图标和文件名来标识。某种类型的文件对应一种特定的图标（前面讲到的图标及其操作实际已经涉及文件管理的许多方面）。

文件夹用来存放文件和子文件夹。在 Windows 95 之后的版本中，文件夹被赋予了更广的含义，即不仅用来组织管理众多的文件，还用来组织管理整个计算机的资源，比如"我的电脑"就是一个代表用户计算机资源的文件夹。

文件与文件夹的属性可以分为"只读"、"隐藏"和"存档"。要了解文件和文件夹的属性，可以从具体的文件和文件夹的快捷菜单中选择"属性"命令，分别出现如图 3-11 和 3-12 所示的对话框窗口。从"常规"选项卡中可以发现有关该文件或文件夹属性的具体信息，并对其中一些内容可以进行设置。在文件夹属性对话框中，"常规"选项卡的内容基本与文件的相同；而"共享"选项卡是文件夹属性窗口所特有的，可以用来设置该文件夹是否可以成为网络上共享的资源。

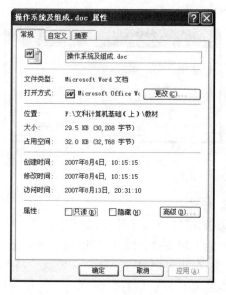

图 3-11　文件属性对话框

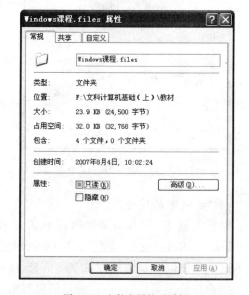

图 3-12　文件夹属性对话框

文件夹可分为普通文件夹和系统文件夹两种。系统文件夹是系统创建的，一般在安装操作系统过程中自动创建并将相关文件放入对应的文件夹，其中的文件直接影响系统的正常运行，多数都不允许随意改变。比如，桌面上的"我的电脑"、"我的文档"、"网上邻居"和"回收站"等就是系统文件夹。"我的电脑"用来管理计算机硬盘驱动器、文件与文件夹，用来访问硬盘驱动器、照相机、扫描仪和其他硬件及相关信息。"我的文档"是一个方便用户存取文件的文件夹,可以保存信件、报告和其他文档,是系统默认的文档保存位置。"网上邻居"用来访问网络中其他计算机上的文件及相关信息。用户可以从中查看工作组中的计算机,也可以查看、添加网络位置等。"回收站"用来暂时存放用户已经删除的文件及文件夹等信息。当用户没有清空回收站时,可以从中还原被删除的文件与文件夹。

(2) 资源管理器的使用。

资源管理器是用来查看和管理计算机所有资源的工具;其功能与"我的电脑"类似,但更侧重对软件的管理。使用资源管理器,可以对文件、文件夹和快捷方式进行创建、复制、移动、删除、打开、运行、重命名和设置属性等操作。

资源管理器窗口也是一种 Windows 窗口,由标题栏、菜单栏、工具栏、地址栏和浏览区等部分组成。工具栏中的图标按钮提供了对资源管理器某些常用菜单命令的快捷访问。顾名思义,"后退"可以返回到前一操作位置,"前进"则相对"后退"而言;"向上"指的是将当前位置设定到上一级文件夹中;"搜索"用于启动搜索程序;"文件夹"用于在资源管理器窗口和文件夹窗口之间切换;"查看"按钮用于完成不同显示方式之间的切换或显示有关文件的详细信息。地址栏详细列出了用户访问的当前文件夹的路径。如果计算机正在连接上网,用户可以在其中输入一个 Web 地址,也可以在其中输入关键字,系统会自动在互联网上寻找对应的站点。浏览区分为左边的文件夹浏览窗口和右边的内容窗口,分别显示整个计算机资源的文件夹树状结构和选定文件夹(在左窗口中选定)的内容。

打开资源管理器有三种方法:一是用鼠标右键单击"开始"按钮,在快捷菜单中单击"资源管理器"命令;二是用鼠标右键单击任意一个文件夹,在快捷菜单中单击"资源管理器"命令;三是用"开始"菜单在"所有程序"的"附件"中单击"资源管理器"命令。

资源管理器的许多操作是针对文件和文件夹进行的,其中展开文件夹、折叠文件夹、选定文件与文件夹是基本操作:在浏览区的左边,一个文件夹左边的"+"号表示该文件夹存在下一级文件夹。用鼠标左键单击这个"+"号,可以在浏览区左边展开下一级文件夹;如果单击或双击这个文件夹的图标,则既在浏览区左边展开它的下一级文件夹,又将该文件夹选为当前文件夹,并在浏览区的右边显示出内容。在浏览区的左边,一个文件夹左边的"-"号表示该文件夹展开了下一级文件夹。用鼠标左键单击这个"-"号,可以在浏览区左边将下一级文件夹折叠起来;如果单击或双击这个文件夹的图标,则既在浏览区的左边折叠它的下一级文件夹,又将该文件夹选为当前文件夹,并在浏览区的右边显示内容。当需要选定的文件夹出现在浏览区左边时,单击它,则在浏览区的右边显示出该文件夹的内容;当在浏览区右边选定文件夹时,常常是准备对文件夹做进一步的操作(如复制和删除等)。选定一个文件,只需在浏览区的右边单击即可。按住 Shift 键,可以选定多个连续的文件或文件夹;按住 Ctrl 键,可以选定多个不连续的文件或文件夹。

(3) 文件和文件夹管理。

对文件和文件夹的管理包括对文件和文件夹的选择、新建、打开、更名、复制、移动、删除、搜索以及查看和设置文件属性、显示文件扩展名等基本操作。这里,对文件及文件夹的管理都使用"资源管理器"来完成,实际上,许多操作也可以使用"我的电脑"来完成。

在选定文件和文件夹时,可以使用资源管理器的浏览区配合鼠标。使用"编辑"菜单中的"全部选定"命令,可以选定当前文件夹中的所有文件。

文件更名的方法有三种:一是先选定所要重命名的文件,然后再使用资源管理器"文件"菜单中的"重命名"命令;二是鼠标右键单击要重命名的文件,在弹出的快捷菜单中选择"重命名"命令;三是先选定所要重命名的文件,间隔一会儿再单击一下该文件,在文件名处直接输入新的文件名后按回车键。

新建文件夹的方法有三种:一是使用资源管理器"文件"菜单之"新建"子菜单中的命令;二是鼠标右键单击窗口空白处,在"新建"子菜单中选择相应命令;三是在对话框中使用"创建文件夹"按钮,直接新建。比如,在"记事本"中利用"文件"菜单中的"打开"命令,在对话框中单击"创建新文件夹"按钮,即可在当前文件夹下建立一个新文件夹,如图 3-13 所示。复制、粘贴文件和文件夹的方法有多种,可以使用资源管理器的"编辑"菜单或右键单击所弹出的快捷菜单来完成,也可以使用鼠标直接拖动,还可以使用 Ctrl+C 和 Ctrl+V 组合键来配合完成。移动、删除文件和文件夹的方法有多种,既可以使用资源管理器的菜单或弹出的快捷菜单来完成,也可以使用鼠标直接拖动。

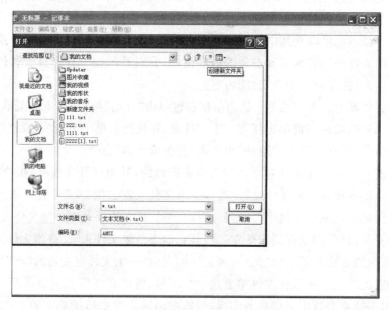

图 3-13　使用记事本的"打开"对话框新建文件夹

Windows 有很强的搜索功能,不仅可以搜索本地计算机上的文件和文件夹,还可以搜索网络中的计算机和用户。单击资源管理器工具栏上的"搜索"按钮或使用"开始"菜单上的搜索命令,在对话框中输入要搜索的文件名即可。

查看和设置文件属性,可以用鼠标右键单击文件或文件夹,在弹出的快捷菜单中选择"属性"命令,并在对话框中操作。

显示文件扩展名,可以使用资源管理器"窗口"菜单之"工具"子菜单中的"文件夹选项"命令,在对话框中单击"查看"选项卡,在"高级设置"中可以看到许多有关文件和文件夹的复选框,其中包括"隐藏已知文件类型的扩展名",如图 3-14 所示。

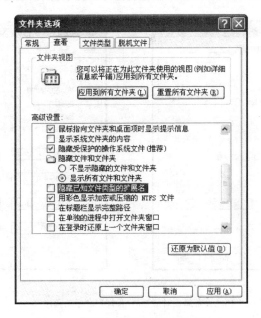

图 3-14 资源管理器的"文件夹选项"命令

3．磁盘管理

磁盘管理包括查看磁盘属性、格式化磁盘、清理磁盘和整理磁盘碎片等。

（1）查看磁盘属性。

磁盘属性的查看通常指查看磁盘类型、文件系统类型、空间大小等常规信息，磁盘驱动器硬件信息以及更新驱动程序、碎片整理等处理程序。查看磁盘属性，可以先双击并打开"我的电脑"，用鼠标右键单击所要查看的磁盘图标，在快捷菜单中选择"属性"命令，再在对话框的"常规"选项卡中查看磁盘类型、文件系统类型和空间大小等常规信息。

用户在经常进行文件的移动、复制和删除等操作后，可能会出现坏的磁盘扇区。这时执行查错程序，可以修复文件系统的错误，恢复坏扇区。具体做法是：先双击并打开"我的电脑"，用鼠标右键单击所要查看的磁盘图标，在快捷菜单中选择"属性"命令；再在对话框中选择"工具"选项卡，会出现"查错"和"碎片整理"两个选项组。选择"查错"选项组的"开始检查"按钮，可以执行"检查磁盘"；单击"碎片整理"选项组中的"开始整理"按钮，可以执行"磁盘碎片整理程序"。

查看磁盘驱动器的硬件信息，可以先双击并打开"我的电脑"，右键单击所要查看的磁盘图标，在快捷菜单中选择"属性"命令；再在对话框中选择"硬件"选项卡，在"所有磁盘驱动器"列表框中单击某一磁盘驱动器，在设备属性选项组中可以看到该设备的信息；然后单击该选项组上的"属性"按钮，在对话框中显示了该磁盘设备的详细信息，如图 3-15(a)所示。

更新驱动程序，可以先双击并打开"我的电脑"，右键单击所要查看的磁盘图标，在快捷菜单中选择"属性"命令；再在对话框中选择"硬件"选项卡，在选项组单击并打开"设备管理器"对话框，选中列表框中的某一磁盘驱动器，用鼠标右键单击，在弹出的对话框中可以看到该设备的信息；然后用鼠标右键单击"驱动程序"选项卡，按"更新驱动程序"按钮即可，如图 3-15(b)所示。

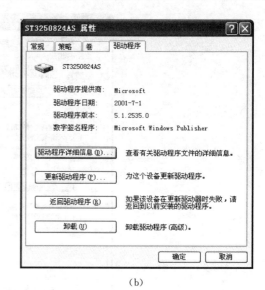

图 3-15 设备属性对话框的"常规"和"驱动程序"选项卡

(2) 格式化磁盘。

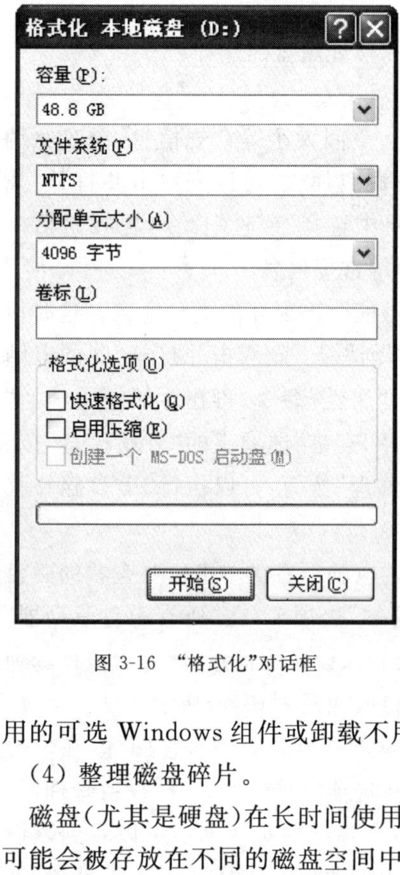

双击并打开"我的电脑",选择所要格式化的磁盘,在"文件"菜单上选择"格式化"命令,或者用鼠标右键单击所要格式化的磁盘,在快捷菜单中选择"格式化"命令。在弹出的对话框中有一些信息选项,可在对应的下拉列表中进行选择,如图 3-16 所示。如果需要快速格式化,可选中相应复选框。快速格式化不扫描磁盘的坏扇区而直接从磁盘上删除文件。只有在磁盘已经进行过格式化且确信该磁盘没有损坏的情况下,才能使用该选项。

(3) 清理磁盘。

清理磁盘可以帮助用户释放磁盘驱动器空间和系统资源,删除临时文件并安全删除不需要的文件等,提高系统性能。具体操作是:按"开始"按钮,先在"所有程序"的"附件"的"系统工具"中选择"磁盘清理";再在"选择驱动器"对话框中选择驱动器,单击"确定"按钮;然后在弹出的"磁盘清理"对话框的"磁盘清理"选项卡中选择所要删除的文件。如果要删除不用的可选 Windows 组件或卸载不用的程序,可以在"其他选项"选项卡中选择相应的内容。

图 3-16 "格式化"对话框

(4) 整理磁盘碎片。

磁盘(尤其是硬盘)在长时间使用之后,难免会出现许多零散的空间和磁盘碎片。一个文件可能会被存放在不同的磁盘空间中。这样在访问该文件时,系统就需要在不同的磁盘空间中寻找该文件的不同部分,从而影响运行速度。磁盘碎片整理可以将文件的存储位置整理到一起,同时合并可用空间,提高运行速度。

具体操作是在如前所述的"系统工具"中选择"磁盘碎片整理"。这时在弹出的对话框中显示出一些状态信息和系统信息。选择磁盘后,单击"分析"按钮,系统就分析该磁盘是否需要碎片整理,并弹出对应的对话框,进行整理。

4. 任务管理

（1）任务管理器。

Windows 任务管理器向用户提供正在计算机上运行的应用程序和进程的相关信息,可用来快速查看正在运行的应用程序的状态,终止已停止响应的程序,切换程序或运行新的任务如图 3-17 所示。任务管理器还可以用来查看 CPU 和内存等使用情况。具体操作是用鼠标右键单击任务栏,从快捷菜单中选择并打开"任务管理器",或按 Ctrl＋Alt＋Del 组合键。

（2）应用程序管理。

应用程序管理包括安装、卸载和启动应用程序,应用程序之间的切换,应用程序菜单和命令的使用以及添加或删除 Windows 组件等功能。

图 3-17 "Windows 任务管理器"窗口

安装应用程序的方法有三种：一是自动安装。如果软件安装光盘里附有自动运行功能,即可自动启动安装程序向导,用户可以根据提示完成安装。二是运行可执行文件。先在"我的电脑"或"资源管理器"中找到并双击可执行文件（一般扩展名为.exe）,直接启动安装程序,再根据安装向导的提示完成软件的安装。三是使用 Windows 本身的安装向导。具体做法是：在"控制面板"窗口中双击"添加或删除程序"图标,打开如图 3-18 所示的窗口,这时可在该窗口的左边找到相应按钮完成安装。

图 3-18 "添加或删除程序"窗口

卸载应用程序一般有两种方法：一是打开上述的"添加或删除程序"窗口。二是使用软件自带的卸载程序；具体做法是：单击"开始"按钮,在"所有程序"中所列举的程序组中找到相应的卸载程序,按照提示操作。

启动应用程序有三种常见方式:一是单击"开始"按钮,在"运行"对话框中键入相关命令;二是双击桌面快捷图标;三是使用资源管理器,找到某个应用程序的可执行文件图标(一般扩展名为.exe)并双击。如果已通过某应用程序建立了文档,在资源管理器窗口中双击此文档,即可打开该应用程序。

应用程序之间的切换与窗口之间的切换类似,方法主要有三种:一是先同时按下 Alt+Tab 组合键,出现切换任务栏;然后按住 Alt 键,使用 Tab 键选择所要切换的应用程序窗口,选中后再松开。二是单击任务栏上所打开应用程序窗口的对应按钮。三是单击应用程序窗口的任何位置。

一般应用程序都有不同的菜单(比如程序菜单和快捷菜单等)。大多数应用程序都在其"文件"菜单中有"退出"命令,也可以通过窗口右上方的关闭按钮退出。有时由于某种原因,系统处于"半死机"状态,关闭应用程序的命令来不及响应。此时可以通过任务管理器中的"结束任务"按钮强制终止应用程序。

在计算机安装好 Windows 后,用户仍然可以调节安装细节,例如添加一些需要的组件或删除一些多余的组件。具体做法是:先在"添加或删除程序"窗口中选择"添加/删除 Windows 组件"选项卡;再在"Windows 组件向导"对话框的"组件"列表中选择其中需要添加或删除的组件,如图 3-19 所示。需要提醒的是,添加有些组件时需要插入 Windows 系统盘。

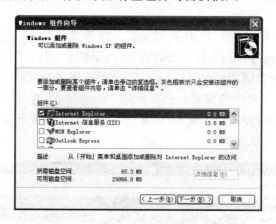

图 3-19 "Windows 组件向导"对话框

5. 控制面板与设备管理器

(1) 控制面板。

控制面板是 Windows 中一个重要的系统文件夹。它包含许多独立的工具,可以用来设置和管理设备,管理系统中的软、硬件资源,进行系统维护等。

在控制面板中,设置可以对鼠标、显示、任务栏和"开始"菜单、任务计划、日期和时间、区域与语言、快捷方式等进行个性化工作环境的设置:鼠标的设置包括鼠标键的配置、指针光标形状的设置和指针使用方法的设置等。所有关于鼠标参数的设置都可以通过在控制面板中选择"鼠标"命令,在打开的"鼠标属性"对话框中来完成。显示的设置包括桌面背景、屏幕保护、桌面外观、显示属性和桌面主题等;具体方法是:在控制面板中选择"显示"命令,或用鼠标右键单击桌面空白处,在快捷菜单中选择属性命令,如图 3-9 所示。

任务栏与"开始"菜单的设置包括自定义"开始"菜单、在"开始"菜单顶部显示程序、设置任务栏和在任务栏上添加工具栏等：自定义"开始"菜单具体做法是：在控制面板中找到"任务栏和'开始'菜单"命令，或单击任务栏空白处，在弹出的快捷菜单中选择"属性"命令，在"任务栏和'开始'菜单属性"对话框中选择相应的选项卡，单击"自定义"按钮进行设置。需要说明的是，不同风格的开始菜单，其对话框的布局安排有所不同。

在"开始"菜单顶部显示程序的具体做法是：通过"开始"菜单的"所有程序"找到所要显示的程序，用鼠标右键单击，在弹出的菜单中选择"附到'开始'菜单"命令，这样该程序就显示在"开始"菜单顶部的区域中。通过这种方法，可以将使用最频繁的程序放在菜单顶部。

设置任务栏包括锁定和隐藏任务栏等基本设置，在"任务栏和'开始'菜单属性"对话框的"任务栏"选项卡中可以直接操作。

任务计划指的是安排某个任务在某月、某星期、某天或某时刻（例如系统启动时）运行。利用任务计划，可以将任何脚本、程序或文档安排在某个最方便的时刻运行。任务计划在每次启动 Windows XP 时开始执行并在后台运行。任务计划是 Windows 系统自带的功能，可以在控制面板中找到，也可以单击"开始"按钮，在"所有程序"的"附件"的"系统工具"中找到。在"任务计划"窗口中双击"添加任务计划"并在任务计划向导下操作即可。对于已经制订了计划的任务，也可以更改，即在需要改变属性的任务计划上用鼠标右键单击，选择弹出的快捷菜单上的"属性"命令，在打开的对话框中操作；还可以通过快捷菜单删除不需要再执行的任务计划。

（2）设备管理器。

计算机运行时，系统设备将硬件与其驱动程序联系在一起，保证系统高效运行。在设备管理器中，可以查看系统设备信息、更新驱动程序和停用设备等；还可以为不同的硬件配置文件。打开设备管理器的做法有两种：一是在控制面板的"管理工具"的"计算机管理"命令中选择"系统工具"中的"设备管理器"，如图 3-20 所示；二是先在"我的电脑"中用鼠标右键单击所要查看的磁盘图标，打开磁盘属性对话框，选择"硬件"选项卡，单击"属性"按钮。

图 3-20 "计算机管理"窗口

6. 附加工具

Windows 提供了一些附加工具，常用的包括基本工具、娱乐工具以及系统维护工具三类。

(1) 基本工具。

基本工具包括记事本、写字板、画图工具和计算器等：记事本可以编辑纯文本格式（没有使用任何格式，扩展名为.txt）的文件。如果需要写一些便条或超文本标记语言（hypro-text markup language，HTML）的代码，记事本是最好的选择。写字板与功能较专业的文字处理软件相比显得较为简单，但比记事本功能强，能够进行图文混排。写字板的默认文件格式为 RTF 格式，但它也可以读取纯文本格式（*.txt）、书写器文件（*.wri）以及 Word 文档（*.doc）。纯文本文件指的是没有使用任何格式；RTF 格式可以有不同的字体、字符格式及制表符，并可在各种不同的文字处理软件中使用。Word 文档可以直接在 Word 软件中打开并编辑，不需要经过转换。利用写字板，可以完成大部分文字处理工作。画图工具是一种位图绘制程序，有一套较齐全的绘制工具和较广的色彩范围，可以用来绘制简单图形。它的图形编辑功能比专门的图形编辑软件简单，但基本操作有许多相似之处。计算器分为标准计算器和科学计算器两种：前者用来完成日常简单的算术运算；后者用来完成较为复杂的科学运算（比如函数运算）。计算器运算的结果不能直接保存，只能存储在内存中，供粘贴到其他应用程序或文档中。它的使用与日常生活中的计算器使用方法一样，可以通过鼠标单击按钮取值，也可以通过键盘输入来操作。

(2) 娱乐工具。

除了上述基本工具之外，Windows 还提供了一些多媒体工具；要想充分发挥其功能，用户首先需要对各种多媒体设备进行设置。在控制面板中找到"声音和音频设备"命令，就可以在打开的对话框中选择不同的选项卡等进行设置。音量控制可以用来设置不同的音量，比如扬声器音量、波形音量、软件合成器和 CD 唱机音量等。在"所有程序"的"附件"的"娱乐"子菜单中选择"音量控制"命令，即可在打开的对话框中设置。

录音机可以用来录制、混合、播放和编辑声音文件，也可以将声音文件链接或插入到某个文档中。在"所有程序"的"附件"的"娱乐"子菜单中选择"录音机"命令，即可在打开的窗口中可以完成多种操作。开始录音时，先选定声源（比如麦克风），再单击"文件"菜单中的"新建"命令，然后单击"录音"按钮。调整声音文件的质量时，首先使用"文件"菜单中的"打开"命令，打开要调整的声音文件；然后使用"属性"命令，打开"声音文件属性"对话框，在"格式转换"的"选自"列表中选择一种所需格式；再单击"立即转换"按钮，打开"声音选定"对话框，在"名称"列表中选择"无题"、"CD 质量"、"电话质量"和"收音质量"四个选项之一，在"格式"和"属性"列表中分别选择该声音文件的格式和属性；全部调整完毕后单击"确定"按钮。混音时，首先打开要混入声音的文件，将滑块移到文件中需混入声音的位置；然后选择"编辑"菜单中的"文件混音"命令，在"混入文件"对话框双击要混入的声音文件。注意，录音机只能混合未压缩的声音文件。如果录音机窗口中未发现绿线，则说明该文件为压缩文件，必须先调整音质，才能对其进行修改。添加回音时，首先打开要添加回音效果的声音文件；然后单击"效果"菜单中的"添加回音"命令。

最新版本的 Windows Media Player 支持几乎所有的多媒体文件格式，可以播放当前多种格式的音频、视频和混合型多媒体文件，还可以接入互联网收听或收看在线节目。

(3) 系统维护工具。

如前所述，比较常用的系统维护有磁盘碎片管理、磁盘清理工具和任务计划等。

7. Windows 的汉字输入法

(1) 汉字输入法。

计算机汉字输入可分为键盘输入和非键盘输入两大类：非键盘输入主要有扫描识别输入法、手写识别输入法和语音识别输入法。其中，扫描识别对印刷体汉字识别率很高；手写识别要注意书写规范，速度不理想；语音识别主要处于研究阶段。键盘输入指汉字通过计算机的标准输入设备（即键盘）进行输入，这是目前最常用的方法。数目庞大的汉字通过键盘输入时，需要根据键盘按键进行编码，采用不同的编码规则，具体表现为不同的输入方法。目前常用的键盘输入法是拼音输入法和五笔字型输入法。

(2) 设置输入法。

设置输入法指的是选用、添加、删除、指定默认输入法以及设置输入法热键等。在Windows中，可使用Ctrl键和空格键的组合打开或关闭汉字输入法，还可使用Ctrl＋Shift或Alt＋Shift组合键实现在英文及各种汉字输入法之间的切换；或者单击任务栏中的"语言栏"，直接选择所需要的输入法。

Windows XP提供了多种汉字输入法，在预装系统时就有微软拼音、全拼、双拼、内码和郑码输入法。如果某种输入法已经安装，但在语言栏中未找到，就需要执行添加操作；如果用户不使用某种输入法，就无需显示在语言栏中，可以暂时删除。具体做法有两种：一是先在控制面板中找到并打开"日期、时间、语言和区域设置"命令，在"区域与选项"的对话框中单击"语言"选项卡中的"详细信息"按钮；再在"文字服务和输入语言"对话框中添加、删除输入法，设置默认输入法、输入法热键等，如图3-21所示。二是用鼠标右键单击语言栏或用鼠标左键单击语言栏右下角的倒三角形，在弹出的菜单中选择"设置"命令，即可在弹出的"文字服务和输入语言"对话框中进行具体的操作。

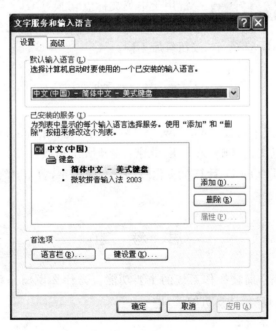

图3-21 "文字服务和输入语言"对话框

指定默认输入法的操作很简单，只要在"文字服务和输入语言"对话框的"默认输入语言"列表中选择即可。为了使用户方便地使用各种输入法，Windows允许用户为各种输入法设置快捷键。具体做法是：先在"文字服务和输入语言"对话框的"设置"选项卡中单击"键设置"按钮；然后在"高级键设置"对话框的"输入语言的热键"的列表中选择所需要的输入法，单击"更改按键顺序"按钮；再在弹出的对话框中设置快捷键即可，如图 3-22 所示。

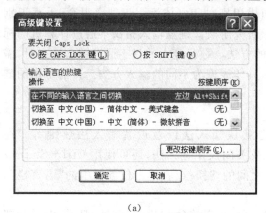
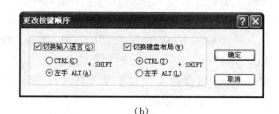

(a)　　　　　　　　　　　　　　　　(b)

图 3-22　"高级键设置"和"更改按键顺序"对话框

（3）输入法状态条的使用。

输入法状态条表示当前的输入状态，可以通过单击相应的按钮来切换。图 3-23 显示的是微软拼音输入法的状态条，包括中文、英文切换，全角、半角切换，中文、英文标点符号切换，软键盘开、关切换以及功能设置、帮助按钮等。状态条上的按钮状态也可以通过快捷键来切换，

图 3-23　微软拼音输入法的状态条

例如 Shift＋空格组合键用于全角、半角切换，Ctrl＋"."组合键用于中英文标点切换，Ctrl＋空格组合键用于中英文输入切换等。需要说明的是，不同的输入法其状态条上的按钮有所不同。

参 考 文 献

1. 卢湘鸿.计算机应用教程：Windows XP 环境.第 3 版.北京：清华大学出版社，2002.
2. 李秀，等.计算机文化基础.第 3 版.北京：清华大学出版社，2000.
3. 〔美〕Parsons J J，Oja D.计算机文化.吕云翔，张少宇，曹蕾，等，译.北京：机械工业出版社，2006.

思 考 题

1. 什么是操作系统？简述操作系统的主要功能。为什么说操作系统既是计算机硬件与其他软件的接口，又是用户和计算机的接口？
2. 简述嵌入式操作系统。
3. 什么是文件和文件系统？文件系统的功能是什么？
4. 为什么要对文件加以保护？常用技术有哪几种？
5. 什么是文件路径？它如何表示请举例说明。
6. 绝对路径与相对路径有什么区别？
7. 文件扩展名有什么作用？

8. 简述 Windows 支持的三种文件系统：FAT16，FAT32 和 NTFS。

9. 什么是即插即用设备？即插即用有什么特点？

10. Windows XP 中运行应用程序有哪几种途径？如果有应用程序不再响应,应如何处理？

11. 快捷方式与文件有何区别？

12. 如何查找 C 盘上所有的文件名以"AUTO"开始的文件？

13. 什么是桌面？其主要组成部分是什么？

14. 从软件角度,说说图形用户界面的关键组成元素有哪些？

15. 任务栏的作用是什么？

16. 如何在任务栏上添加工具栏？

17. 文件具有哪些属性？

18. 如何搜索计算机中的文件？

19. 为什么要定期进行磁盘清理？为什么要定期进行磁盘碎片整理？

20. 如何将图像设置为桌面？

21. 屏幕保护程序有什么作用？屏幕保护程序以多少时间为步长来调节等待时间,怎样设置才能加强安全性？

22. 简述面向对象类型的操作系统,例如 Windows 2000 或 Windows XP。

23. Windows 中的对象有哪几种类型？如何选定对象？叙述选定一个、多个和全部对象的方法。

24. 总结选择命令的几种途径。

25. 一台计算机上是否可以安装多个操作系统？

练 习 题

1. 设置资源管理器,显示隐藏文件。
2. 使用资源管理器,对文件和文件夹进行选定、打开、新建、复制、移动和删除等操作。
3. 对 C 盘进行整理碎片。
4. 在正在使用的 Windows 系统中增加一种中文输入法。
5. 添加一项在每周五下午 5 点执行磁盘碎片整理的任务计划。
6. 在控制面板中设置鼠标,要求：去掉鼠标阴影；把指针形状改为"链接选择"的形状（手掌状）,指针移动速度改为"中"。
7. 练习使用 Windows 提供的记事本、写字板、画图和计算器等附件功能。

第四章 计算机网络

随着计算机技术的迅猛发展和信息时代的到来,仅凭单独一台计算机操作的时代已经满足不了社会发展的需要。计算机网络是信息社会发展的必然产物。

本章将介绍有关计算机网络的基础知识以及使用计算机网络的基本技能。

4.1 计算机网络

4.1.1 计算机网络概述

1. 计算机网络的定义

什么是计算机网络呢?它是由一台台计算机组成的,并且计算机之间不是孤立的,而是通过一些通信线路和通信设备连接起来。这样,从物理构成上看,这些计算机连接成一个网络。但是,到此为止,只是从硬件上形成了计算机网络。单独的一个计算机系统由硬件和软件两部分组成。要实现计算机网络的功能,使得在计算机之间可以相互传输数据、交流资源,仅凭硬件是不够的,还要有相应的软件方面的保证。单机系统需要计算机软件;但是计算机网络与单机系统相比,需要在其中各个计算机系统之间进行协调与组织,所以计算机网络软件方面除了包括网络软件外,还要包括网络协议。网络协议,总的来说,就是一些事先规定好的在网络上交换数据的一些规则。联网的所有计算机都必须遵守规则,只有这样,才能保证网络的正常运转。网络协议只是一些静态的规则,用来保证计算机遵守这些协议,并且全面调度联网的各台计算机,使它们之间能够井井有条地运转。这就是网络软件的任务。因此,同时具备硬件和软件两部分,才可以形成一个完整的计算机网络。

计算机网络就是利用通信线路和通信设备,把地理上分散的并具有独立功能的多个计算机系统连接起来,按照网络协议进行数据通信,由功能完善的网络软件实现数据通信和资源共享的计算机系统的集合。它是计算机系统与通信系统相结合的产物。

我们身边存在着各种各样、大大小小的计算机网络。把一个实验室的几台计算机用通信线路连接起来,并安装相应的网络软件,就构成了一个小局域网。例如,把北京大学所有院、系、所、中心和实验室的局域网连接起来,就构成北京大学校园网;再把北京大学、清华大学和南京大学校园网连接起来,就构成更大的网络,称为中国教育科研网(CERNET);再把CERNET与全球范围的计算机网络连接起来,就构成世界上最大的计算机网络,即互联网,从而实现了全球范围内的数据通信和资源共享。

2. 计算机网络的分类

根据网络的不同特点,可以对计算机网络进行不同的分类。按网络的分布范围,可分为广域网(wide area network,WAN)、局域网(local area network,LAN)和城域网(metropolitan area network,MAN)。校园网介于局域网和广域网之间,而互联网则是最大的广域网。按网络的拓扑结构,可分为总线状、环状、星状、树状和网状网络。按网络的通信介质,可分为有线网(采用双绞线、同轴电缆、光纤等物理介质来传输数据的网络)和无线网(采用卫星、微波、激光等无线形式来传输数据的网络)。按网络中使用的操作系统,可分为 Novell Netware 网、Windows NT 网、Unix 网和 Linux 网。按网络的用途,可分为教育网、科研网、商业网和企业网等。

有关以上分类标准所涉及的计算机网络的一些基本概念,将会在下面逐一介绍。

3. 计算机网络的功能

从 20 世纪 60 年代出现雏形,到今天无处不在的全球互联网,计算机网络飞速发展,其原因就在于计算机网络能够实现单机系统所无法实现的很多功能,主要体现在以下几点:

(1) 数据通信。

计算机网络使联网的计算机之间能够传输数据、声音、图形和图像等,使分布在不同地理位置的网络用户能够通信、交流信息。利用网络的通信功能,用户可以收发电子邮件、网上聊天、传送电子文件等。因此,通信功能是计算机网络的基本功能,可以为网络用户提供强有力的通信手段。

(2) 资源共享。

资源共享是计算机网络的另一个重要功能。联网的计算机之间可以共享包括计算机硬件、计算机软件以及各类信息在内的资源。一旦一台计算机拥有某种资源,那么联网的其他计算机也都可以分享这一资源。

(3) 共享硬件。

计算机网络允许网络用户共享各种不同类型的硬件设备,如巨型计算机、大容量的磁盘、高性能的打印机、高精度的图形设备、通信线路、通信设备等。例如,在局域网中将一台打印机与网络中的任一计算机连接,并设置为共享打印机,在网络中的其他计算机上就可以利用这台共享的打印机执行打印任务。这样,可以在很大程度上提高硬件资源的利用率。除共享硬件资源之外,联网的计算机还可以共享软件资源,包括大型软件、专用软件、各种网络应用软件、信息服务软件等。对于网络中的某一系统软件或应用软件,如果它所占用的空间比较大,则可以安装到一台配置较高的计算机上,并将其属性设为共享。这样,网络中其他计算机就不需要再安装这个软件,而可以直接使用,大大节省了硬盘空间,并且允许多个用户同时使用软件,还能保持数据的完整性和一致性。软件的修改只需在服务器上进行,网络用户都可立即享用。互联网是一个巨大的信息资源库。每个接入互联网的用户都可以共享这些信息资源,包括搜索与查询信息、Web 服务器上的主页及各种链接、文件传输协议(file transfer protocol,FTP)服务器上的软件、电子出版物、网络课堂以及网络图书馆等。

(4) 高可靠性。

互联网的前身是美国国防部建立的 ARPA 网,当时的目的是提高国防部信息系统的稳定性和可靠性。为了避免在联网的部分资源受到攻击和破坏时造成整个网络系统瘫痪,计算机网络中的每台计算机都可以通过网络为另一台计算机备份。这样,一旦网络中的某台计算机发生故障,为其做备份的另一台计算机就可代替它工作,整个网络照常运行,从而提高整个系统的可靠性。

(5) 分布式处理。

在计算机网络上可以实现分布式处理,即把一项复杂的任务划分成若干个模块,将不同的模块同时运行在网络中不同的计算机上,其中每台计算机分别承担某部分的工作,从而起到均衡负荷的作用。

4. 计算机网络的产生和发展

计算机网络的发展历史大致包括远程终端联机、计算机网络、计算机网络互联和计算机网络的未来发展几个阶段。

(1) 远程终端联机阶段——终端与计算机连接。

远程终端联机阶段是计算机网络发展的初级阶段。最初的计算机由于体积庞大、价格昂贵,一般的单位或个人根本买不起,而很多工作又确实需要计算机来进行。在这种情况下,出现了一种叫做多重线路控制器的设备,它可以使多个终端和一台计算机相连接,这样多位用户就可以通过不同的终端共享一台计算机。工作过程是:首先,用户使用终端把自己的工作请求通过通信线路传给计算机;计算机处理所有用户的任务后,再把处理结果分别返回给各位用户。在这个阶段,每个用户只有一个终端,所有用户共用一台计算机;也就是说,这种计算机网络的特点是多台终端到一台计算机的互联。

(2) 计算机网络阶段——计算机与计算机连接。

随着计算机的普及和价格的降低,一些大型的企、事业单位及军事部门已经拥有多台计算机,但是可能分布在不同的区域。为了使这些计算机之间可以交流信息和共享资源,共同承担任务,需要将分布在不同地区的多台计算机用通信线路连接起来。这种计算机网络是多台计算机之间的连接,而不是多个终端与一台计算机之间的连接。在这个阶段,计算机网络的特点是多台可独立工作的计算机之间的互联。

(3) 计算机网络互联阶段——计算机网络与计算机网络连接。

仅凭计算机之间的互联是不够的。在这个阶段,进一步实现了网络与网络之间的互联。1984年,国际标准化组织(ISO)公布了开放系统互联(open system interconnection,OSI)模式,即不同的网络遵循同样的通信协议,使得各种不同的网络之间互联、相互通信成为现实,从而实现更大范围内的计算机资源共享。随之发展起来的国际互联网,其覆盖范围遍及全世界,各种各样的计算机和网络都可以通过网络互联设备联入,实现了全球范围内计算机之间的通信和资源共享。在这个阶段,计算机网络的特点是可以包括多个计算机网络之间的互联。

(4) 计算机网络的未来发展——信息高速公路。

人们对信息共享和分布协同环境的需求不断增长,对计算机网络性能的追求也是无止境的。未来计算机网络的发展目标是:

① 更大,即使更多的人能够共享更多的信息资源,努力增加互联网接入终端设备的种类、数量,使用网络的人数,扩大拓展网络的规模。未来的互联网将全面采用下一代网际协议(也称为互联网协议,internet protocol,IP),即IP v6协议,以支持更大的IP地址空间。

② 更快,即随着千兆、万兆位以太网技术、光通信技术的发展和成熟,主干网的传输速率将比现在高100~1000倍。巨大的主干网带宽和高速路由交换技术使端到端的高性能通信成为现实。

③ 更可信,即未来的计算机网络更加安全、可信,能为动态、复杂、异构系统的通信提供安全、私密和可靠的保障。

④ 更好用,即随着无线、移动通信技术的发展和广泛应用,未来的计算机网络可实现一个"无处不在,无时不有"的网络和计算环境。丰富多彩的智能网络终端加上无线和移动通信技术,使得下一代网络的访问更加方便、好用。

5. 计算机网络的拓扑结构

拓扑结构指网络的物理布局及其逻辑特征,其中物理布局就像是描述办公室、建筑物或校园中如何布线的示意图,通常称为电缆线路;网络的逻辑指信号沿电缆从一点向另一点进行传输的方法。

常见的拓扑结构有以下几种:

(1) 总线状结构。这是局域网技术中普遍使用的一种拓扑结构,例如最常用的是以太网技术。顾名思义,在这种结构中,采用一条单独的通信线路(称为总线)作为公共的传输通道,所有节点都通过相应的接口直接连接到总线上,并通过总线进行数据传输,如图 4-1 所示。总线状结构的优点是:布线简单;构建费用低,数据端用户入网灵活;缺点是:一次仅允许一个用户发送数据,而其他用户必须等待信道空闲,才可以发送数据。

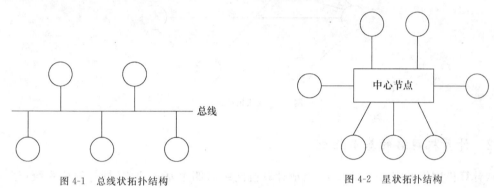

图 4-1　总线状拓扑结构　　　　　　图 4-2　星状拓扑结构

(2) 星状结构。这是最古老的一种连接方式。在这种结构中,有一个中心节点(称为集线器),每个节点都由一条点到点链路与中心节点相连,如图 4-2 所示。我们每天使用的电话网就是属于这种结构。星状结构的优点是:便于集中控制,因为所有网络节点之间的通信都必须经过中心节点。如果其中一个节点因为故障而停机,不会影响其他用户之间的通信,因此比较安全。但是,这种结构的不利之处在于对中心节点的依赖性极高,中心节点一旦损坏,整个系统就会瘫痪。

(3) 环状结构。这种结构在局域网中使用得比较多。各个网络节点通过环接口连在一条首尾相接的闭合环状通信线路中,如图 4-3 所示。一种比较成熟的局域网技术——令牌环网采用的就是环状拓扑结构。环状结构中的每个网络节点都与相邻的两个网络节点相连,并且数据传输是单向的,是由下游节点传输到上游节点。如果上游节点需要传输数据到下游节点,需要几乎绕环一周。

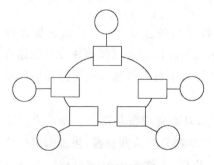

图 4-3　环状拓扑结构

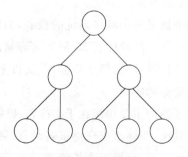

图 4-4　树状拓扑结构

（4）树状结构。这是从总线状结构演变而来的，形状像一棵倒置的树，顶端是根，根以下为若干分支，每个分支还可以再分为若干子分支，如图 4-4 所示。树状结构的优点是：易于扩展，可以延伸出很多分支和子分支，故障隔离较容易。如果某个分支的节点或线路发生故障，很容易将其和整个网络隔离开。它的缺点是：各个节点对根的依赖性太大，如果根发生故障，则整个网络就不能正常工作。

（5）网状结构。这种结构在网络中的所有节点之间实现了点对点的连接，如图 4-5 所示。网状结构需要的线路很多，代价很高，在局域网中不常使用。

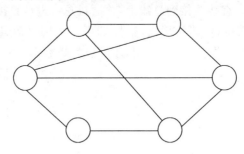

图 4-5　网状拓扑结构

4.1.2　计算机网络的基本组成

从计算机网络的定义可以看出，组成计算机网络需四个基本要素，即计算机系统（连接对象）、通信线路和通信设备（连接介质）、网络协议、网络软件（两种控制机制）。

1. 计算机系统——计算机网络的连接对象

所谓计算机网络，就是连接计算机的网络。所以，计算机系统是计算机网络的连接对象，包括巨型机、大型机、小型机、工作站、微机、笔记本电脑和其他数据终端设备（如打印机和扫描仪等各种外设）。计算机网络是多台计算机的集合系统，一个计算机网络至少包含两台具有独立功能的计算机，大型网络可容纳几千甚至上万台计算机。联网的计算机都具有独立操作的功能；也就是说，在没有联网以前，它们都有自己独立的操作系统，并且能够独立运行。联网以后，每台计算机是网络中的一个节点，可以平等地访问网络中的其他计算机。

作为连接对象，计算机系统是网络的基本模块，它的主要作用是负责数据信息的收集、处理、存储与传播以及提供共享资源。

根据在网络中的作用，计算机系统可分为服务器和客户机（又称工作站）。

（1）服务器。

服务器是整个网络系统的核心，为网络用户提供各种网络服务和共享资源。服务器上拥有大量可共享的硬件资源（例如大容量磁盘、高速打印机和高性能绘图仪等外设），也拥有大量可共享的软件资源（例如数据库、文件系统和应用软件等），还具有管理这些资源和协调网络用户访问资源的能力。

服务器的主要功能在于：首先，提供网络通信服务，具有管理服务器和工作站之间通信的能力。其次，为网络用户提供各种软、硬件资源，并能管理和分配这些资源，协调网络用户对资源的访问。再次，提供文件管理功能，如数据的存储与共享、文件系统的保护与管理以及文件和目录的生成、拷贝和删除等。与单机操作系统不同的是,这些操作全部在网络环境中完成,文件服务器上的文件为所有网络用户共享。第四,提供各种互联网信息服务,如文件服务、打印服务、电子邮件服务、域名服务和文件传输服务等。第五,提供各种网络应用服务,如信息管理系统、远程教学系统、电子图书馆和电子商务等。

服务器可以是一台高档的微机,也可以是一台大型、中型或小型计算机。服务器是为所有网络用户提供服务的,同时会被多个用户访问,因此应该是一个高性能的计算机系统。它应该具有大容量的磁盘和内存、高速的网络接口卡、高档的外设以及多用户、多任务的系统管理功能。在计算机网络中,能够实现以上多种功能的服务器称为综合服务器;但并非要求任何一台服务器提供以上全部的服务,只需实现其中的一种或几种服务即可。按所提供的服务,服务器可分为文件服务器、通信服务器、打印服务器、磁盘服务器、数据库服务器、邮件服务器和 Web 服务器等。

(2) 客户机。

客户机是计算机网络中除去服务器之外的计算机。客户机与服务器在网络中的作用是相对的:后者是提供服务的;前者是享受服务的。服务器一旦失效,计算机网络的某一部分功能将会受到影响。例如,北京大学的邮件服务器发生故障后,校园网的电子邮件服务将失效,邮箱将不能正常收发电子邮件;而客户机的增加、取消或失效,不会对整个计算机网络造成什么影响。现在的客户机一般都由具有一定处理能力的个人计算机来承担。当一台计算机连接到局域网上时,就成为局域网的一个客户机。

一台微机连入互联网时,要从软件和硬件两方面来进行一定的配置:硬件上,客户机需要通过网卡、通信介质以及通信设备与网络服务器相连;软件上,除运行自身的操作系统外,还必须运行有关的网络软件,包括网络协议(例如 TCP/IP 协议[①])软件、网络应用软件(例如互联网中各种信息服务的客户软件)。这样联网后,独立的微机成为计算机网络中的一台客户机,不仅能够使用本机的资源,还可以共享网络上的所有资源。

2. 通信线路和通信设备——计算机网络的连接介质

有了一台台独立的计算机之后,怎样把它们连接起来呢?通信线路和通信设备用于连接这些原本各自独立的计算机。

(1) 通信线路。

通信线路指传输介质及其介质连接部件。作为网络中传输数据信号的通道,通信线路可以是有线介质(包括同轴电缆、双绞线和光缆等),也可以是无线介质(包括微波、卫星和激光等)。

① 有线介质。同轴电缆由内部导体环绕绝缘层、绝缘层外的金属屏蔽层和最外层的护套组成,如图 4-6 所示。这种结构的传输介质可防止中心导体向外辐射电磁场,也可用来防止外界电磁场干扰中心导体中的传输信号。双绞线是由按一定的缠绕距离两两绞合在一起的传输媒体,类似于电话线,每根线加绝缘层,并用色标来标记。如图 4-7 所示。双线扭绞的目的在于使电磁辐射和外界电磁场的干扰减到最低。

---

① "TCP"是"传输控制协议"(transmission control protocol)的简称。

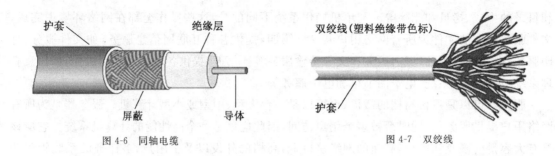

图 4-6 同轴电缆　　　　图 4-7 双绞线

一根光缆中包含有多条光纤。光纤即光导纤维,如图 4-8 所示,一般采用很细、透明度很高的石英玻璃纤维作为芯,外面有保护层。这是一种细小、柔韧并能传输光信号的介质。光纤中,利用光脉冲信号的有无分别表示"1"和"0"。光纤传输的优点是:传输距离长,范围大,损耗小,频带宽,信息容量大,信号衰减小,畸变小,保密性好,无串音干扰,抗电磁干扰的能力极强,抗化学腐蚀能力强;缺点是价格昂贵,管理也比较复杂。正是由于光纤的数据传输率高(目前已达到 1Gb/s)、传输距离远(无中继传输距离达几十至上百千米)的特点,所以在计算机网络布线中得到了广泛应用。

图 4-8 光纤

总的来说,在有线介质中,同轴电缆和双绞线价格便宜,但抗电磁干扰能力差,不能传输长距离、大容量的信息,常用来做成普通的网线,将单台计算机连接到计算机网络上。光缆传输率高、距离远,但是价格比较昂贵,常用来作为计算机网络中的主干线。例如,北京大学就是通过光缆来连接校园内几百栋教学楼、办公楼、学生宿舍以及校外教工宿舍的。

② 无线介质。无线介质包括:利用高频范围内的电波来进行通信(称为微波通信),成本低,但保密性差;使用地球同步卫星作为中继站来转发微波信号(称为卫星通信)通信容量大,传输距离远,可靠性高,但通信延迟时间长,易受气候影响;利用激光束来传输数据(称为激光通信)不受电磁干扰,方向性好,易受气候影响。

(2) 通信设备。

通信设备指网络互联设备,是用来实现网络中计算机之间的连接、网络之间互联的设备。网络互联包括局域网之间的互联、广域网之间的互联以及局域网与广域网之间的互联。常用的网络互联设备有中继器、集线器、网桥、路由器、网关和交换机等。除此之外,单台计算机在联网时还经常使用网卡和调制解调器。

通信线路和通信设备在计算机网络中的作用是将计算机连接起来,在计算机之间建立一条物理通道,以便传输数据,并且负责控制数据的发出、传送、接收或转发。

3. 网络协议——计算机网络的控制机制

在一个计算机网络中,有多台计算机,并且由通信线路和通信设备将它们连接起来。这只是构成了计算机网络的硬件。如何使这样一个拥有多台计算机的网络正常地运行起来?如何使联网的计算机之间能够正常地传输信息和分工协作?这不仅需要相应的规则来协调和支持,而且需要有相应的软件来控制和管理网络工作。这些网络中的规则称为网络协议,网络中的软件称为网络软件;两者共同构成计算机网络的控制机制,用来控制和协调整个网络的正常运转。

协议是指通信双方必须共同遵守的约定和通信规则,体现了双方关于如何进行通信所达成的一致性。通信双方只有在达成一致意见后,才能互相传输数据;否则,一方传送的数据不能被另一方所理解,双方就不能进行正常的交流。例如,交通规则中规定的车在右侧行驶和红灯停、绿灯行等就是事先约定好的规则,只有每位司机都遵守,才能保证整个交通的有序、畅通。同理,在计算机网络中,数据从一台计算机传输到另一台计算机,只有遵循一定的规则,才能保证数据正常传输,避免网络堵塞,提高网络的工作效率。

为进行网络中的数据交换而制定的标准、规则或约定,称为网络通信协议。网络通信协议包括格式表达、组织和传输数据的方式,校验和纠正信息传输错误的方式,传输信息的时序组织和控制机制等。现代网络都是层次结构,协议规定了分层原则、层间关系、执行信息传递过程的方向、分解与重组等约定。网络通信协议包括语法、语义和时序三要素,其中语法指数据与控制信息的格式、数据编码等;语义指控制信息的内容,需要做出的动作及响应;时序指事件先后顺序和速度匹配。总之,进行网络通信的双方必须遵守相同的协议,才能正确地交流信息。

OSI 模型是网络协议的一个典型代表。OSI 模型采用了 7 个层次的体系结构,从下到上依次是物理层、数据链路层、网络层、传输层、会话层、表示层和应用层,其中物理层定义网络的硬件物理特性、信号的电气规格、传输介质及其连接接头的物理特性;数据链路层提供点到点的可靠传输,包括差错、流量控制以及如何获得对传输介质的访问权、同步化数据传输等;网络层提供网络间的路径选择、网络互联和拥挤控制,给网络节点编址,网络协议转换;传输层为端到端的应用程序间提供可靠传输,为上层提供面向连接的和无连接的服务;会话层针对远程访问,包括会话管理、传输同步等;表示层用于信息转换,包括信息压缩和加密等转换及其逆转换,确保信息以对方能够识别的方式到达;应用层提供电子邮件、文件传输等应用程序级的协议。

TCP/IP 协议是互联网采用的协议标准,也是目前最常用的一种网络协议,既能用于局域网,也能用于广域网。通常所说的 TCP/IP 不单是 TCP 或 IP 协议,而是指互联网协议系列,包括上百种功能的协议,如远程登录协议、FTP 和电子邮件(email)协议等。因为其中 TCP 和 IP 是最重要的两个协议,所以用 TCP/IP 代替整个互联网协议系列。NetBEUI 协议也是一种常用的网络通信协议。它支持小型局域网,效率高,速度快,内存开销少,易于实现;但只限于小型局域网内使用,而不能单独用来构建多个局域网组成的大型网络。采用哪种网络通信协议,直接影响到网络的速度与性能。对于小型的 Windows NT 服务器-工作站网络,应该选择 NetBEUI 协议;对于互联网以及其他大型网络,要使用 TCP/IP 协议。

网络互联是为了实现网络之间的通信;而不同的网络,其各自的网络通信协议有可能是不同的。因此,网络之间的通信需要一个中间设备来进行协议之间的转换。这种转换可以由软件来实现,但由于软件的转换速度比较慢,因此在网络互联中,往往使用硬件设备来完成。

实现网络互联的方式有很多。对不同的网络通信层上的协议进行转换,需要有不同的网络互联设备,如表 4-1 所示。中继器工作在 OSI 模型的物理层,用于连接同一个局域网的两个电缆段,进行信号的再生与放大。由于信号在传输过程中会发生衰减,所以局域网中的网段长度应有一定的限制(如 100～200 m);但是多个网段可以通过中继器连接起来,从而突破单个网段的长度限制。中继器可以使网段中衰减的信号重新增强,从而传送得更远。集线器也工作在物理层。它是星状网的组网中心设备,是一种特殊类型的中继器,一般也有加强信号的作用。集线器上有许多端口,每个端口可以接一台计算机,常见的集线器通常有 4～32 个端口。

网桥工作在 OSI 模型的数据链路层,其作用是将两个局域网连接起来,组成更大的局域网。网桥能够解析它所收发的数据。当两台主机进行通信时,网桥决定数据是在同一个局域网内传输,还是把数据转发到另一个局域网。路由器工作在 OSI 模型的网络层,可以用于局域网与局域网的互联,也可以用于广域网与局域网、广域网与广域网的互联。路由器的一个重要功能是路径选择。交换机同时具有集线器和网桥的功能。与集线器不同的是,集线器连接的多个节点共享带宽,而交换机连接的每个节点可以独占传输通道和带宽。交换机可以工作在 OSI 模型的数据链路层,称为第二层交换机;也可以工作在网络层,称为第三层交换机。第三层交换机除具有第二层交换机的全部功能之外,还具有路径选择功能;也就是说,第三层交换机相当于第二层交换机与传统的路由器的合成。

表 4-1 各种网络互联设备的特点

互联设备	互联层次	适用场合	功　能
中继器	物理层	局域网相同的多个网段互联	信号放大,延长信号传输距离
网桥	数据链路层	各种局域网互联	连接局域网并改善局域网性能
路由器	网络层	局域网与局域网、局域网与广域网、广域网与广域网互联	路由选择,过滤信息,网络管理
网关	传输层和应用层	高层协议不同的网络互联	在高层转换协议

网关不能完全归为一种网络硬件,而是能够连接不同网络的软件、硬件的结合产品。网关可以设在服务器、大型机或微机上。网关具有强大的功能,并且大多和应用有关。按照不同的分类标准,网关也分为很多种。TCP/IP 协议里的网关是最常用的,它允许、管理局域网和互联网间的接入,能够根据用户通信用的计算机 IP 地址,界定是否将其发出的信息送出本地网络,同时接收外界发送给本地网络计算机的信息。

以上网络互联设备是网络与网络之间连接和通信所用到的协议转换设备。那么,除此之外,个人计算机在连入网络时也需要相应的连接和转换设备,实现硬件和软件两方面的连接。

网卡是安装在计算机中的一块电路板,一般插在每个工作站和服务器主机板的扩展槽里。每台接入局域网的计算机(包括服务器和工作站)都要通过网卡上的电缆接口与局域网的电缆系统相连接。网卡一方面要完成计算机与通信线路电缆系统的物理连接,实现计算机的数字信号与电缆系统所传输的信号之间的转换;另一方面要完成通信协议中物理层和数据链路层的大部分功能,实现数据的封装和拆封、差错校验以及相应的数据通信管理。网卡是局域网通信接口的关键设备,是决定计算机网络性能指标的重要因素之一。以太网的网卡有 10 Mb/s,100 Mb/s,10 Mb/s 和 100 Mb/s 自适应及 1000 Mb/s 等型号网卡。服务器应该采用千兆以太网网卡。这种网卡多用于服务器与交换机之间的连接,以提高整体系统的响应速率;而 10 Mb/s,100 Mb/s 以及 10 Mb/s 和 100 Mb/s 网卡则属于日常生活中常用的网络设备。

调制解调器可以用来实现计算机网络的数据通信。例如,当两台距离较远的计算机联网或将个人计算机连入互联网时,一般都可通过电话线进行连接和通信。然而,计算机使用数字信号,电话系统大都使用模拟信号,因此计算机之间如果需要通过电话系统来通信,应有一个专用的设备,在发送方将计算机传输的数字信号转换成电话线中能够传输的模拟信号,再在接收方把电话线中传输的模拟信号转换回计算机内部的数字信号。实现这一功能的设备就是调制解调器。调制解调器主要有两个功能:一是调制和解调;前者指将计算机输出的数字信号

"0"和"1"调制成模拟信号,以便在电话线中传输;后者指将电话线传输的模拟信号转化成计算机能识别的由"0"和"1"组成的数字信号。二是提供硬件纠错、硬件压缩。

4. 网络软件——计算机网络的控制机制

网络软件是一种使用、运行在网络环境中或控制、管理网络工作的计算机软件。根据软件的功能,网络软件又分为网络系统软件和网络应用软件:网络系统软件是控制和管理网络运行、提供网络通信、分配和管理共享资源的网络软件,包括网络操作系统(对局域网范围内的资源进行统一调度和管理)、网络协议软件(实现各种网络协议)、通信控制软件和管理软件。网络应用软件是指为某个应用目的开发的网络软件,如远程教学软件、数字图书馆软件和互联网信息服务软件等。

和一般的单用户操作系统不同,网络操作系统是一个支持多任务、多用户的操作系统。常用的网络操作系统有 Unix,Netware,Windows NT 和 Linux。其中,NetWare 是传统的局域网操作系统,支持高速文件处理;Windows NT 定位于中等数据处理规模的服务器或工作站,具有良好的可扩充性、可靠性、兼容性以及可视化操作界面,用户数量较多,普及性较大;Unix 和 Linux 是通用的交互式操作的分时网络操作系统,绝大部分使用 C 语言编制,移植性良好。Unix 具有良好的可靠性和安全性,几乎所有的关键性网络应用都采用了以其作为服务器的操作系统平台。

5. 通信子网和资源子网

按照计算机网络的系统功能,一个网络通常被划分为通信子网和资源子网。因为网络中的计算机是网络应用的主体,每台都保存了大量信息,它们在网络中是用来提供资源的,因此网络中的计算机称为资源子网。除计算机之外,网络中还有不能在网络中提供任何资源的其他硬件设备(包括通信传输介质、网卡和集线器等)。它们在网络中的作用是保证计算机之间进行数据通信和资源交流。因此,这些硬件设备称为通信子网。

4.1.3 局域网和广域网

局域网和广域网是两种典型的计算机网络。计算机网络是把分布在不同地理位置的具有独立功能的多台计算机、终端及其网络设备在物理上互联而形成的。计算机网络的规模大小不一,差别非常悬殊,小者如两台个人计算机连接成的网络;大者如互联网,把全世界范围内难以计数的计算机连在一起。这两种极端情况说明,如果把计算机网络按地域来划分,它正好是局域网和广域网的一个很好例子。

一般来说,局域网用在一些局部的、地理位置距离相近的场合(如家庭中或办公场所);而广域网则相反,它可以用于地理位置相距甚远的场合(如两个国家之间)。此外,局域网中包含的计算机数目一般相当有限;而广域网中包含的计算机则可高达几百万台。可见,局域网与广域网在规模和使用范围等方面相差是比较明显,但这并不意味着这两类网络之间没有任何联系。实际上,广域网正是由多个局域网组成的。从技术角度来说,广域网和局域网在连接方式上有所不同。比如,局域网通常是在某个机构内用本单位的电缆连接起来,即网络的隶属权属于该机构;而广域网通常是租用公用通信服务设施连接起来的,如公用的无线电通信设备、微波通信线路、光纤通信线路和卫星通信线路等,这些设备可以突破距离的局限性。

在局域网和广域网作用范围之间还有城域网。它可能覆盖一些邻近的公司或一座城市,既可能是私有的,也可能是公用的。

1. 局域网

局域网是指在较小的地理范围内,利用通信线路将多种数据设备连接起来,并实现其间的数据传输和资源共享的网络系统。

局域网的研究工作开始于20世纪70年代,以1975年美国施乐(Xerox)公司推出的实验性以太网和1974年英国剑桥大学研制的剑桥环网为典型代表,并在80年代得到飞速发展和大范围普及;90年代至今,局域网进入了更高速发展的阶段。局域网的主要用途包括:共享打印机、绘图仪和扫描仪等外部设备;通过公共数据库共享各类信息并进行分散处理;向用户提供电子邮件之类的高级服务。

相对于广域网,局域网的主要特点有以下几点:首先,所覆盖的地理范围较小,一般主要用于某个机构内部,范围限于一幢建筑或一个房间内,不超过几十千米。其次,信息传输速率较高。目前局域网的传输速率为10~100 Mb/s;而国内广域网仅为64 kB/s或2.048 Mb/s。再次,管理权归部门所有。局域网一般被某个机构控制,具有建立、管理和使用它的所有权利。而广域网由于范围大,可以分布在不同的地区或国家,因为经济和法律上的原因,不可能被某个组织所统一管理和使用。第四,便于管理、安装和维护。由于范围小,网络中运行的应用程序主要是为某个机构服务,因此无论从软件还是硬件系统来说,网络的建立、维护、管理和扩容都很方便。

目前常见的局域网的拓扑结构一般为总线状、环状和星状。一个基本的局域网硬件平台如图4-9所示。在实际应用中,一个局域网的结构可能远远不是这么简单,而可能是几种拓扑结构的组合与扩展。但是无论怎样组合,都要符合其中每种拓扑结构的工作原理和软、硬件要求。

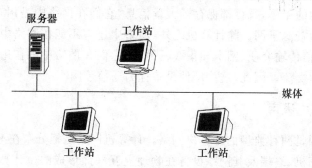

图4-9 基本的局域网硬件平台示例

目前使用较广泛的局域网操作系统各有优、缺点,网络用户应根据实际需要来选择使用。表4-2从多个角度比较了这几种操作系统。

表4-2 局域网操作系统性能比较

操作系统	NetWare	Unix	Windows NT	Linux
易用性	一般	较差	较好	较差
配置难易	一般	较复杂	较容易	较复杂
界面	较差	较差	较好	一般
速度	较快	一般	较差	一般
安全性	较好	较好	较差	一般
软件兼容性	一般	较差	较好	较好
硬件兼容性	较差	较差	较好	较好

按照局域网的通信方式以及用途,局域网可分为以下三种:

专用服务器局域网由若干台工作站以及一台或多台服务器构成,其中工作站可以存取服务器内的文件、数据并共享服务器的存储设备;服务器可以为每个工作站用户设置访问权限。工作站之间不能直接通信,也不能进行软、硬件资源的共享。例如,这种局域网一般用于银行、军事部门等既需要服务器提供客户机资源共享服务,又不希望客户机之间相互通信以防泄密的场所。

客户机-服务器局域网由若干台工作站及一台或多台服务器构成,其中工作站可以存取服务器内的文件、数据并共享服务器的存储设备;服务器可以为每个工作站用户设置访问权限。工作站之间可以相互自由访问。目前比较常用的是这种局域网。例如,用户通过校园网互联后,不仅可以享受校园网服务器提供的各种服务,还可以互相通信和进行资源共享。

在对等式局域网(又称点对点网络)中,通信双方使用相同的协议通信。每个通信节点既是网络的提供者(服务器),又是网络的使用者(工作站)。各个节点之间均可进行通信,可以共享网络中各台计算机的存储容量和处理功能。这种局域网一般规模较小,功能较少。例如,一间宿舍或一个实验室中的几台计算机的功能差不多,就可以组成这种局域网。

目前常见的局域网类型包括以太网、光纤分布式数据接口(fibre distribution data interface,FDDI)、异步传输模式(asynchronous transfer mode,ATM)、令牌环网和交换网等。它们在拓扑结构、传输介质、传输速率和数据格式等方面都有许多不同,其中应用最广泛的当属一种总线结构的局域网,称为以太网,这是目前发展最迅速、也最经济的局域网。

局域网技术的一个关键问题是如何解决连接在同一总线上的多个网络节点有秩序地共享一个信道;也就是说,一个网络中有多个网络节点要利用信道发送数据,而信道是有限的,如何安排这些网络节点发送的顺序。

以太网利用载波监听多路访问-碰撞检测(carrier sense multiple access with collision detection,CSMA/CD)技术成功地提高了局域网络共享信道的传输利用率,从而得以发展和流行。以太网成本低,传输速率达 10 Mb/s,能满足传统办公模式的需求;但在大型网络中随着传输数据增多,传输效率急剧下降。

随着网络用户的大幅度增加以及人们对于传输多媒体信息需求的增加,传统的以太网的传输速率已不能满足很多实际应用的需要。在这种情况下,出现了快速以太网。快速以太网把数据传输速率提高到 100 Mb/s,可以作为骨干网或用于传输视频和音频信号。快速以太网对于传统的以太网有很好的兼容性,是传统以太网升级时的较好选择。

网络的发展使人们对网络传输速率提出了更高的要求,因此产生了一种新型的高速局域网,即千兆位以太网。它可以提供 1 Gb/s 的通信带宽,采用和传统 10 Mb/s,100 Mb/s 以太网同样的 CSMA/CD 协议、帧格式和帧长,因此可以在原有低速以太网的基础上实现平滑、连续性的网络升级,从而最大程度上保护用户以前的投资。

令牌环网的拓扑结构是所有节点串行连接而形成的一个封闭环路。环路上的某个站点要发送信息(称为发送站),仅需要把信息往其下游站点发送即可,下游站点收到信息以后,要进行地址识别,以判断该信息是否是发送给本地主机的。如果是,则将此信息复制送给本地主机,否则,把信息继续转发给其下游站点。在处理网络中数据传输顺序问题时,采用"按需分配信道"的原则,即按一定顺序在网络节点之间传递一个被称为令牌的特定控制信息,谁得到"令牌",谁才有发送的权利。令牌环网在高通信量下仍可维持固定的传输速率,适用于对实时性要求较强的银行和医院等。

光纤分布数据接口是以光纤为传输介质的高速主干网。它能以 100 Mb/s 的速率跨越长达 100 km 的距离,连接多达 500 个设备,具有定时令牌协议的特性,支持多种拓扑结构。

随着人们对集话音、图像和数据为一体的多媒体通信需求的日益增加,特别是为了适应今后信息高速公路建设的需要,人们又提出了"宽带综合业务数字网"(broad integrated service digital network,B-ISDN)这种全新的通信网络,而其实现需要一种全新的传输模式,即异步传输模式。在这一模式中,信息被组成固定长度的信元,在电信网中进行复用、交换和传输。它可以传输任意速率的信号,也可传输话音、数据、图像和视频等信息。

2. 广域网

局域网是限于局部的网络,它的实现技术决定了局域网难以延伸到更广的范围。随着个人计算机的普及和局域网技术的广泛使用,人们需要将多个局域网互联起来,以实现更大范围内的资源共享和信息交流。在这种情况下,就产生了广域网技术。

广域网是覆盖广阔地理区域的数据通信网,其特点是:网络跨越的地理范围广(其覆盖距离可以从几十千米到几千、几万千米);常利用公共通信网络进行数据传输;网络结构比较复杂;传输速率一般低于局域网。由于常用于连接相距很远的局域网,所以在许多广域网中,一般由电信部门的公共网络系统充当通信子网(而局域网是由机构架设的专用通信线路和通信设备作为通信子网)。

公共电话交换网(public switched telephone network,PSTN)、分组交换数据网(X.25)、数字数据网(digital data network,DDN)、综合业务数据网(ISDN)、同步数字传输(synchronous digital hierarchy,SDH)、不对称数字用户服务线(asymmetric digital subscriber line,ADSL)、光纤专线、微波专线和卫星通信网络等都是常见的广域网。

4.1.4 数据通信基础

计算机网络是计算机技术与通信技术相结合的产物。计算机网络的连接介质是通信线路和通信设备,而通信网络为计算机之间的数据传输提供了必要的手段。

1. 数据通信系统的构成

在计算机网络中,数据通信系统的任务是把源计算机发送的数据迅速、可靠、准确地传输到目的计算机。一个完整的数据通信系统一般由源计算机(发送者)、目标计算机(接收者)、通信线路和通信设备组成,如图 4-10 所示。在源计算机和目的计算机中,要有相应的数据信号发送、接收和转换设备,例如网卡和调制解调器等。

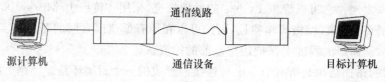

图 4-10 数据通信模型

2. 数据通信的基本概念

(1) 数据。

数据是传递信息的实体和形式(例如文字、声音和图像等),可分为模拟数据和数字数据两类:模拟数据是指在某个区间连续变化的物理量,例如声音的大小和温度的高低等;数字数据是指离散的不连续的量,例如文本信息和整数等。

(2) 信号和信道。

数据(或信息)在数据通信线路中不能直接被传输,而是需要首先由发送转换设备转换成适合于在通信信道中传输的电编码、电磁编码或光编码,经过这种转换后才可以在数据通信线路中传输。这种由信息转换成的能够在信道中传输的电编码、电磁编码或光编码称为信号。信号在通信系统中可分为模拟信号和数字信号:前者是模拟数据的编码,指一种连续变化的电信号(例如,电话线中传送的按照话音幅度强弱连续变化的电波信号);后者是数字数据的编码,指一种离散变化的电信号(例如计算机中产生的电信号就是"0"和"1"的电压脉冲序列串)。计算机能够处理的都是数字信号。

信道是用来表示向某个方向传送信息的媒体。信道也可分为适合传送模拟信号的模拟信道和适合传送数字信号的数字信道:由于模拟信号是连续变化的信号,所以模拟信号衰减得较慢,适合于长距离的传输;而数字信号是跳跃变化的,抗干扰能力差,适合于近距离的传输。

数字信号与模拟信号之间是可以转换的。在有些情况下,必须要进行数字信号与模拟信号之间的转换。例如,因为数字信号和模拟信号的传输线路不同,而模拟线路比较普遍(例如模拟电话系统),所以当希望利用模拟线路传输数字信号时,就需要进行这种转换。

(3) 传输速率和带宽。

传输速率指单位时间内传输的信息量。数字信号的传输速率指每秒传输的比特数,单位为 bit/s(简写为 b/s);模拟信号的传输速率指每秒传输的脉冲数,单位为 baud/s[①]。带宽指单位时间内传输线路中可能传输的最大比特数,即线路的最大传输能力。

(4) 通信方式。

通信方式是指通信双方进行信息交互的方式,可分为单工、半双工和全双工三种:单工通信指通信双方只能由一方将数据传输给另一方,如图 4-11 所示。例如,有线电视用户的接收机只能接收信息,不能发送信息;而电视台也只能发送信息,而不能接收信息。

图 4-11 单工通信　　　　　　　　图 4-12 半双工通信

半双工通信指通信双方都可以发送和接收信息,但不能同时发送或接收,只能交替进行,如图 4-12 所示。它实际上是一种切换方向的单工通信。例如,在无线电发报机系统中,甲方发送信息,乙方接收信息;而一段时间后,反过来,乙方发送信息,甲方接收信息。

全双工通信指通信双方可以同时发送和接收信息,如图 4-13 所示。这种通信方式需要两条信道,一条用来发送信息,一条用来接收信息,通信效率很高,但结构复杂,成本高。例如,在电话系统中,如果通信双方同时说话,则他们也可以互相听到对方的声音。

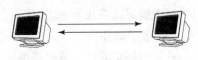

图 4-13 全双工通信

3. 数字信号的传输方式和类型

数字信号在线路中的传输有并行传输和串行传输两种方式。在并行传输中,可以同时传输多个二进制位(至少 8 位数据),每位需要一条信道。计算机内部的数据大多是并行传输的;

---

① "baud"是"波特"的符号。

计算机与高速外设(如打印机和磁盘存储器等)之间一般也都采用并行传输,因为这种方式的数据传输速率非常高。

在串行传输中,数字信息逐位在一条线路或一个信道中传输。这种传输方式只要一条信道,通常用于远距离的数据传输。与并行传输相比,串行传输速率较低,但对信道的要求也低。

数字信号的传输类型分为基带传输与宽带传输两种:基带传输指数字信号直接在数字信道中传输。基带传输直接传输数字信号,基本上不改变数字信号的波形,因此传输速率高,误码率低;但需要铺设专门的传输线路。宽带传输指数字信号经过调制转换成模拟信号后在模拟信道中传输。宽带传输要把数字信号转换成模拟信号,所以误码率比较高;但可以利用现有的大量模拟信道(如模拟电话网)通信,价格便宜,容易实现。

4.2 互 联 网

4.2.1 互联网的基础知识

互联网是一个信息的海洋,可以提供无穷无尽的信息。这些信息不是由某个服务器或某个机构提供的,而是由分布在世界各地的不同计算机、不同机构、不同个人提供的。互联网的构成可以看做是由世界各地的计算机网、数据通信网以及公用电话网通过路由器和各种通信线路在物理上连接起来,再利用 TCP/IP 协议实现不同类型的网络之间相互通信。互联网的基础是现存的各种计算机网络和通信网络。

1. 互联网的特点

互联网是网际网(网络的网络),由各种各样相同的和不相同的网络互联而成,并且联网的主机之间可以互相通信。互联网是规模最大的网络,覆盖全世界。随着互联网的普及和使用,它提供的服务越来越多。最基本的服务有电子邮件、文件传输、浏览和远程登录等,此外还有网络电话、网上购物、网上聊天和网络会议等。这些信息服务为网络用户提供了各种便宜、快速、方便的信息交流手段。

2. 常用的互联网服务

(1) 超媒体信息服务——万维网。

万维网(全球信息网,world wide wed,WWW,也可简写为 W3 或 3W)是基于超文本方式的信息查询工具,用于信息的获取与发布。这是互联网中发展最迅速的部分。它具有多媒体集成功能,能提供具有声音、动画的界面与服务;通过超文本把多媒体呈现出来,只要鼠标在画面中的关键字或图片上单击,就可以连接到所要浏览之处。

(2) 电子邮件。

电子邮件是通过计算机联网实现与其他用户联系的现代化通信手段。只要知道对方的地址,就可以随时与世界各地的朋友进行通信。与传统的纸质邮件相比,电子邮件高速、价廉、方便,还可以传送声音和图像等多媒体信息。

(3) 文件传输服务。

FTP 可以在互联网上实现两台计算机之间的远程文件传输,允许用户从一台计算机向另一台计算机传输文件。当用户使用 FTP 从远程主机向本地计算机传输文件时,称为下载;当从本地计算机向远程主机传输文件时,称为上传。

(4) 远程登录。

在网络通信协议(telnet)的支持下,使用户的计算机通过互联网暂时成为远程计算机的终端的过程。这样,操纵远程计算机与使用自己的计算机一样方便。当用户通过 telnet 连接登录到网络上的一台主机时,就可以使用远程计算机对外开放的所有资源。

(5) 网络交际。

网络可以看成是一个虚拟的社会空间,每个人都可以在其中充当一个角色。互联网已经渗透到大家的日常生活中,网络用户可以在网上与他人聊天、交朋友和玩游戏等。公告牌服务(bulletin board service, BBS)是一种网络交际工具。它是在互联网中设立的电子论坛,有许多人参与,对不同主题进行讨论和交流,类似于街头的公告栏。BBS 一般是免费的,只要能连通互联网,网络用户都可以访客的身份在 BBS 站点浏览。BBS 连接方便,可以通过互联网浏览器(Internet Explorer, IE)和 telnet 等多种方式登录,是网络用户在网上探讨问题和结交朋友的一种主要方式。Windows live messenger(MSN)等聊天软件是另一类网络交际工具,提供了全球范围内的实时"交谈",双方通过在计算机上通过输入信息、语音聊天和视频对话等来进行交流。

(6) 网络电话。

网络电话是利用互联网通过 TCP/IP 协议实现的一种电话应用,目前一般有个人计算机对个人计算机、个人计算机对普通电话机和普通电话机对普通电话机三种通话方式。个人计算机对个人计算机要求通话双方都有多媒体计算机,通过麦克风和耳机直接与他人在线交谈。利用这种功能打国际长途电话,用户通常只需要负担本地通话费和网络费,而不需要负担国际长途电话费。在个人计算机对普通电话机时,发话的一方有多媒体计算机,受话的一方是普通电话机,使用比较方便;但因为需要通过 IP 网关提供服务,所以一般要交一定的服务费。在普通电话机对普通电话机,例如 IP 电话服务中,拥有一张 IP 电话卡和一台普通电话机就可以打电话。在三种网络电话中,这种方式最简便,但通话费用最高。

(7) 互联网的其他应用。

互联网的出现改变了传统的办公模式,人们可以通过网络处理事务,使全世界都可以成为办公的场所。电子商务(例如网上购物、网上拍卖和网上货币支付等)发展得如火如荼,已经在海关、外贸、金融、税收、销售和运输等领域得到了应用。电子商务正向一个更加纵深的方向发展,并且随着社会金融基础及网络安全设施的进一步健全,将在世界上引发一轮新的革命。互联网还有很多其他的应用,例如远程教育、远程医疗、在线音乐、在线电影和在线游戏等,给人们的工作、生活带来了多种便捷和享受。

3. 互联网的信息访问方式——客户机-服务器工作模式

互联网中存在着无比丰富的信息。它是如何向人们提供信息,而人们又是如何访问信息的?互联网的信息访问主要是按照客户机-服务器的工作模式来进行的。

为了实现网络资源共享,需要有提供资源的一方和访问资源的一方;相应地,分别有两个程序负责实现提供资源和实现访问资源的功能。前者叫做服务器程序,运行在向外提供资源的计算机系统(服务器);后者叫做客户机程序,运行在需要访问资源的计算机系统(客户机)上。

那么,客户机和服务器之间是如何进行客户机提出服务请求,服务器接受请求并提供服务的协作呢?这样一种协作是通过相应的网络协议来完成的。例如,在互联网中使用浏览器浏览信息时,用户所用的客户机运行客户程序,提出浏览信息的请求;网络服务器接受网络中来自客户机的浏览请求,给客户机程序提供信息的浏览服务,从而客户机可以通过使用浏览器功能浏览服务器提供的各种信息。这种网络服务器与客户机的协作过程是通过超文本传输协议(hypro-text transfer protocol,HTTP)协议来实现的。不同的服务类型对应有不同的协议。例如,使用浏览器浏览 Web 服务器上的信息需要 HTTP;联网的计算机之间的文件传输需要FTP;实现远程登录需要 telnet;等等。

在互联网中有各种各样的服务器,为上网的用户提供各种各样的服务。例如,FTP 服务器为用户提供文件传输的服务;Web 服务器为用户提供浏览网上信息的服务,IP 电话服务器为用户提供网络电话的服务;等等。换句话说,互联网中各种资源和信息的服务都是通过分布在世界各地的各种各样的服务器实现的。

4. 互联网的网络通信协议——TCP/IP 协议

前面介绍过,在联网时必须遵守一定的约定和规则,才能够保障网络的正常运行和数据的正常传输。同一个局域网内的计算机都遵守相同的网络通信协议,然而,互联网比任何一个单一的局域网和广域网都复杂得多,它连接的是众多分布在世界各地的局域网和广域网,涉及不同的网络之间的数据通信,因此需要针对不同网络之间的通信制订统一的协议,以便把种类繁多、情况各异、分布在世界各地的计算机网络系统统一起来,实现互联网中有秩序的数据传输和资源共享,使整个互联网能够正常地运转起来。

TCP/IP 就是在互联网的不同子网中的计算机之间进行数据交换时遵守的网络通信协议。它是所有与互联网有关的网络协议的总称。

5. 互联网中的地址结构——IP 地址

(1) IP 地址的概念。

在全球范围内,每个家庭都有一个区别于任何其他家庭的地址,是由国家、省、市、区、街道、楼号、单元、楼层、门牌号这样一个层次的结构组成,这样的每个地址是全世界唯一的,由此可以在世界范围内准确地实现各个家庭的邮件的准确投递。同样,在互联网中的计算机之间要进行通信,每台计算机也要有一个区别于其他计算机的唯一地址,这样才能保证数据的正确传输。这个地址就是互联网地址,称为 IP 地址。

(2) IP 地址的组成。

IP 地址采用的是分层结构。互联网中的每个 IP 地址都是由网络地址和主机地址两部分组成的,在全球互联网范围内进行统一分配。其中,网络地址用来区分互联网中不同的物理子网,在同一个物理子网内的所有计算机和网络设备(如路由器)的网络地址是相同的;主机地址用来区别同一物理子网中不同的计算机和网络设备,由于在同一物理子网中有许多不同的计算机和网络设备,因此必须给每一台计算机和网络设备分配一个唯一的主机地址。在数据通信过程中,根据数据包记载的目的地的 IP 地址,首先根据其中的网络地址查找目的计算机所在的网络;然后再在具体的网络内部中根据主机地址查找相应的计算机。

(3) IP 地址的表示方法。

IP 地址有二进制和点分十进制两种表示方法,其中一个二进制表示的 IP 地址分为四段(段与段之间用小数点分开),共四个字节 32 位,例如 10000111.11000010.00100100.00100110。

在协议软件中,IP 地址通常是以二进制表示的,便于计算机的计算;然而对于用户却显得繁琐,难于记忆,容易出错。因此,为方便用户使用,可将 IP 地址由二进制表示转换为十进制表示,即以四个小数点隔开的四个十进制数。这种表示方法叫做点分十进制表示。例如,与上述二进制表示的 IP 地址对应的是 135.194.36.38。具体转化的算法是(以前两为例):

$10000111 = 1 \times 2^7 + 0 \times 2^6 + 0 \times 2^5 + 0 \times 2^4 + 0 \times 2^3 + 1 \times 2^2 + 1 \times 2^1 + 1 \times 2^0 = 135$

$11000010 = 1 \times 2^7 + 1 \times 2^6 + 0 \times 2^5 + 0 \times 2^4 + 0 \times 2^3 + 0 \times 2^2 + 1 \times 2^1 + 0 \times 2^0 = 194$

在 32 位的二进制 IP 地址中,哪些是网络地址,哪些是主机地址,要看当前的 IP 地址属于哪一类。

(4) IP 地址的分类。

因为互联网连接的网络大小不一,有些网络很大,内部计算机很多,而有些网络很小,内部计算机很少,所以为了充分利用互联网的 IP 地址,可根据 IP 地址中第一段的取值将其划分为以下五类:

在 A 类地址中,二进制表示的前 8 位为网络地址,表示为 0XXXXXXX,后 24 位为主机地址;点分十进制 IP 地址的形式为(1~126).b.c.d(其中 b,c 和 d 分别表示一段地址)。A 类网络总共有 126 个,可容纳的计算机最多(每个网络所含的主机数为 16 777 214),用于分配给大型网络。

在 B 类地址中,二进制表示的前 16 位为网络地址,表示为 10XXXXXX.XXXXXXXX,后 16 位为主机地址;点分十进制 IP 地址的形式为(128~191).b.c.d。B 类网络总共有 16 384 个,可容纳的计算机次多(每个网络所含的主机数为 66 534),用于分配给中型网络。

在 C 类地址中,二进制表示的前 24 位为网络地址,表示为 110XXXXX.XXXXXXXX.XXXXXXXX,后 8 位为主机地址;点分十进制 IP 地址的形式为(192~223).b.c.d。C 类网络总共有 2 097 152 个,可容纳的计算机较 A、B 类网络少(每个网络所含的主机数为 254),用于分配给小型网络。

在 D 类地址中,二进制表示的前 8 位表示为 1110XXXX;点分十进制 IP 地址的形式为(224~239).b.c.d。D 类地址用于一种特殊的传输(多目传输)。

在 E 类地址中,二进制表示的前 8 位表示为 11110XXX;点分十进制 IP 地址的形式为(240~255).b.c.d。E 类地址留做备用。

(5) 子网掩码。

IP 地址是由 32 个二进制位组成的,因此,互联网中 IP 地址的总数为 2^{32},其中还包括一些备用的和具有特殊用途的 IP 地址。为了能够节约利用这些有限的 IP 地址资源,可以将 A,B 和 C 类地址分得再细一些,这就产生了"子网掩码"的概念。

子网掩码是一个 32 位二进制数。首先,通过将子网掩码与 IP 地址进行逻辑"与"运算,就可以分离出该 IP 地址的网络地址和主机地址;然后,通过设置不同子网掩码,可以将 A,B 和 C 类地址进一步划分为多个子网,使得互联网中的 IP 地址能够充分利用。通过子网掩码与 IP 地址对应的 32 位二进制数,可以确定 IP 地址的网络号、子网号和主机号是如何划分的:掩码为"1"的位所对应的 IP 地址部分为网络号和子网号;掩码为"0"的位所对应的 IP 地址部分为主机号。

掩码的表示与 IP 地址相同,也用四个点分十进制整数表示。例如 255.255.255.0 可以将一个 B 类地址的网络划分为 254 个子网,每个子网内可以容纳 254 台计算机。这样划分可以在一个大网络内充分地分配计算机的 IP 地址,并且便于系统管理。

(6) 域名系统(domain name system, DNS)。

IP 地址是互联网中的计算机的唯一标识,但是它由一串数字表示,人们难以记忆。为此,互联网中专门设计了一种字符型的命名机制,称为域名,用于把 IP 地址与域名对应起来。例如,北京大学 WWW 服务器的 IP 地址是162.105.129.12,对应的域名为 www.pku.edu.cn。

域名系统是层次结构的,在域名地址中,最右边是顶级域名,自右向左,右边的域是其左边相邻域的上一级域,最左边是当前的计算机名,中间依次用圆点隔开。例如,www.pku.edu.cn 从右向左依次表示"中国"、"教育机构"、"北京大学"和 WWW 服务器。与一串数字组成的 IP 地址相比,这样的域名地址对人们更有意义,从域名地址就可以看出访问的主机所在的国家、领域以及具体部门等信息,便于记忆。顶级域名可以是国家级域名,例如 cn 表示中国;也可以是通用域名,例如 ac 表示科研机构,edu 表示教育机构,com 表示商业机构,gov 表示政府机构,org 表示非盈利组织,net 表示接入网络的信息中心;等等。

虽然域名地址比 IP 地址更便于使用和记忆,但是在互联网中是通过 IP 地址来进行通信的。在网络通信过程中,主机的域名必须转换成它的 IP 地址。把域名转换成 IP 地址的服务器称为域名服务器,域名服务器上安装有域名转换软件。

(7) 我国的互联网建设。

我国的互联网是从 1987 年起步的。1987 年,我国通过拨号线路与互联网连通了电子邮件服务,从而实现了与国际的电子邮件通信。到目前为止,国内的互联网可以分为四大网络体系,即中国公用计算机互联网(CHINANET)、中国教育科研网(CERNET)、中国科技网(CSTNET)和中国金桥网(CHINAGBN)。人们平时都是先连接到这些网络,再通过这些网络与国际互联网连接。这四大互联网也是中国的四大互联网服务供应商(internet service provider, ISP),为用户提供拨号上网、局域网、WWW 浏览、文件传输和电子邮件等服务。

CHINANET 是邮电部门经营管理的公用互联网,它覆盖了全国所有省份的大型商用计算机网,主要是商用。CHINANET 主要为中国用户提供互联网上的各种服务。CERNET 是一个全国范围的广域网,主要用于教育科研服务;其目标是设置一个全国性的基础设施,利用计算机技术和网络技术把全国大部分高校和中学连接起来,实现教育资源共享。例如,清华大学、北京大学、上海交通大学和西安交通大学等高校的校园网都是通过 CERNET 互联并与国际互联网相连的。CSTNET 属于国家级科技信息网,可以提供科技信息服务、超级计算机服务、域名注册服务和网络信息服务等;其服务用户为科研院所、科技管理部门、政府机关和高新技术企业等。CSTNET 为我国科技界与国际交流提供了便利的手段。CHINAGBN 是架构在中国金桥网通信网络实体上的互联网业务网,面向公众提供互联网的商业服务。

除此之外,一些商业公司也开始投入互联网市场,建立自己的网络服务中心,通过租用专线与 CHINANET 连接,开展互联网服务。与以上四大网络体系主体相比,它们在信道方面没有优势而言,但在接入服务、信息服务方面做得比较好。据初步统计,目前,全国各种商业 ISP 网络服务已有上百家。

4.2.2 互联网的应用

1. 联网的方式

互联网有大量的资源。网络用户只有将计算机连入互联网,才能实现对网络资源的访问和信息交流。实现计算机联网的步骤是:首先,确定上网方式;然后,准备联网的软、硬件;再进行联网的安装与设置工作。

选择上网方式,就是选择将个人计算机与互联网连接的手段。个人计算机与互联网的连接主要有以下几种方式:

(1) 通过局域网连接。

这是指通过网卡和传输介质联入局域网,再通过局域网与互联网连接。如果一些机关、学校和公司等已经建立了局域网,并且局域网中的服务器与互联网连通,用户将网卡插在计算机主板的扩展槽中,并将网线插入室内连接局域网的端口,安装网卡驱动程序后就可以通过局域网进入互联网。需要注意的是,在安装和配置网络软件时,需要从操作系统的安装光盘上拷贝一些系统文件;此外,还要安装 TCP/IP 协议(局域网要安装 NetBEUI 协议)。一般的 Windows 操作系统都已集成有 TCP/IP 协议软件,不需要单独安装,但还需对 TCP/IP 协议进行一系列的配置(包括配置 IP 地址、掩码、网关和 DNS 等)。

(2) 通过电话拨号连接。

这是指通过调制解调器利用电话线拨号上网,经过互联网服务供应商的网络服务器与互联网相连接。这是一种传统的上网方式,接入简单;但传输速度慢,并且上网与打电话、发传真相互冲突。一台个人计算机,如果通过电话线拨号连入互联网,首先需要有计算机、电话线和调制解调器;还需要办理 ISP 入网手续,申请入网账号,包括账号、密码、入网时要拨的电话号码、用户的电子邮件地址、网关 IP 地址和子网掩码 IP 地址、指定给用户的 TCP/IP 地址和 DNS 服务器的 IP 地址。然后完成调制解调器、计算机与电话系统之间的连接,添加调制解调器的驱动程序,并设置拨号网络(建立新连接)。

(3) 通过 ISDN 拨号联网。

将多种电信业务综合在一个统一的网络中进行传输,用户只需通过一个电话端口就可实现电话、传真、上网等多种功能。将一根电话线分频为多个通信信道,使用户可以利用一根 ISDN 线路,在上网的同时拨打电话或收发传真,又称为一线通。

(4) 通过 ADSL 联网。

这是目前流行的联网方式,不需要改造电话传输线路,只要求用户有一个 ADSL 调制解调器,一端接到计算机上,另一端接在电信部门的 ADSL 网络中。ADSL 接入的传输速率是 ISDN 的 50 倍。

2. 万维网浏览

(1) 万维网的概念。

万维网在互联网中的作用是为网络用户提供一种便利、直观的信息访问方法。用户通过万维网不但可以获得丰富的文本信息,而且可以获得声音、图像以及动画等多媒体信息。万维网采用的是客户机-服务器工作模式,基本流程为:客户机首先通过浏览器向 WWW 服务器提出浏览信息的请求;WWW 服务器接收到请求后再向浏览器返回所请求的信息;然后关闭连接。

HTTP 是客户端浏览器和 Web 服务器之间的应用层通信协议,是浏览器访问 Web 服务器上的超文本信息时使用的协议。超文本信息指带有超链接的文本。用户在阅读时,可以利用文本中的超链接直接转到它指向的网页。Web 服务器上存放的信息都是超文本信息。超链接在网页中一般用特殊的颜色、下划线或高亮度来显示,当鼠标指向它时会变成手指状,这时点击鼠标进入该超链接所指向的网页。

浏览器浏览的每个网页都是由 HTML 写成的。一个 HTML 文件包含文本和标记指令两部分,其中标记指令用于表示超文本的各个部分(包括标题、列表和超链接点)以及超文本在浏览器中的显示方式等。HTML 文件的扩展名为.htm 或.html,由浏览器进行解释和执行。

统一资源定位器(uniform resource location,URL)是为使用户在查询不同的资源时有统一的访问方法而定义的一种地址标识方法。互联网中所有的资源都有一个独一无二的 URL 地址,通常格式为:协议://主机名或 IP 地址/路径名/文件名。其中,协议可以是 http(访问超文本信息)、ftp(访问 FTP 服务器)、telnet(访问远程服务器)、file(访问本地文件)等;路径名指文件在服务器上的路径;文件名指被访问的文件名。

(2) IE 的应用。

当用户用 IE 浏览网页时,看到有用的资料,一般会在"文件"菜单中选择"另存为"命令,并在对话框中保存为"网页,全部"的扩展名为.html 的文件。用这种方法保存网页,会产生一个存放网页图片等素材的文件夹,整理起来很麻烦并且占据了视觉空间。其实,只要在"保存类型"中选择"Web 档案,单一文件",就会把网页上的所有元素(包括文字和图片)集成保存在一个扩展名为.mht 的文件中。不管把这个文件存放在哪台计算机上,都可以打开一张图文并茂的网页;在对图片不太重视而为了看文字内容的情况下,可以选择"网页,仅HTML",这时不会保存图片文件夹;如果只需要文字资料并且需要编辑,就选择"文本文件",这样既简单明了,又节省磁盘空间。在保存网页中的图片时,可以单击鼠标右键,选择"图片另存为"并设置保存位置;在保存背景图案时,可以在网页空白处单击鼠标右键,选择"背景另存为"并设置保存位置。

在浏览网页时,可以将自己感兴趣的网站地址添加到收藏夹中;以后再访问时,只要打开收藏夹,就可以直接选择要访问的网页。在向收藏夹添加网址时,可以先在"收藏"菜单中选择"添加到收藏夹"命令,然后填写"名称"并选择"创建到"某个文件夹,最后按"确定"。在整理收藏夹时,若收藏夹中的网页太多,可以在"收藏"菜单中选择"整理收藏夹"命令,通过"创建文件夹"、"重命名"、"移至文件夹"、"删除"等按钮对它们进行分类,以便于查找和管理。

在互联网上浏览信息时减少不必要的信息量,既可以减少网络流量,也可以加快网页的访问速度。

(3) 万维网的信息搜索。

网络搜索引擎是互联网中一类特殊的网站,专门用来在互联网中收集和索引其他站点提供的信息,建立搜索引擎数据库,并根据用户的查询要求找出用户关心的信息,以网页的形式显示出来。利用网络搜索引擎,用户查找信息时,不需记住每个信息的具体网址,只要根据自己所关心的主题,查找就可以了,这样查找信息既方便,又全面。

搜索引擎一般都具备分类主题查寻(也称分类导航)和关键字查寻两种功能:分类主题查寻是将搜索到的成千上万的网址、文件依据其各自网页上的内容,动态归纳为十几个大类和几百个小类。用户在这个自然增长的信息范围之内直接定位,可以点击分类名称,查看归于不同类的网址;也可以点击网址,以进入相应的网页去浏览更详细的信息。将网上的信息系统地分门归类,用户可以据此方便地查找到与某一大类信息相关的网站。分类主题查寻符合传统信息查询的习惯,自上向下分类查询,层次清晰;但搜索范围较全文检索小。关键字查寻可以在互联网中查到更多、更准确的信息。用户可以在网页中的指定位置输入要查找的关键词并提交查寻,系统就会显示出检索到的与之有关的网址、网页名称、URL 地址和简要描述等。关键字查寻得较全面,但没有清晰的层次结构。

常用的搜索引擎包括谷歌(Google)、百度(Baidu)、雅虎(Yahoo)、新浪和搜狐等。

3. 电子邮件的应用

电子邮件是指能在互联网中发送、接收的信件，使用便捷是它的最大特点。

网络用户在收发电子邮件前，必须申请一个电子邮箱，即电子邮件地址。一个电子邮件地址包括用户名和邮件服务器的主机名（或 IP 地址），中间用符号"@"隔开，其中用户名通常是用户自己的姓名缩写或其他代号；邮件服务器的主机名指向当前邮箱提供电子邮件服务的主机名。

在互联网中，发送电子邮件使用的是简单的邮件传输协议（simple mail transfer protocol，SMTP）；接收电子邮件的协议是邮局协议（post office protocol 3，POP3）。SMTP 协议和 POP3 协议都是 TCP/IP 协议的组成部分。发送和接收电子邮件各需要一个服务器，其中 SMTP 服务器专门负责为用户发送电子邮件；POP3 服务器专门负责为用户接收电子邮件。

收发电子邮件采用的也是客户机-服务器工作模式，在客户机（联网的个人计算机）上安装电子邮件的应用软件，可实现电子邮件的编写、地址的填写及邮件的发送；在服务器上安装电子邮件的服务器软件，可为客户端发送和接收邮件。

客户端的电子邮件应用软件现在有很多，这里以 Windows 系统自带的 Outlook Express 为例来说明如何使用：

第一次启动 Outlook Express，会出现安装向导，这时可以根据提示逐步安装。在安装过程中，需要给定邮件服务器的主机名、账号（电子邮件地址）和密码以及上网方式（如局域网、拨号上网或通过代理服务器上网）等。

运行 Outlook Express，首先在菜单"工具"中选择"账号"命令，如图 4-14 所示；然后进入"Internet 账号"对话框，选择"邮件"选项卡，并在"添加"菜单中选择"邮件"命令，如图 4-15 所示。

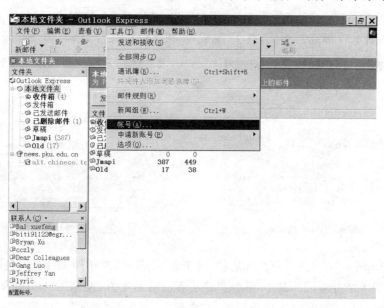

图 4-14 Outlook Express 的设置(1)

这时，Outlook Express 的安装向导会指导用户一步步地配置。首先在"Internet 连接向导"对话框中输入用户的显示姓名（可以是任意形式，如 User），并单击"下一步"，如图 4-16 所示；然后输入电子邮件地址（如 user@pku.edu.cn）以及接收、外发服务器名称（如 sunrise.pku.edu.cn），分别如图 4-17 和 4-18 所示。

图 4-15　Outlook Express 的设置(2)

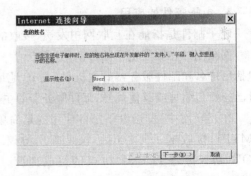

图 4-16　Outlook Express 的设置(3)

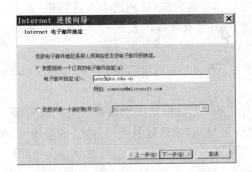

图 4-17　Outlook Express 的设置(4)

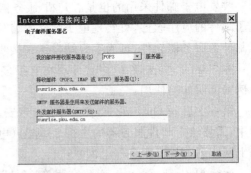

图 4-18　Outlook Express 的设置(5)

在保证安全的前提下,为了方便起见,用户可以在"Internet Mail 登录"时输入密码并选中"记住密码",如图 4-19 所示。最后,按下"完成"按钮,结束设置,如图 4-20 所示。

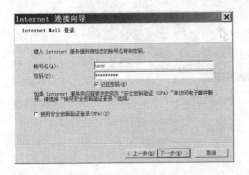

图 4-19　Outlook Express 的设置(6)

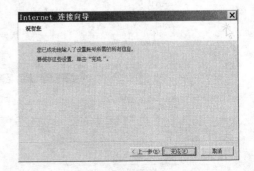

图 4-20　Outlook Express 的设置(7)

Outlook Express 的界面主要由标题栏、菜单栏、工具栏、邮箱的文件夹列表以及处理邮件和新闻的工具栏等部分组成。其中,标题栏位于界面的最上方,左侧为"Outlook Express",右侧有最大化、最小化和关闭按钮;菜单栏包括"文件"、"编辑"、"查看"、"转到"、"工具"、"撰写"和"帮助"7 个菜单,为用户收发电子邮件提供各种功能;工具栏把一些常用的命令以图标的形式集中起来,为用户提供操作上的方便;五个邮箱文件夹分别为收件箱(存放收到的邮件)、发件箱(存放等待发出的邮件)、已发送邮件(所有已经发出的邮件)、已删除邮件(存放删除的邮件)和草稿箱(存放作为草稿保存的邮件);处理邮件和新闻的工具栏包括电子邮件、新闻组和联系人等。

要在邮件中添加附件,可在邮件编辑窗口中用鼠标左键点击"附件"按钮,然后在本地计算机中选择所要添加的一个或几个文件。要在一封邮件中插入图片,可在"插入"菜单选择"图片"命令,并在"浏览"对话框中选择。在撰写多媒体邮件时,可在"格式"菜单选择"背景"命令,然后在邮件中添加图片、颜色和声音等作为背景。不过,这样做要占用很多空间,一般不用。此外,还可以对文字部分进行排版,使邮件更加清晰、漂亮。

通讯簿用于添加、存储联系人的信息,使得用户能够快速查找到需要的联系人。

4. FTP 的应用

FTP 简单地解释就是在远程主机和你的电脑之间传输文件。FTP 是互联网最有用的功能之一,如果只是传输文件,使用 FTP 比用浏览器下载文件直接、高效。

FTP 是支持互联网中计算机之间传输文件的协议;其工作模式也是客户机-服务器模式,即用户首先启用一个 FTP 客户端应用程序,设定需要访问的远程 FTP 服务器的主机名或 IP 地址,就和 FTP 服务器建立了连接;然后输入用户名和密码进行登录,这样就可以和远程 FTP 服务器进行文件的传输了。

FTP 的作用是实现客户机与远程 FTP 服务器之间的文件传输,包括上传和下载两种方式:前者是将本地计算机上的文件传输到远程服务器上;后者是将远程服务器上的文件传输到本地计算机上。下载又分为匿名下载和登录下载:前者指 FTP 服务器设有公共的账号(一般为 anonymous 或 ftp)和密码;后者指用户必须在被访问的 FTP 服务器上正确输入自己的账号和密码,才被允许登录(在这种情况下,匿名登录无效)。

从 FTP 服务器上下载文件的方式,最早是在字符界面中通过输入 FTP 命令来实现。但是,由于界面不是图形化的,而且需要记住很多 FTP 命令,现在已经很少使用了。目前常用的 FTP 方式为使用浏览器或专用文件传输软件下载。使用浏览器下载指用浏览器内嵌的 FTP 功能下载文件。这种方法不需要安装专门的 FTP 软件,使用比较方便,但下载速度慢,如果下载一个大文件,容易出现中途中断的情况,所以只适合下载小文件。如果下载大文件,需要利用专用软件下载,如 LeapFTP,CuteFTP、网际快车(FlashGet)和迅雷等。

参 考 文 献

1. 谭浩强. 计算机网络教程. 北京:电子工业出版社,2000.
2. 王移芝,罗四维. 大学计算机基础教程. 北京:高等教育出版社,2004.

思 考 题

1. 请根据自己的理解定义计算机网络。
2. 计算机网络与单独的计算机系统有什么相同之处和不同之处?它们之间有什么联系?
3. 计算机网络与互联网、以太网、校园网、局域网、公共电话网和卫星通信网有什么区别与联系?
4. 计算机网络能够实现哪些单独的计算机系统所不同实现的功能?这些功能是如何体现在人们日常的学习、工作和生活中的?
5. 计算机网络是在怎样的社会背景下产生的?怎样的动力驱动计算机网络不断发展?

未来的计算机网络是什么样的?

6. 集线器、交换机、路由器和网关有什么区别?它们各自的作用是什么?
7. 计算机网络由哪些基本元素组成?如何构建一个计算机网络?
8. 什么是资源子网和通信子网?它们各自的功能是什么?
9. 什么是计算机网络的拓扑结构?常见的网络拓扑结构有哪几种?它们各自有哪些特点?
10. 什么是局域网、广域网和城域网?它们之间有哪些区别与联系?
11. 互联网是怎样形成的?互联网的特点和主要应用有哪些?
12. 互联网应用的基本工作原理是什么?
13. 互联网的地址结构是怎样的?域名与 IP 地址的关系是什么?
14. 常用的互联网搜索引擎有哪些?它们各自的优缺点有哪些?

练 习 题

1. 一个宿舍内有五六台计算机,现在希望将这几台计算机连成一个局域网,进行简单的数据通信和资源共享。请查询相关资料,详细地写出全面的组网方案,包括网络的规划(局域网类型的确定和网络拓扑结构的选择)、联网所需材料的选定(硬件和软件两方面)和联网步骤,并举例说明联网后的具体应用。

2. 搜索"计算机等级考试"信息,将"全国计算机等级考试(一级)考试大纲"下载到硬盘上,以便脱机浏览。

3. 列出 10 个提供免费电子邮箱的网站,写出网站的名称及其提供的电子邮箱的名称。

4. 申请免费邮箱,并建立通讯簿,添加自动签名,通过设置邮件规则筛选、拒绝垃圾邮件,增加自动回信功能。

5. 常用的基于 Windows 的 FTP 软件有哪些?选择其中一种,实践练习。

6. 访问北京大学校园网内的某个 FTP 服务器并下载文件,存放在本地计算机。

第五章 文字处理

从有文字记载开始,知识的传播就是以文字形式为依托的。现在尽管有了多媒体,但是多媒体在信息表示方面也只是文字的辅助和补充,并不能取代文字;尽管也出现了网络,但是人们在互联网中使用最多的还是文字。文字的传输速度非常快。音像是直观的,文字是抽象的。舍弃了文字,世界依然丰富多彩,却不会再有智慧的光芒。

5.1 文字处理概述

5.1.1 文字处理的基本问题

文字处理要解决两方面的问题:一是内容的编辑;二是格式的设置。

1. 内容

内容主要包括文字、表格和图形等。如果只是在计算机上浏览,还可以包括声音和图像信息,但因为这些信息是动态的,所以其实际效果是在打印机上无法表现出来的。

文字是最主要的内容。之所以称为"文字处理",就是因为文字是一般文档中的主要内容。文字有英文和汉字之分,或者说英文和非英文、汉字和非汉字之分。英文字符的特点是数目少(只有百十个);汉字的特点是数目多(有成千上万个)。汉字又有简体和繁体之分,但这也可视为是形式上的问题,因为不论简体或繁体,表达的信息内容是一致的,可以进行繁、简体之间的转换。

表格用来表现分门别类的信息;还可以用来做版面设计。如果表格中要处理的信息主要是数字,则可以使用电子表格软件(如 Excel 等)。

图形用来对文字进行直观性的说明。图形分为位图(也称为点阵图)和矢量图:位图是通过一个个的点的颜色来描绘图形,就像编织袋上的图案;矢量图是通过一个个图形元素(如直线、矩形、圆、椭圆以及其他曲线等)来构成图形。位图不能无限制地放大,放得太大就会显示出一个个的点。矢量图一般适合于表现比较单纯的构图,层次不宜太多,细节不能太丰富。如果一份文稿要用于演示,有比较多的图形方面的内容,则使用演示文稿软件(如 PowerPoint 等)比较方便。

2. 形式

内容固然是重要的,但形式也不能忽略。恰当的形式可以突出重点,强调主体,使人更容易把握内容;不好的形式则有可能喧宾夺主,适得其反。

文字的格式包括字符、段落、页面和篇章的格式。表格的格式包括单元格、行、列和整张表的格式。图形的内容和格式似乎不太好分。一般来说,缩放、旋转、排列、组合以及相互之间的位置关系应该属于格式方面;即便这些格式改变了,一个图还是它本身。

总之，内容的编辑和格式的设置这两个问题，是任何文字处理软件都要解决的，所以也可以说是与具体软件无关的基本问题。

5.1.2 文字处理的关键

在文字处理中的关键之处：我们归纳为"四化"，即文档结构化、操作自动化、合作网络化和配置个性化。在今后的学习和实践中，要特别注意。

1. 文档结构化

样式与模板（特别是样式）包括分类（字符样式和段落样式）、建立和修改、替换和更新。标题与目录包括利用标题样式自动生成目录。大纲视图包括展开与折叠、章节次序调整。标注与索引包括脚注、尾注、批注等。

2. 操作自动化

查找与替换包括特殊符号与通配符（正则表达式）的使用、段落标记与 Tab 标记的表示、括号（方括号、圆括号、花括号、尖括号）的作用、转义字符的使用、变量的定义和引用。文字的内容和格式都可以单独或联合进行查找与替换。此外，处理自动化还包括宏的使用和宏病毒的预防。

3. 合作网络化

合作网络化包括审阅与修订、文档的比较以及在网络上协同编辑同一篇文档。

4. 配置个性化

配置个性化包括减少 Word 的自动更正功能的干扰（所谓"智能的负面影响"），工具栏按钮的重新配置（例如在经常使用上、下标时，将相应按钮添加到"格式"工具栏）与键盘快捷键的重新设定，各种选项的设置及其效果影响（积极效果的利用及消极效果的消除）。

5.2 功能与界面

文字处理的基本功能，应该是各种文字处理软件都提供了的，同一软件的不同版本，更应该是基本一致的。Word 的版本不断更新，从早期的 6.0 版到 Word 95、Word 97、Word 2000、Word XP、Word 2003，再到 Word 2007，平均每两三年就有所更新。但万变不离其宗，文字处理要解决的问题、要实现的功能是基本不变的。事实上，这些版本的基本功能的差异越来越小。应该说，在 Word 97 中文字处理的基本功能就已相对完备，以后只是在易用性方面做了一些小的调整，增加了一些对基本功能没有太大影响的附加功能（例如用来编辑网页）。

为了叙述方便，我们以 Word 2003 为例。除了不多的新增功能，我们侧重对各个版本的共性的把握，这样比较易于触类旁通。了解了 Word 2003 的基本功能，见到 WPS Office 2005 和永中集成 Office 2007 简直就要"惊呼一家"了。

启动 Word 的方式和启动 Windows 其他应用程序基本一样，仍是单击"开始"菜单，然后指向"所有程序"，找到"Microsoft Word"（也可能在"Microsoft Office"中）并单击。进入 Word 后，显示出如图 5-1 所示的窗口。

第五章　文字处理

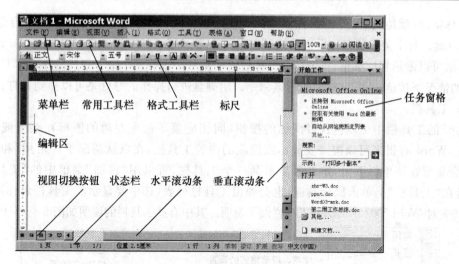

图 5-1　Word 2003 的窗口界面

5.2.1　Word 的窗口界面

Word 的窗口界面包括编辑区、菜单栏、工具栏、状态栏和任务窗格等几部分。

(1) 编辑区。

Word 窗口中间的空白区域即编辑区,可以在其中输入内容并进行编辑、修改。文档的所有内容都在编辑区中显示。

(2) 菜单栏。

Word 的菜单栏中排列着多个菜单,每个菜单中都有若干条命令,可以用来对文档的内容进行编辑处理。图 5-2 是"文件"菜单和"编辑"菜单的局部。

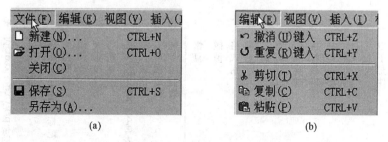

图 5-2　"文件"和"编辑"菜单及其中的命令(局部)

"文件"、"编辑"、"窗口"和"帮助"菜单是所有 Office 应用程序几乎都有的。"格式"、"视图"、"插入"和"工具"是 Word,PowerPoint 和 Excel 都有的。在 Word,PowerPoint 和 Excel 中,菜单栏只有一项之差:Word 中是"表格",用于表格设计;PowerPoint 中是"幻灯片放映",用于动作设置;Excel 中是"数据",用于数据处理。

当然,同样的菜单名未必有相同的菜单内容。相对来说,"文件"、"编辑"、"窗口"和"帮助"中重合的部分要多些。"视图"、"插入"、"格式"和"工具"就各有所异了。"文件"菜单中的"新建"、"打开"、"保存"、"另存为"、"关闭"、"打印"、"退出"等基本都是一样的;"编辑"菜单中的"剪切"、"复制"、"粘贴"、"删除"、"撤销"、"查找"、"替换"等项也基本都是一样的。

菜单的操作既可以用鼠标来实现,也可以用键盘来实现。例如"文件"菜单中的"打开"命令,用鼠标实现,就是先单击"文件"菜单,再单击"打开"命令;用键盘实现,就是先按组合键 Alt＋F,再按 O 键。每个菜单的名称后面的括号中有一个带下划线的字母。只要先按住 Alt 键,再按该字母,就可以激活相应菜单;每个命令名称后面的括号中也有一个带下划线的字母。只要在菜单打开的情况下按这一字母,就会执行该命令。用键盘进行操作的好处是可以做到盲打。

（3）工具栏。

Word 的工具栏中可以包含带图标的按钮（同相应菜单命令左边的图标）、菜单或这两者的组合。Word 有很多可以按需要显示或隐藏的内置工具栏,在默认情况下,"常用"和"格式"工具栏会显示在菜单栏下面,如果要显示某一个工具栏,可以用"视图"菜单中的"工具栏"命令,或者在"工具栏"上单击鼠标右键,也会弹出工具栏列表,选中要显示的工具栏名称即可。

图 5-3 对 Word 2003 中的部分工具栏做了说明。其中有些工具栏的说明如图 5-4～5-10 所示。

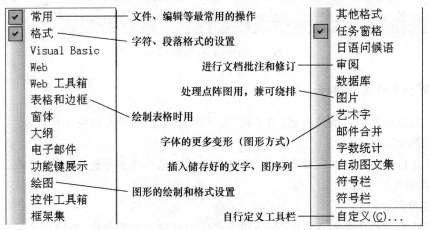

图 5-3　部分工具栏及其说明

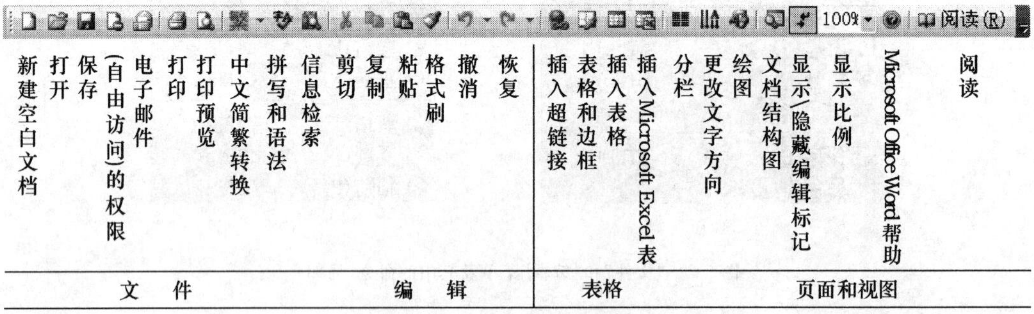

图 5-4　"常用"工具栏及其说明

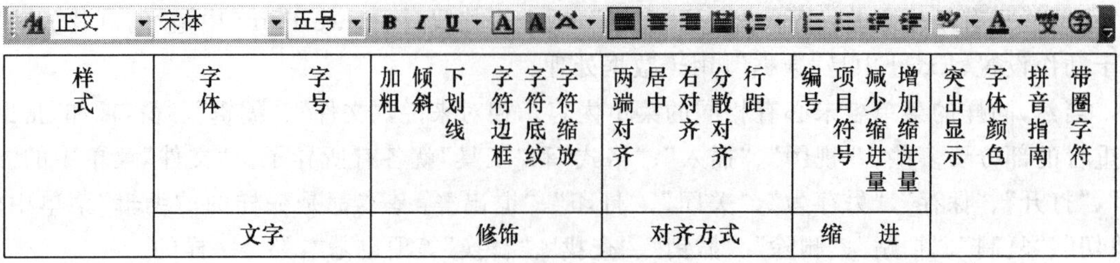

图 5-5　"格式"工具栏及其说明

第五章 文字处理

画表格线	擦表格线	线条类型	线条粗细	边框颜色	边线有无	底纹颜色	插入和调整	合并单元格	拆分单元格	格内对齐	均匀行高	均匀列宽	套用格式	显示虚框	升序排列	降序排列	自动求和
绘制		线条					分合				均布		数据				

图 5-6 "表格和边框"工具栏及其说明

绘图菜单	选择对象	绘制图形	直线	箭头	矩形	椭圆	横排文本框	竖排文本框	艺术字	组织结构图	剪贴画	插入图片	填充颜色	线条颜色	字体颜色	粗细	虚实	箭头	阴影	三维
			插 入										颜色			线型			效果	

图 5-7 "绘图"工具栏及其说明

插入图片	增加对比度	降低对比度	增加亮度	降低亮度	裁剪	旋转	边框线型	压缩图片	文字环绕	设置格式	设置透明色	重置图片

图 5-8 "图片"工具栏及其说明

状态显示	项目	前一处	后一处	接受	拒绝	插入批注	突出显示	修订	审阅窗格

图 5-9 "审阅"工具栏及其说明

插入艺术字	改变文字	艺术字库	设置格式	字的形状	文字环绕	字母等高	改为竖排	对齐方式	字符间距
文字内容		图形性格式				文字性格式			

图 5-10 "艺术字"工具栏及其说明

(4) 状态栏。

Word 窗口最靠下的一行称为"状态栏"(图 5-11),显示文档的编辑状态,包括正在编辑的是第几页、第几节、第几行、第几列。

图 5-11 "状态栏"及其说明

(5) 任务窗格。

Word"编辑区"的右侧有时会有一个"任务窗格",其名称随任务的不同而不同。例如刚打开 Word 时,就显示"开始工作",列出"新建文档"等任务,如图 5-12 所示。

图 5-12 任务窗格

5.2.2 简单示例

打开 Word,在编辑区内输入内容,如图 5-13 所示。输入时,只在标题、作者姓名和正文每一自然段的结束处按回车键。只输入文字内容,不要加空格。

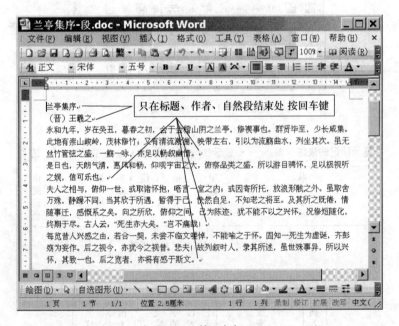

图 5-13 输入内容

内容输入完毕,可以利用"格式"工具栏对所输内容进行格式设置。先在标题行单击鼠标,并在"格式"工具栏中"样式"框中下拉菜单,选择"标题 3";单击"格式"工具栏的"居中"按钮,使标题居于版面的中间。再在作者姓名所在行单击鼠标,同样使其居中。然后在正文首段第一个字的左侧单击,按 Tab 键,段首就空出了两个字的位置。然后按一次组合键 Ctrl+0(注意"0"是数字),段前空出一行的位置。用同样的方法,可设置此后的段落,如图 5-14 所示。

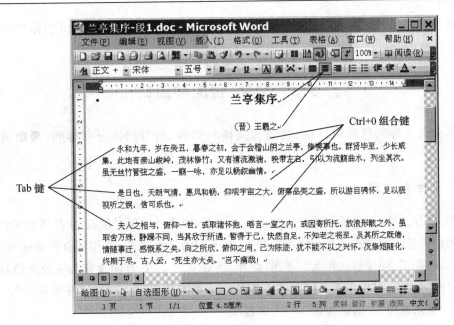

图 5-14　设置格式

　　单击"常用"工具栏中的"保存"按钮，会弹出一个对话框，提示的文件名通常是标题，再按"保存"按钮即可。

　　如果计算机连接了打印机，可以打印输出。之前，应该用"打印预览"功能查看一下文档整体外观是否满足要求，如不满足，可再修改。预览时，可以一屏显示几页，例如可以一屏并排显示两页，这时显示比例与只显示一页时仍是一样的，不会缩小。打印时，也可以把多页内容缩小到一张纸上。

　　如果只是为了在屏幕上更清楚地进行阅读，可以进入阅读版式，如图 5-15 所示。

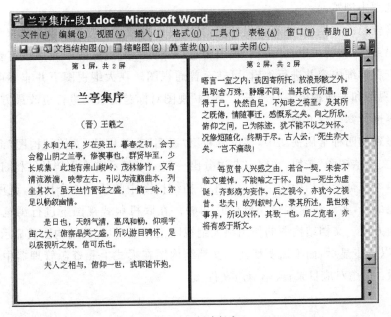

图 5-15　阅读版式

关闭 Word，可以单击窗口右上角的"关闭"按钮，或双击左上角的 Word 图标；还可以执行"文件"菜单中的"退出"命令，或按 Alt＋F4 组合键。

5.3 文件、视图和窗口

本节介绍文件的打开和保存、视图的选择和切换、窗口的拆分和排列、帮助的使用和查找。

5.3.1 文件和视图

打开、保存文件，最需要注意的是文件的三要素，即文件的保存位置、文件名和文件类型。

视图是指显示的方式。在不同的视图下，有不同的显示方式：常用的有普通视图、Web 版式视图、页面视图、阅读版式和大纲视图；此外，还有全屏显示、打印预览和主控文档视图。要在常用视图间切换，可单击水平滚动条左侧的五个视图按钮（通常包括"普通视图"、"Web 版式视图"、"页面视图"、"阅读版式"和"大纲视图"）。

"视图"菜单的前五项命令与、钮一一对应。

在"普通"视图下，翻页速度比较快，文字的格式显示是准确的，便于对文字内容进行修改。在"页面"视图下，文字的格式和位置都是准确显示的，即"所见即所得"的模式，但翻页速度会有所降低。

如果为了更好地在屏幕上阅读，可以转至阅读版式视图。这时，所有的文字内容都以不小于能够在屏幕上清晰阅读的字号显示，通常为两页并排显示，就像打开的书本一样，并且会随窗口的宽度自动换行，不需要拖动水平滚动条。"阅读版式"视图便于屏幕阅读，而"页面"视图忠于打印输出。所以如果是既需要打印输出，又需要联机阅读，就可以在页面视图中修改，而在阅读版式视图中浏览。

对于一篇较长的文档，往往有多级标题，其重要性自然高于普通文字。如果我们想了解整篇文档的概况或结构，就可以在"大纲"视图中进行浏览。大纲视图中允许设定要显示的标题级别。如要查看详细内容并进行编辑，可转至普通视图。在大纲视图下并非不可以编辑正文内容，但大纲视图和普通视图各有所长："大纲"视图对标题的级别进行更改最方便；"普通"视图对正文内容进行修改最方便。

在上面提到的四种常用视图中，都可以利用"视图"菜单中的"文档结构图"命令或"常用"工具栏上的"文档结构图"按钮，在窗口左边分出一部分来显示整个文档的结构，以了解正在浏览或修改的内容在整个文档中的位置。单击文档结构图中的任何一个标题，就可以在正文中快速转到相应部分，实现快速定位功能（图 5-16）。在联机版式视图下进行浏览，显示出文档结构图会更为方便。文档结构图的作用跟大纲视图很相似，但文档结构图只显示标题，不显示正文，不过可以同步显示，而不需要切换。文档结构图在形式上和资源管理器中的目录、文件结构如出一辙：标题对应目录；段落对应文件。

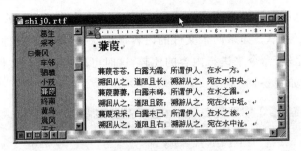

图 5-16　文档结构图

5.3.2　窗口

1．窗口的文档数目

当一个文件较长时，要对其中相距较远的两个部分同时进行编辑，可以打开两个窗口，或利用"窗口"菜单中的"新建窗口"命令把当前窗口拆分成两个窗格，同时编辑一个文件。每个窗口或窗格可以显示不同的当前位置，这样就不必像在一个窗口中编辑那样每次都进行长距离移动。当然，在一个窗口（或窗格）中所做的修改同时也反映在其他窗口（或窗格）中。

要在不同的文件之间进行切换，可以使用"窗口"菜单。注意，关闭文件与关闭窗口是不一样的。

"窗口"菜单中的"拆分"命令可用来把一个窗口拆分成两成窗格。窗口是独立的；窗格是并存的。窗口可以最大化或最小化；窗格则只能随着包含它的窗口最大化或最小化，不能单独变化。窗格的大小是互相依赖的。相邻的两个窗格只有一条边界，你大我小，此消彼长。前面提到的文档结构图就是文档窗口中的一个窗格，与之并存的另一个窗格就是文档正文区。要在窗格之间进行切换，单击目标窗格即可。

例如，我们要比较《诗经·国风》中《邶风》和《鄘风》同名的两篇《柏舟》，就可以新建一个窗口或把窗口拆分成两个窗格（图 5-17），通过移动光标，在每个窗口或窗格中各显示一篇，这样就便于比较了。

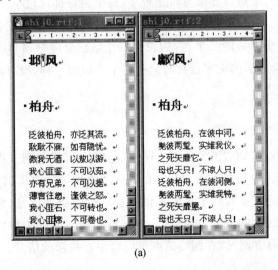

(a)

(b)

图 5-17　窗口(a)与窗格(b)

对于多个文件,也可以同时进行编辑,每个文件对应一个窗口。要在不同的文件之间进行切换,可以使用"窗口"菜单。如果两个文件的内容很相似(比如一个文件的两个版本),可以用"窗口"菜单的"并排比较"命令来进行内容的比较,这时可以实现两个文件的同步滚动(前提是两个文件都已打开),如图 5-18 所示。

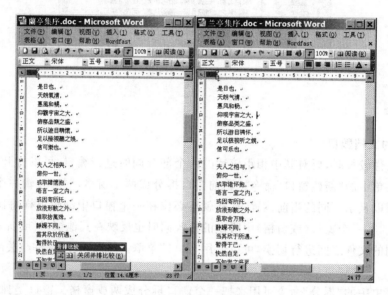

图 5-18 并排比较

2. 窗口的位置关系

在默认情况下,每个窗口都是最大化的。这时,各个窗口之间是覆盖关系,一窗障目,不见其余,但对当前窗口是最合适的。当窗口还原成原来大小时,窗口间的位置关系一般是层叠的,即一个窗口盖住其他窗口的一部分。

利用"窗口"菜单中的"全部重排"命令,可以实现窗口之间的并排。这样,每个窗口都可直接看到,只需在要编辑的窗口上单击;缺点是如果窗口比较多,每个窗口都比较小。

如果版面比较宽,窗口可以上下排列,这样每个窗口中的任何一行文字都能完整地显示出来;如果版面比较窄,甚至还不到整个屏幕的一半宽(假设 Word 是在全屏幕窗口下运行),窗口可以左右排列,这样每个窗口中能显示的文字行数与只有一个窗口时一样,没有减少。要实现左右排列需要自己调整窗口的位置。

5.3.3 帮助

Word 中的"帮助"有以下几种方式,如表 5-1 所示:Word 的"帮助"菜单用于提供系统性帮助信息,可以输入关键词进行搜索,也可以查看目录。Office 助手用于提供即时帮助信息,有一个有趣的卡通形象。上下文帮助可以对特定对象提供有针对性的帮助信息;常用用法包括查看菜单中的命令、工具栏上的按钮、键盘上的快捷键、文字格式和对话框中的内容等。联机帮助可以直接链接到微软公司的官方网站,在网站的海量内容中查找帮助信息。

表 5-1　Word 中的"帮助"方式

方　式	功　能	快捷键	"帮助"菜单中的命令
Word 的"帮助"菜单	系统性帮助	F1	Microsoft Office Word 帮助
Office 助手	即时帮助	—	显示 Office 助手
上下文帮助	有针对性的帮助	Shift+F1	—
联机帮助	直接到网站上查找	—	Microsoft Office Online

5.4　文　字

先选定对象,再执行操作,这是 Windows 执行操作的基本方式,在 Word 中也不例外。尤其是进行格式设置时,不论是文字、表格还是图形,一定要先选定对象:选定文字时,有字符与段落之分;选定表格时,有整表与单元格之分;选定图形时,有单个和多个之分。有时,看似未选定对象也可以进行某些设置,这时系统用的是默认对象。例如,设置段落格式时,若未选定对象,则对光标所在段落起作用。

5.4.1　内容的编辑

文字内容,从自然的层次上来看,有"字、词、句、段、篇",从外在的角度来看,有"字符、行、页、文档",其中最基本层次的"字"和"字符"是对应的,最高层次的"篇"和"文档"是对应的。

1. 文字的输入

在编辑区内,有一条不断闪烁的竖线,输入的文字就将出现在这条竖线所在处(光标所在处)。这条竖线所在处称为插入点。如果想转到其他地方输入,就要移动插入点,即把这条竖线移至新的地方。当输入一些文字后,按一次回车键,出现一个"↵"标记,称为段落标记;此时,插入点就移到下一行的开头。

输入文字时,要遵循一个原则,即段末才回车。这样,输入的内容还有调整的余地。当一行输入结束时,Word 会自动转到下一行。每按一次回车键,Word 就认为结束了一个段落。

(1) 普通字符的输入。

汉字选用中文输入法。当输入的全是大写字母,打不出汉字时,应检查键盘上 Caps Lock 键的指示灯是不是亮着的。如果键盘处于大写锁定状态,在绝大多数的输入法中都无法输入汉字,这时应按 Caps Lock 键一次。当句号是实心的时,应单击输入法状态条上的中、英文标点切换按钮。在 Windows 自带的输入法的中文标点状态下,按"\"、"_"、"^"、"@"键后打出的分别是顿号、破折号、省略号、间隔号。

(2) 特殊字符的输入。

输入特殊字符有动态键盘和插入符号两种方法。输入法状态栏上的动态键盘是中文输入法所带的功能;插入符号是 Word 中的一项功能,可以通过"插入"菜单中的"符号"命令实现(图 5-19)。利用"插入"菜单中的"特殊符号"命令所包含的符号可以分为标点符号、特殊符号、数学符号、单位符号、数字序号和拼音六大类。除单位符号外,其他符号和输入法状态条上的动态键盘没有多大区别。

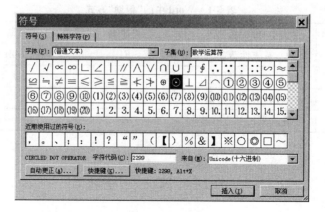

图 5-19 符号的插入

Word 的工具栏中还有"符号栏"一项,可以通过单击其中的按钮来插入常用的标点符号(图 5-20)。

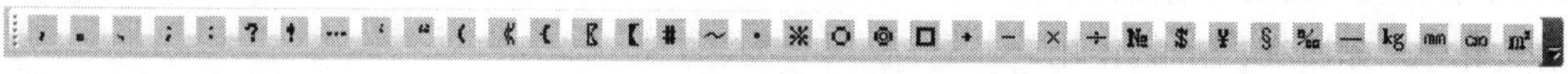

图 5-20 "符号栏"中的常用按钮

2. 文字的删除

要删除插入点左边的单个字符,可以按 Backspace 键;要删除插入点右边的单个字符,可以按 Delete 键。要删除插入点左边的一个词,可以按 Ctrl+Backspace 组合键;要删除插入点右边的一个词,可以按 Ctrl+Delete 组合键(根据"微软拼音输入法"中内定的标准,把连续的汉字分成一个个的词,这些词都是 Windows 系统内定的;如是英文字母,则指一连串字母,即一个单词或其中的一部分)。如果要删除的是很长一段文字,可以先将要删除的文字选定,然后按 Delete 键。

3. 文字的定位

对文字进行定位,分为键盘操作和鼠标操作两种方式。

键盘上的"←"、"→"、"↑"和"↓"键,显然分别用于左移一个字符、右移一个字符、上移一行和下移一行。这四个键的方向是最直观的。Home,End,PageUp 和 PageDown 键分别用于移至行首、移至行尾、上移一屏和下移一屏。要注意,PageUp 和 PageDown 键实际移动的单位是屏(即 Word 窗口编辑区的高度)。移动后上(或下)一屏的最下(或上)面的一行变成当前屏的最上(或下)面的一行,以保持阅读的连续性。特别说明的是,在页面视图中,按一次 PageUp 或 PageDown 键只移动半屏。

Ctrl+←,Ctrl+→,Ctrl+↑ 和 Ctrl+↓ 分别用于移至上一个词前、移至下一个词前、移至光标上面的一段首和移至下面的一段首;也可以理解成左移一词、右移一词、上移一段、下移一段。但要注意,当光标在词首或段首的时候,上述说法是准确的;当光标在词中或段中的时候,应理解成左至词头、右至词尾、上至段首、下至段尾。当然,这里"词头"和"词尾"是重合的,当前词尾即下一词头;"段首"和"段尾"也是重合的,当前段尾即下一段首。

Ctrl+PageUp,Ctrl+PageDown,Ctrl+Home 和 Ctrl+End 分别用于上移一页、下移一

页、移至文首和移至文尾。这里的上、下移一页才是名副其实的"页",而不是"屏"。

用鼠标进行光标定位,可谓"指哪儿点哪儿"。在当前屏内定位,只要把鼠标移到目标文字处,单击即可;此时鼠标为"I"形。要定位到屏外,应使用窗口右侧的垂直滚动条,如图 5-21 所示,其中包括上滚一行、下滚一行、上翻一页、下翻一页和拖动滚屏。注意,除翻页是将光标定位到页首之外,滚行、滚屏以及拖动均不改变当前光标的位置,需要用鼠标单击目标文本。水平滚动条用于水平方向上的滚动,但版面的宽度一般都不超过窗口的宽度,所以用不到滚动条。只有当窗口很小、版面很宽或显示比例很高时,才需要滚动。

4. 文字的选定

选定文字,分为键盘操作和鼠标操作两种方式。

用键盘选定时,先按下 Shift 键,再移动光标,这时光标经过之处的文字就被选定;连续移动则连续选定。如果先按住 Shift 键,再按前面提到的光标移动键,就成了文字选定键,如表 5-2 所示。按任意光标移动键,即可取消选定。这也说明选定范围必须是连续的,选定时的操作也要是连续的。

图 5-21 垂直滚动条

表 5-2 文字选定的方式和范围

文字选定	选定范围	文字选定	选定范围
Shift+←	左选一个字符	Shift+Home	选到行首
Shift+→	右选一个字符	Shift+End	选到行尾
Shift+↑	上选一行	Shift+PageUp	上选一屏
Shift+↓	下选一行	Shift+PageDown	下选一屏

用键盘选定时,必须一直按着 Shift 键,除非进入扩展选定状态。在扩展选定状态下,直接按光标移动键就可以选定文字内容,连续按则连续选。如果要结束选定,就要退出扩展选定状态。

例如,如图 5-22(a)所示,把光标移到"蒹葭苍苍"的左边,按下 Shift 键,并按一次"↓"键,这一行的文字就被选定,如图 5-22(b)。如果从开始就在按住 Shift 键的情况下按了四次"→"键,那么"蒹葭苍苍"四个字被选定,如图 5-22(c)。若按住 Shift 键,再连按三次"↓"键,下面三行也被选定,如图 5-22(d)。如图 5-22(e)所示,把光标移到"白露为霜"的左边,按下 Shift 键,并按一次"↓"键,这时也有一行的文字被选定,但不是完整的一行(而是上面一行的后半部和下面一行的前半部),如图 5-22(f)。如果不按下 Shift 键,光标将从"白露为霜"的左边移到"在水一方"的左边。由于文字排列是线性的,所以只要光标移动,就总能定出一个范围来。

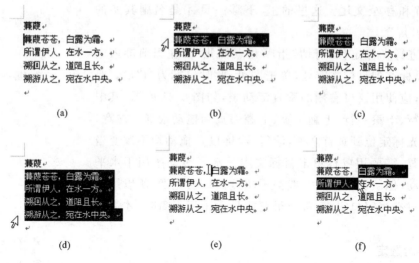

图 5-22　文字的扩展选定

用鼠标选定，又分为单击和拖动两种方法：在单击选定法中，先单击起始处，按住 Shift 键再单击结束处，将选定从起始处到结束处之间的文字。如果结束处和开始处不在同一屏内，要使用垂直滚动条进行滚动，不要用光标移动键。该法简单易行，适合于内容较长的选定。在拖动选定法中，从起始处拖到结束处，可选连续多个字符（可跨行）。该法要求定位准确，不能拖泥带水，否则容易多选或少选。如果结束处和开始处不在同一屏内，在拖到编辑区边缘时屏幕内容会自行滚动，待结束处出现后找准位置，再放开鼠标左键。但屏幕自行滚动的速度往往不是太快就是太慢，很难恰到好处。当内容较长、鼠标不灵或对拖动操作不太熟练时，建议不用该法。

在选定词、句、段（在文字上点击）时，可以双击选英文单词（包括后面的空格）或中文词；可以在按 Ctrl 键的同时单击选句（以句号、问号、叹号等结束，非以顿号、逗号、分号结束）；也可以三击（迅速连按三次鼠标左键）选段。在选定整行、整段（在文字选定区点击，版面的左边界左侧，此时鼠标变成指向右上的箭头）时，可以单击选所在行、双击选所在段、三击（或按 Ctrl 键并单击）选所在篇，也可以拖动（从上向下）选连续多行（可跨段）。

几种选定法结合使用时效率更高，但对鼠标的灵敏度、操作的熟练程度要求也更高。例如，在文字区三击拖动可以选定连续多段。"三击拖动"是指在三击的最后一击后紧接着开始拖动；如果在最后一击完成之后才开始拖动，结果是移动三击所选段落，而非三击拖动了。三击的速度要快，拖动的衔接要准，这可能是最难完成的一个鼠标操作。

此外，按住 Alt 键再拖动，可以选定矩形区域内的文字，但不会包括后面的段落标记。

5. 文字的移动、复制和粘贴

（1）剪贴板操作。

Windows 系统有一个"剪贴板"，可以暂时存放一些需要交换的信息，其作用相当于一个中转站。在"编辑"菜单中，有三个与剪贴板有关的命令：把选定内容移到剪贴板上，称为"剪切"；把选定内容复制到剪贴板上，称为"复制"；把剪贴板上的内容复制到光标所在处，称为"粘贴"。这样，文字的移动和复制就可以用以上三个命令来实现：先选定所选文字，并剪切；再定位到新地方，并粘贴，这就实现了文字的移动。先选定文字并复制；再定位到新地方并粘贴，这就实现了文字的复制。

这里要注意,"复制"可能表达不同的含义:把选定文字"复制"到剪贴板上;把选定文字从一个地方"复制"到另一个地方。前者是后者的一个步骤。

要实现"剪切"、"复制"、"粘贴"和"删除"命令(表 5-3),可以用快捷键,也可以用"常用"工具栏上的按钮,还可以用"编辑"菜单或快捷菜单中的命令(先在选定文字上单击右键,在弹出的菜单中选择相应命令)。这四种编辑命令是最常用的,所以才有对应的工具栏按钮、快捷菜单命令及直接拖动多种操作方式(一般的命令则未必有)。

表 5-3 四种基本编辑命令

命令	编辑区	剪贴板	快捷键	"常用"工具栏
剪切	消失	更新	Ctrl+X	
复制	不变	更新	Ctrl+C	
粘贴	出现	不变	Ctrl+V	
删除	消失	不变	Delete	

粘贴时可以同时对格式加以取舍,有两种操作方式:一种是预置式,用"选择性粘贴";一种是追加式,用"粘贴选项"按钮。"选择性粘贴"命令在"编辑"菜单中,用于只粘贴文本内容而不保留原有的格式。"粘贴选项"按钮会显示在粘贴后的文本区域右下方。单击该按钮时会显示一个菜单,指定以何种格式将文本粘贴到文档中,如图 5-23 所示。

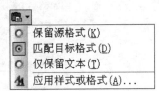

图 5-23 "粘贴选项"菜单

(2) 鼠标操作。

选定内容,把鼠标移至其上并单击、拖动,直到目的地再放开左键,这样就实现了内容的移动。如果在拖动的过程中一直按住 Ctrl 键,则原来位置上的内容并不消失,从而实现了内容的复制。

例如,《蒹葭》的三段内容同中有异,故可先输入一段,复制后再修改为另一段。先选定要复制的文字,按住 Ctrl 键,并将鼠标移到选定的文字上,如图 5-24(a)。这时,在鼠标左上角出现一条虚线,鼠标右下角出现一个虚线框,另有一个包含一个加号的实框,表明正在复制的过程中。然后拖动鼠标使虚线出现在要放复制后的内容的地方(这时 Ctrl 键是一直按着的),如图 5-24(b)。再放开鼠标和 Ctrl 键,得到复制后的结果,如图 5-24(c)。最后对复制后的那一段适当改动,成为新的一段,如图 5-24(d)。

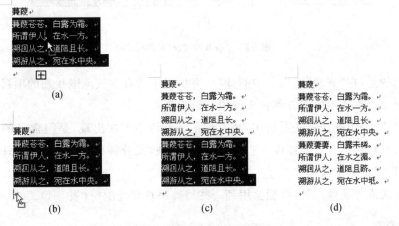

图 5-24 用鼠标操作实现复制

用鼠标进行拖动,不影响剪贴板上的内容;不用鼠标,也可以实现类似拖动的效果。选定文字后,按 F2 键,然后按光标移动键,这时会出现一条闪烁的虚线,接着用光标移动键把这条虚线移到目的地并按回车键,就把选定的内容移到了新位置,未经过剪贴板。如果选定内容后按 Shift+F2 组合键,实现的则是复制。

6. 文字的查找和替换

使用"编辑"菜单中的"查找"命令或按 Ctrl+F 组合键,可以快速找到文字中出现某一词语或字符组合的一处或若干处;使用"编辑"菜单中的"替换"命令或按 Ctrl+H 组合键,则可以把文档中某个词语全部或有选择地替换成另一个词语。不管是查找还是替换操作,打开的都是"查找和替换"对话框,如图 5-25,只是对应的选项卡不同。这时,不仅可以查找文字内容,也可以查找带某种格式的文字内容,甚至只查找某种文字格式;还可以进行替换。

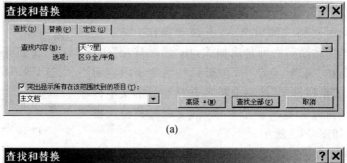

(a)

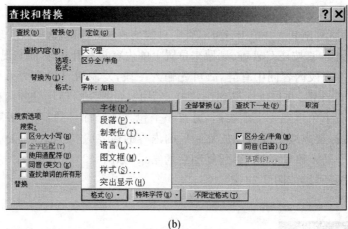

(b)

图 5-25 "查找和替换"对话框

值得注意的是,在"查找"选项卡中的选项"突出显示所有在该范围找到的项目"很有用,用于把所有出现某个查找项的地方都在文件中标识出来。

比如,在《诗经》中查找一些惯用句,某一句在一首诗中多次出现,是很常见的。如果手工查找,除非能背诵,否则一定要通读一遍;让计算机去做,几分钟就可以了,而且只要原始文本没有错的话,肯定不会出问题。

在进行查找或替换操作时,可能会用到一些特殊字符和通配符(表 5-4)。

表 5-4 查找所用的特殊字符或通配符

查找内容	键入特殊字符或通配符	举 例
任意单个字符	?	例如,"第?个"可以查找"第一个"、"第二个"和"第三个"、"第十个"等
任意字符串	*	例如,"第*个"还可以查找"第十二个"、"第二十个"、"第一百个"等
指定字符之一	[ ]	例如,"[唐宋元明清][朝代]"可以找到"唐朝"和"唐代",直到"清朝"和"清代"
指定范围内的任意单个字符	[-]	例如,"[一-龟]"("龟"是 Unicode 中的最后一个简体汉字)表示任意一个汉字(必须用 Unicode 升序来表示该范围)
指定范围外的任意单个字符	[!x-z]	例如,"[!0-9]"表示非数字,"[!一-龟]"表示非汉字,"[!A-Za-z]"表示非字母(英文、半角)
n 个重复的前一字符或表达式	{n}	例如,"[一-龟]{2}"表示两个汉字,可以查找独立出现的单姓单名的人名
至少 n 个前一字符或表达式	{n,}	例如,"[一-龟]{2,}"可以查找至少两个汉字的连续汉字串
n 到 m 个前一字符或表达式	{n,m}	例如,"[一-龟]{2,4}"表示 2~4 个汉字,可以查找独立出现的单姓单名、单姓双名、复姓单名和复姓双名的人名
一个以上的前一字符或表达式	@	例如,"[一-龟]@"可以查找连续出现的汉字串
单词或汉字串的开头	<	例如,"<美"可以查找独立出现的"美国"、"美丽"等
单词或汉字串的结尾	>	例如,"美>"可以查找独立出现的"心灵美"、"太湖美"

英文的"\"(反斜杠)为转义符。当选中"查找和替换"对话框中的"使用通配符"时,将"\1"、"\2"、…用于"替换为"框,表示在"查找内容"框中用英文的"()"(圆括号)依次括起来的内容(转"普通"为"特殊");将"\("、"\)"、"\["、"\]"、"\{"、"\}"、"\<"、"\>"、"\@"、"*"、"\?"和"\\"用于"查找内容"框,表示直接查找"\"后的字符,使其不再起通配符的作用(转"特殊"为"普通")。

7. 文字的撤销和恢复

执行一条命令后,可以执行"编辑"菜单的"撤销"命令或按 Ctrl+Z 组合键;撤销后,还可以执行"恢复"命令。如果需要反复执行一条命令,可以使用"重复"命令或按 Ctrl+Y 组合键。

只有对文档内容有影响的操作,如输入、删除、格式设置等,才可以撤销和恢复;定位和选定等操作不能撤销。

5.4.2 格式的设置

要进行文字格式的设置,首先选定文字,然后通过"格式"工具栏按钮、水平和垂直标尺或快捷菜单命令弹出的对话框等方式进行设置。

可以使用"格式"菜单中的"字体"和"段落"命令设置字符和段落格式;这两项操作也可以通过按 Ctrl+D 组合键和双击水平标尺上的滑块来实现。使用"文件"菜单中的"页面设置"命令或双击垂直标尺,可以设置页面格式。

1. 字符格式

字符的格式主要有字体、字号、颜色等。字体指笔画和结构特征,如汉字有宋体、楷体、黑体、仿宋体等;字号指字的大小,如汉字最常用的字号是五号;如果没有彩色打印机,所设置的颜色只能在显示器屏幕上欣赏,打印到纸上仍会转换成黑白的[①]。

(1) 字体。

可以利用 Ctrl+Shift+F 组合键设置"字体"对话框中"字体"选项卡的字体。中文的基本字体有宋体、仿宋体、楷体、黑体等;艺术字体有行楷、魏碑、隶书、琥珀等。常用的英文字体有 Times New Roman, Courier New, Arial(与 Mac_ OS 中的 Helvetica 相似)等。

通过设置 Symbol 字体,可把拉丁字母显示为希腊字母(表 5-5);其对应是有渊源的,读音一般也有相似性。用这种方法可以很方便地输入希腊字母,即先输入对应的拉丁字母,然后将其设为 Symbol 字体即可。

表 5-5 拉丁字母与希腊字母的对应

拉丁字母	abcdefg hijklmn opqrst uvwxyz	ABCDEFG HIJKLMN OPQRST UVWXYZ
希腊字母	αβχδεφγ ηιφκλμν οπθρστ υϖωξψζ	ΑΒΧΔΕΦΓ ΗΙϑΚΛΜΝ ΟΠΘΡΣΤ ΥςΩΞΨΖ

(2) 大小。

可以利用 Ctrl+Shift+P 组合键设置"字体"对话框中"字体"选项卡的字符大小。中文字符(包括汉字与全角字母、数字、符号)的大小用字号表示,英文字符的大小用磅值来表示;两者可以互换(表 5-6)。中文字号的变化范围是从初号(相当于"零号")到八号(初号最大;八号最小)。在相邻的两个字号之间还有一个小字号,例如在四号和五号之间的是小四号,在五号和六号之间的是小五号。当屏幕上的显示比例为 100% 时,磅值与像素之间的关系是:3 磅相当于 4 个像素。例如,12 磅的字显示在屏幕上为 16 个像素高、16 个像素宽。打印时,1 磅相当于 1/72 英寸,3 磅约合 1mm(稍多一点)。例如,12 磅的字打印出来大约为 4mm 见方。

表 5-6 中文字符的字号与磅值对照

字号	磅值	字号	磅值	字号	磅值
初号	42	三号	16	六号	7.5
小初号	36	小三号	15	小六号	6.5
一号	26	四号	14	七号	5.5
小一号	24	小四号	12	八号	5
二号	22	五号	10.5		
小二号	18	小五号	9		

五号是最常用的正文字号,比它略小的是小五号,略大的是小四号。表 5-7 体现出不同字号所对应的磅值的比例关系:每行的磅值比为 6:7:8;每列的磅值比为 3:4。

[①] 在亮度和纯度相同的情况下,转换后的明暗依次为白色、黄色、绿色、红色、蓝色和黑色,其中黄色接近于白色,蓝色接近于黑色,绿色偏亮,红色偏暗。

表 5-7 字号间的比例关系

	6	7	8
3	小五号/9 磅	五号/10.5 磅	小四号/12 磅
4	小四号/12 磅	四号/14 磅	三号/16 磅

(3) 颜色。

在进行颜色设置时,先选定要设置格式的文字,再使用"格式"工具栏上的"字体颜色"按钮或"格式"菜单中的"字体"命令中的"颜色"项。此外,还可以利用"格式"菜单中的"边框和底纹"命令给选定的文字添加边框或底纹。

(4) 其他设置。

其他设置包括:字形设置,如加粗(可以使用 Ctrl+B 组合键)、倾斜(可以使用 Ctrl+I 组合键)等,位置设置,如上标(可以使用 Ctrl+Shift++)、下标(可以使用 Ctrl+=)、提升、降低等,修饰效果设置,如下划线(可以使用 Ctrl+B 组合键)、删除线、着重号、拼音指南、笔画修饰、动态效果等。

2. 段落格式

页面(纸张)与上、下、左、右页边距,版心与左、右缩进之间的位置关系,分别如图 5-26(a),(b) 所示。页边距是版心相对于页面来说的(表 5-8);缩进是段落相对于版心来说的(在某些特殊情况下,缩进量可以为负值,从而使得段落宽度比版心宽度大。)

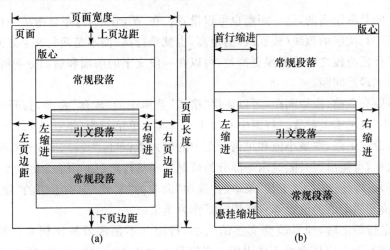

图 5-26 页面与边距(a)以及版心与缩进(b)的示意图

表 5-8 页边距设置的快捷方式

页边距	快捷方式	页边距	快捷方式
左边距	水平标尺左侧灰白交界处	上边距	垂直标尺上部灰白交界处
右边距	水平标尺右侧灰白交界处	下边距	垂直标尺下部灰白交界处

请注意以下几种关系:

页面宽度 = 左页边距 + 版心宽度 + 右页边距;

版心宽度 = 左缩进 + 段落宽度 + 右缩进;

段落宽度＝首行缩进＋首行宽度；
　　　　＝悬挂缩进＋余行（除首行之外的其他行）宽度。

此外，相邻两段文字之间的纵向间距等于上一段的段后间距加上下一段的段前间距，再加上下一段的相邻两行文字之间的纵向间距。段落结束处都有段落标记。

可以利用"插入"菜单中的"分隔符"命令打开相应对话框。其中，段落标记为"↵"，其快捷键为回车（Enter）键；换行符的快捷键为 Shift＋Enter 组合键；分页符的快捷键为 Ctrl＋Enter 组合键；分栏符的快捷键为 Ctrl＋Shift＋Enter 组合键；此外还有连续分节符。在表格中，每个单元格和每行的结尾都有一个特殊的结束标记"↵"，很像段落标记，作用也跟段落标记差不多。在"常用"工具栏中有一个"显示/隐藏"按钮，当它被按下的时候，这些符号才会显示出来；但不管显示与否，都不会被打印出来。这些分隔符和格式设置的关系极密切。

段落格式中，最重要的就是缩进和对齐方式。此外，还有行距和段距。如果未选定段落，段落格式设置仅对当前段落起作用。

(1) 缩进和间距。

缩进分为左缩进、右缩进、首行缩进和悬挂缩进。可以利用"格式"菜单中的"段落"命令打开相应的对话框，在"缩进和间距"选项卡上设置，也可以使用"格式"工具栏上的相应按钮或水平标尺左、右两侧的方块、正三角和倒三角。左缩进量越大，段落的左边界越靠右；右缩进量越大，段落的右边界越靠左。首行缩进指第一行前面空出若干距离；悬挂缩进则指余行的前面空出若干距离。

行与行之间是有距离的，这一距离也可以设置。在 Word 中，行距是指从一行文字的顶线（或底线）到下一行文字的顶线（或底线）的距离，也就是行高；而不是两行文字之间的空白的高度。有时为了让段与段之间的界限更清楚，可以在一段文字的前面和后面分别增加一些空白，称为段前间距和段后间距。

要设置行距和段前、段后间距，可以使用"格式"菜单中的"段落"命令，打开相应的对话框在"缩进和间距"选项卡上设置。行距中有以下可选项：单倍行距（默认值）、1.5 倍行距、2 倍行距、最小值（设定下限，取最小值和单倍行距中的较大者；单位为磅）、固定值（固定行高，不管字符的实际大小，可能出现只能显示一部分的情况）、多倍行距（如 3 倍、5 倍或 1.2 倍等，也可以是 0.9 倍等）。即使选中了"工具"菜单的"选项"命令"常规"选项卡中的"使用字符单位"复选框，最小值和固定值的设置都只能用"磅"作为单位。

注意，设定行距之后，如果改变文字的大小，行距并不是跟着按比例变化的；也就是说，Word 中的单倍行距与字体大小不成比例。当字号不大于 12 磅时，是基本行距（通常为 15.6 磅）；到 14 磅，行距突增一倍，变成基本行距的两倍，然后保持不变；到 24 磅，增为基本行距的三倍；到 36 磅，再增为基本行距的四倍。所以，同样是单倍行距，相对于五号字来看，小五号就显得比较疏朗，小四号则比较拥挤；而四号字的单倍行距看起来就和五号字的 1.5 倍行距效果差不多。在现有的 Word 版本中，没有提供可以按比例设置行距的选项。

(2) 对齐方式。

段落文字的对齐方式有两端对齐、居中对齐、左对齐、右对齐和分散对齐几种，可以利用"格式"菜单中的"段落"命令打开对话框，在"缩进和间距"选项卡上设置，也可以使用"格式"工具栏上的相应按钮或快捷键设置。

左对齐、居中对齐、右对齐和分散对齐，一般只用在单行成段的内容上；内容超过一行的段落通常要用两端对齐。当一段的内容要占多行时,一般要用两端对齐,不要用左对齐。当一段文字中只有汉字和中文标点时,差别不是很明显;当其中夹杂英文字符时,左对齐时段落右边就显得参差不齐了。此外,分散对齐会将段落的最后一行也排成整行的宽度,主要用于英文字符。段落格式的快捷设置如表5-9。

表 5-9 段落格式的快捷设置

对齐	快捷方式	缩进	快捷方式
两端对齐	Ctrl+J 组合键	左缩进	水平标尺左侧下部的方块
左对齐	Ctrl+L 组合键	右缩进	水平标尺右侧下部的正三角
居中对齐	Ctrl+E 组合键	首行缩进	水平标尺左侧上部的倒三角
右对齐	Ctrl+R 组合键	悬挂缩进	水平标尺左侧中间的正三角
分散对齐	Ctrl+Shift+D 组合键		

(3) 项目符号和自动编号。

如果若干项之间是并列关系,可以在每项的前面加上一个项目符号,使其更加突出醒目,如图5-27(a)。选定内容后,可以用"格式"工具栏上的"项目符号"按钮,也可以用"格式"菜单中的"项目符号和编号"命令打开相应的对话框,在"项目符号"选项卡上可以选择"项目符号"的形状。

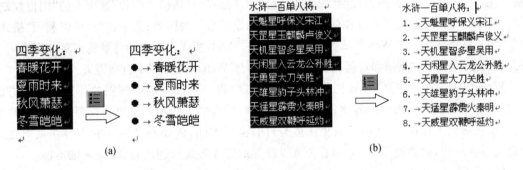

图 5-27 项目符号(a)和编号(b)

项目符号适用于各项之间没有明显顺序关系或有极为明显顺序关系的情况。对于有顺序关系的若干项,序号又非一目了然,通常要用编号,如图5-27(b)。选定内容后,单击"格式"工具栏上的"编号"按钮,也可以在"项目符号和编号"对话框的"编号"选项卡上选择和设置。在输入过程中,即使漏掉一行或删掉一行,后续编号也会自动调整,保持连续性。使用编号时,通常每项只占一行。如果占两行,第一行内容输入完毕后,按住Shift键再按回车键,这样添加的是人工换行符,仍然是一项。

3. 页面格式

(1) 页面设置。

可以利用"文件"菜单中的"页面设置"命令打开相应的对话框,设置页面格式,包括页边距、纸张方向(纵向或横向)、版心(每行字数和每页字数)等。

如果首行缩进和左边界都为0,则调整左边距的双向箭头很不容易出现;只有当鼠标位于代表首行缩进和左边界的倒三角和正三角的对顶点上时,才会出现,所以一般不用这种方法来调整页边距。在"页面设置"对话框中,可以方便地实现左、右边距相等,只要填入相等的数值或选中"对称页边距"即可。此外,在页面的四角或垂直标尺上双击,也可弹出"页面设置"对话框。

(2) 页眉和页脚。

页眉和页脚分别在版心的上、下方,可以在其中添加标题、作者、页码、日期等信息;可以利用"视图"菜单中的"页眉和页脚"命令设置(图 5-28)。这时页眉和页脚的内容是被激活的,而正文的内容则是呈灰色显示的。

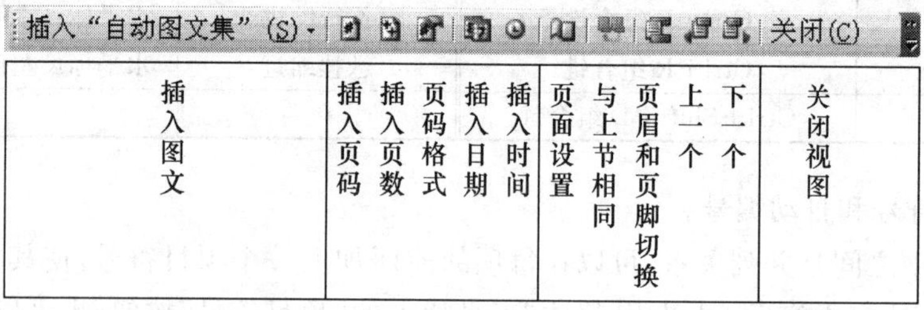

插入"自动图文集"(S)								关闭(C)
插入图文	插入页码	页码格式	插入日期	插入时间	页面设置	与上节相同	页眉和页脚切换	上一个	下一个	关闭视图

图 5-28 "页眉和页脚"视图及其说明

在"页眉和页脚"视图中插入很大的图形,可以作为整个页面的背景;一般要把图形设为水印(使用"图片"工具栏中的"图像控制"按钮或"设置图片格式"对话框、"图片"选项卡的"图像控制"栏)。为了打印,一般要在"页眉和页脚"视图中添加设成水印的图形;为了浏览,可以利用"格式"菜单中的"背景"命令,在 Web 版式视图中添加背景。Web 版式视图中的背景转到页面视图后会消失,无法打印出来;"页眉和页脚"视图中的水印转到 Web 版式视图中也会消失。

Word 中的"页眉和页脚"视图与 PowerPoint 中的"幻灯片母版"视图的作用在某些方面非常相似,例如前者插入的内容将出现在每一页中,后者插入的内容将出现在每一张幻灯片中(这一点在学到 PowerPoint 时会有更深体会);但也有不同,例如前者插入的内容在页面视图中会变得淡一些,后者则不然,又如后者可以设置幻灯片各级标题的格式,前者则不能。

(3) 分栏。

整个版面可以被分成几栏,这样就可以在一页内容纳更多的信息,适合于行不长而行数较多的情况。选定要分栏的文字后,单击"格式"菜单中的"分栏"命令打开相应的对话框,如图 5-29。

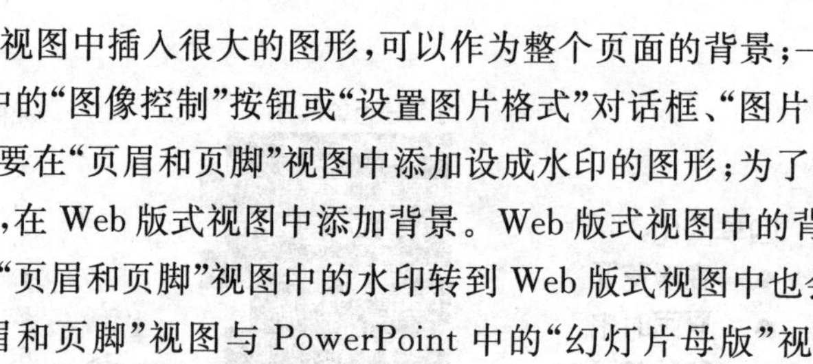

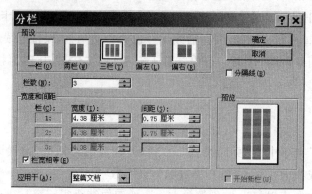

图 5-29 "分栏"对话框

分栏之后,并非保持实际内容的宽度不变而是保持缩进量不变。各栏的宽度默认是相等的;否则需在"分栏"对话框中清除"栏宽相等"复选框,然后调整各栏宽度。要在各栏之间加入一条竖线,请选中"分隔线"复选框。

如果直到文档结束处的文字都是分栏的,通常最后一页上的各栏不是等长的。要想让各栏等长,应该在分栏内容的最后,利用"插入"菜单中的"分隔符"命令插入一个连续分节符。

此外,还有分栏符用来进行栏的人工调整。例如,在一页内分两栏显示两个部门的人员名单。如果两个部门人数不等,但要求每个部门占一栏,就可以在第一个部门的名单后面,利用"插入"菜单中的"分隔符"命令插入一个分栏符,这样第二个部门的名单就从第二栏开始显示了。

4. 段落格式和页面格式的补充说明

段落格式包含在段落标记里,但不包含在分行符里;页面格式包含在分节符里,但不包含在分页符里。分页符和分行符都是人工插入的。在页面视图下,自然的换页处和换行处没有任何标记,每行总有尽头,每页总有结束,随着内容的增减自动进行调整;但分页符、分行符就不一样了。

5.5 表　　格

使用表格可以使大量数据更直观,更富有说服力。使用图 5-6 中的按钮,可以更好地处理表格。

5.5.1 内容的编辑

1. 表格的创建

创建一个表格,可以使用"常用"工具栏上的"插入表格"按钮(最大只能生成 4 行 5 列的表格),或者使用"表格"菜单中的"插入表格"命令,填入行数和列数(基本不受限制)。这样,就生成表格的框架,然后在每个单元格里输入内容。

如果已经有了作为表格内容的文字,而且是按行排列的,每列之间有一个特定的字符起分隔作用(比如 Tab 键控制的制表符、空格、逗号等),就可以把文字选中,执行"表格"菜单的"转换"命令中的"文本转换成表格";"转换"命令中"表格转换成文本"正好起相反的作用(有可能要确认或重新选择一下分隔符)。

在 Word 中,还可以在单元格内插入表格,实现表格的嵌套。这主要是为了和网页设计接轨。因为在用超文本标记语言(HTML)设计的网页文件中,版面设计大都是用表格实现的,越复杂的版面,表格嵌套的层次就越多。

2. 内容的选定

单击某个单元格左边边界,可以选定这个单元格。移动鼠标至某行左侧(变成指向右上的白箭头)并单击,可以选定这行;移动鼠标至某列顶端(变成向下的黑箭头)并单击,可以选定这一列。在要选定的单元格、行或列上拖动鼠标,或者先选定某一单元格、行或列,然后在按住 Shift 键的同时单击其他单元格、行或列,可以选定多个单元格、多行或多列,单击表格左上角的移动控点(一个带四向箭头的方形),可以选定整个表格。也可以使用"表格"菜单中的"选择"命令,共有"表格、列、行、单元格"四种选择。

3. 内容的增删

使用"表格"菜单中的"插入"和"删除"命令,可以对行和列进行操作(和"选择"命令一样,也有"表格、列、行、单元格"四种选项)。插入时,可以选择是插在当前行的上面还是下面、当前列的左边还是右边;亦可用"表格和边框"工具栏上的按钮。若要进行多行(或多列)的增删,应该先选定多行(或多列)。选定几行(或几列),就会插入几行(或几列),原有的内容则依次下移(或右移)。

把光标放在最后一行,然后执行"表格"菜单的"插入"命令中的"行(在下方)",或者把光标定位在表格的最后一个单元格里并按 Tab 键,即可在表格后增加行。把光标定位在表格的第一个单元格里,然后执行"表格"菜单中的"拆分表格"命令,即可在表格前增加标题区。

尽管也可以在表格中增删一个单元格甚至矩形区域,但最好不要这样做。因为这样会破坏表格的完整性。

4. 内容的移动和复制

首先选定需要移动、复制的单元格、行或列。如果选定内容仅是单元格内的文本,而不包括单元格结束标记,则只将文本移动或复制到新位置,并不改变新位置原有的文本;如果选定内容包括单元格结束标记,则覆盖新位置上原有的文本。要移动选定内容,可以拖动选定内容至新位置。要复制选定内容,按住 Ctrl 键同时将选定内容拖动至新位置。

整行、整列内容的移动和复制与不是整行、整列的单元格区域的移动和复制,在结果上是有差异的:整行、整列带着单元格一起移动或复制;一个单元格区域的移动或复制则只针对选定内容,要占目标单元格的位置,并把其中原有的内容覆盖掉。剪切时也是这样,在整行、整列的操作中单元格随之消失;部分区域的操作不见的只有内容。

选定整个表格,先利用"编辑"菜单中的"复制"命令,并把光标移到表格外,再利用"编辑"菜单中的"粘贴"命令,将得到原来表格的一个副本。即使原来选定的仅仅是某一行、列或单元格区域,得到的也是一个包含选定内容的表格。

在 Word 中,把鼠标移到表格内,表格的左上角会出现一个带四向箭头的方块标志,称为移动控点,拖动即可移动整个表格的位置。

5. 内容的分合

使用"表格"菜单中"拆分单元格"或"合并单元格"命令,或"表格和边框"工具栏上的相应按钮,可以把一个单元格拆分成几行几列的一个单元格区域,也可以把一个单元格区域合并成一个单元格。但是,无法把一个非矩形区域合并成一个单元格。

要把整个表格拆分成两个,可以把光标放在第二个表格首行的所在行,然后执行"表格"菜单中的"拆分表格"命令。注意,只能水平拆分,不能垂直拆分。要想实现垂直拆分的效果,只能先选定并剪切右边表格的部分列,然后粘贴到空白处。

6. 内容的排序

对表格中的内容进行排序,可以用"表格"菜单中的"排序"命令;对其进行求和,可以用"表格和边框"工具栏上的"自动求和"按钮。但这都不是 Word 中的表格的优势所在;要进行大量数据的分析和处理,应该用 Excel。

5.5.2 格式的设置

1. 对齐方式

对于单元格中的内容,先选定某一单元格、矩形区域、行或列(如果选定所有单元格,请注意不要把行结束标记选上),然后使用"表格和边框"工具栏上的"单元格对齐方式"按钮,可以选择靠上、中部、靠下以及两端对齐、居中、右对齐的对齐方式组合。

对于整个表格,可以按文字处理,即先选定表格,然后按"格式"工具栏上的"居中"、"左对齐"或"右对齐"按钮;也可以按表格处理,即在"表格属性"对话框的"表格"选项卡(图 5-30)中选择对齐方式。注意,如果整个表格的宽度和栏宽相同,则不论何种对齐方式的效果都是一样的。

图 5-30 "表格属性"选项卡

在 Word 中,可以在"表格属性"对话框的"表格"选项卡中设置,将文字环绕在表格周围。与图形不同的是,在表格中只有环绕和无环绕两种选择;没有紧密型环绕(因为表格都是方的),也没有浮于文字上方或衬于文字下方(因为表格的内容主要是文字,文字重叠在一起,就很难看清了)。

2. 表格的大小

可以直接用鼠标拖动表格线调整行高或列宽。如果精确调整,可以使用"表格属性"对话框中的"行"或"列"选项卡。用"表格"菜单中的"自动调整"命令中的"根据内容调整表格",可以实现自动匹配;"根据窗口调整表格",主要是为网页设计用的。此外,还可以进行手动调整:按住 Ctrl 键并拖动,用于右侧所有单元格缩放,整个表格的总宽度不变;按住 Shift 并拖动,用于右侧所有单元格平移,其总宽度不变。单独调整某一行:要事先选定行或单元格。表格的行与列的地位不是均等的,以行为基础,列宽可以任意调整,行高则受限制(主要是单元格的行高不能单独调整)。

在 Word 中,把鼠标移到表格内,表格的右下角会出现一个小方形,称为尺寸控点,拖动该控点即可按比例缩放整个表格。这里放缩的只是单元格大小,其中文字内容的大小并不随之改变。

3. 表线和底纹的设置

使用"表格"菜单中的"表格自动套用格式"命令可以给表格设置预先定义的综合格式(有几十种格式供选择);一个不足是不允许用户自己定义表格的套用格式。使用"表格和边框"工具栏上的工具按钮可以添加、擦除表格线,设置表格线的线型、粗细和颜色。在 Word 中,可使用"格式"菜单中的"边框和底纹"命令给单元格加斜线(只能是沿对角线方向的)。"表格"菜单中的"绘制斜线表头"命令,只对表格左上角的那个单元格起作用。

在"格式"菜单的"边框和底纹"命令打开的对话框中,可以在"底纹"选项卡上设置表格的底纹。

5.5.3 用表格排版

用表格可以排出复杂的版面。与分栏相比,表格不仅可以分成列,还可以分成行;与文本框相比,表格的各个单元格之间是互相邻接的,不需要调整或对齐。该功能主要用于网页的版面设计,在此不做详细介绍。

5.6 图　　形

使用图形可以使文档形象、直观,更富有表现力。

5.6.1 内容的编辑

1. 自选图形和图片

自选图形和图片的区别完全是 Word 自行规定的:前者是用"绘图"工具栏上的工具画出来的(可以称为绘制图);后者是通过文件插入的,可以称为插入图。关于图片和位图、自选图形和矢量图的关系,只能说:位图肯定是"图片","自选图形"肯定是矢量图。

在 Word 中,自选图形和图片在格式设置上有较大区别。"绘图"工具栏主要是处理自选图形用的;"图片"工具栏主要是处理图片用的,分别如图 5-31 和 5-32 所示。其中最重要的区别是:自选图形可以旋转;图片可以裁剪。

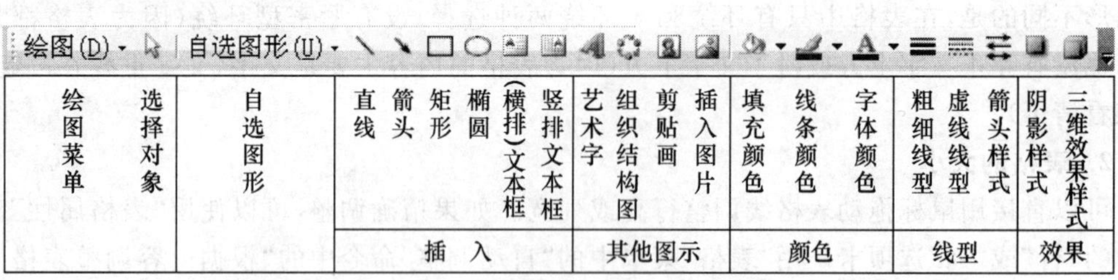

绘图菜单	选择对象	自选图形	直线	箭头	矩形	椭圆	(横排)文本框	竖排文本框	艺术字	组织结构图	剪贴画	插入图片	填充颜色	线条颜色	字体颜色	粗细线型	虚线线型	箭头样式	阴影样式	三维效果样式
			插入						其他图示				颜色			线型			效果	

图 5-31 "绘图"工具栏及其说明

插入图片	颜色	增加对比度	降低对比度	增加亮度	降低亮度	裁剪	旋转	线型	压缩图片	文字环绕	对象	设置透明色	重设图片

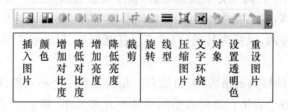

图 5-32 "图片"工具栏及其说明

但自选图形和图片又不是截然分开的：有的图片本身就是由自选图形组合成的,可以使用"绘图"菜单中的"取消组合"命令转换成自选图形。自选图形也可以转换成图片格式,方法是先用"编辑"菜单中的"剪切",再用"选择性粘贴"命令粘贴成"Microsoft Word 图片"。

2. 图形的插入和绘制

(1) 图形的插入。

Word 在剪辑库中有自己的分类图片集,其中的图片称为剪贴画。很多剪贴画都是用 Word 中的绘图工具画成的。使用"插入"菜单的"图片"命令中的"剪贴画",可以插入剪贴画。在 Word 的任务窗格中,输入关键词找到所需的图片后,在图片上单击就可插入该图片;也可以单击其右边的三角形,在弹出的菜单中选择。

如果要插入的图片是用户自己的图像文件,可以使用"插入"菜单中的"图片"命令中的"来自文件"。较常用的图像文件的扩展名有.bmp、.jpg 和.gif 等,其中.bmp 文件是未经压缩的,一般都比较大,后两种都是经过压缩的,.jpg 文件更适合于彩色图像,.gif 文件更适合于黑白图像。如果链接图片而非插入,可以明显减小文件的大小;方法是单击"插入"按钮右侧的三角形,在菜单中选择"链接文件"。

(2) 图形的绘制。

可以使用"绘图"工具栏上的"直线"、"箭头"、"矩形"、"椭圆"等按钮绘制相应图形。绘制更多种类的图形,可使用"绘图"工具栏上的"自选图形"菜单,如图 5-33。其中"基本形状"包括四边形(矩形、平行四边形、梯形、菱形)、三角形(等腰三角形、直角三角形)、多边形(正五边形、六边形、八边形)、立体类(立方体、圆柱形、棱台)、曲线类(椭圆、同心圆、禁止符、笑脸、心形、太阳形、新月形、弧形、空心弧)和括号类(左小括号、右小括号、双小括号、左大括号、右大括号、双大括号)等;"箭头总汇"包括单向箭头、双向箭头、多向箭头、弧形箭头和箭头标注等;"星与旗帜"包括四角星(十字星)、五角星、八角星、16 角星、24 角星、32 角星和爆炸形等;"流程图"主要用来绘制程序框图;"线条"包括直线、箭头、双箭头、曲线、自由曲线(相当于"画图"中的"铅笔")等;"标注"主要用来标注文字。

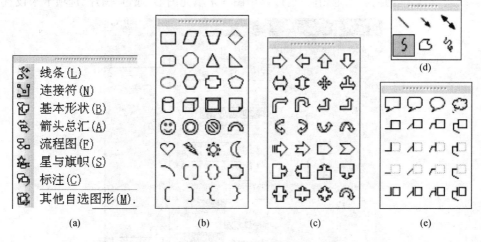

图 5-33　自选图形(a)中的"基本形状"(b)、"箭头总汇"(c)、"线条"(d)和"标注"(e)

值得注意的是曲线。单击"曲线"按钮后,鼠标变成"+"字形,在要起始之处单击;然后沿着线的走向移动鼠标,再单击,得到一条直线;再移动鼠标,三次单击所在的点形成一条曲线;单击,以此类推,每次单击移动鼠标,都是和之前两次单击的点形成曲线(事实上,三个不在同一条直线上的点决定一条二次曲线;Windows 使用的 TrueType 曲线字库用的就是二次曲线,两者在原理上是一致的)。每次单击都把前面的一段曲线固定。在结束之处双击或按 Esc 键。

每次单击之处都是曲线上的一个转折点,这些转折点的位置可以移动,个数也可以增减。把鼠标移到曲线上,在出现四向箭头时单击,就把曲线选定了(图 5-34)。这时单击右键,在菜单中选中"编辑顶点",单击即可。拖动曲线的顶点可移动其位置,可以看到,一个顶点的位置会影响其两侧以及相邻控制点之间的曲线的形状。在顶点之间的曲线段上单击并拖动可增加新的顶点;按住 Ctrl 键再单击顶点可将其删除。

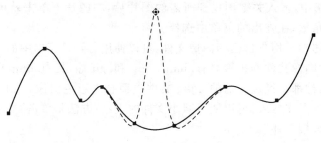

图 5-34 曲线和顶点

在"自选图形格式设置"对话框的"颜色和线条"选项卡中,可以设置线条的线型、粗细、虚实和箭头。所有自选图形的边界线都是线条,可以设置其线型、粗细和虚实:线型分为单线和多线;粗细是以磅值度量的;实线只有一种,虚线有多种。只有直线和非封闭曲线,才可以设置箭头(包括前、后端的形状和大小)。

在同一选项卡中,还可以设置边线线条和内部填充的颜色。使用"绘图"工具栏上的"填充色"按钮,可以设置"填充效果",包括颜色"渐变"、"纹理"以及"图案"和"图片"(图 5-35)。在"渐变"选项卡中,可以设置颜色是单色、双色渐变或采用预设方案。所有的渐变色都可以选择渐变的方向。图案的前景和后景颜色都可以设置。可以用图案来填充图形,"图案"选项卡的内容与"带图案线条"对话框的内容完全相同;也可以用图片来填充图形,通过"图片"选项卡来设置。

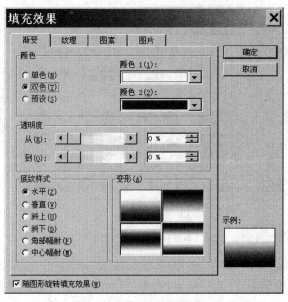

图 5-35 "填充效果"对话框

利用"绘图"工具栏上"三维效果"按钮右侧菜单中的"三维设置"命令,会出现如图5-36的工具栏。

图 5-36 "三维设置"工具栏及其说明

阴影效果和三维效果的设置不能共存(图5-37)。事实上,现实世界就是三维的,只要有光就会有阴影。但Word中的"阴影效果"和"三维效果"都是针对平面图形的,要么投下一个影子,要么给它一个厚度。影子是有距离的,三维是有厚度的,"距离"和"厚度"两者不可兼得。既然Word中的"阴影效果"和"三维效果"是为平面图形设置的,本身是三维图形的就无法再设置三维效果,如"自选图形"中"基本形状"类的立方体、"箭头总汇"类的弧形箭头、"流程图"类的"多文档"标记、"标注"类的"云形标注"等。尽管对它们可以设置阴影效果,但由于按平面图形来处理,效果比较差。

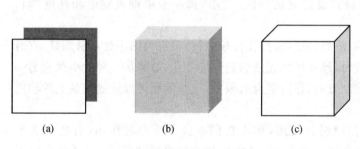

图 5-37 阴影(a)、三维(b)与立方体(c)

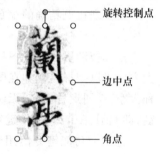

图 5-38 图形的控制点

3. 图形的选定

在图形上单击,即可选定;选定后,在其周围出现四个角点、四个边中点共8个控制点,顶部还有一个旋转控制点,如图5-38。拖动控制点,可以调整图形的大小,其中四个中点各控制一个方向,四个角点分别可以同时控制两个方向。

4. 图形的移动、复制、裁剪和复原

图形的位置基准有文字、段落和页面三个。随文字移动的是嵌入图;随段落移动的是浮动图(浮于文字上方),固定于页面某个位置的也是浮动图。嵌入图和浮动图在被选定时,控制点的颜色是不一样的:嵌入图的是黑点;浮动图的是白点。

嵌入图的移动和复制与文字相似,可以把嵌入图看成一个大字符;唯一的差别是嵌入图单击就可被选定,而文字则不能。

浮动图的移动可以通过用鼠标拖动而实现;复制时,需按住Ctrl键再拖动。选定图形后,用四个箭头键移动可以实现微移;选定图形后,按住Ctrl键再用箭头键移动,每次只移动一个像素。用鼠标拖动,十分直观但不精确;用键盘则比较精确。

可以使用"图片"工具栏上的"裁剪"按钮裁剪图片。只有图片可以裁剪,而且只能从边上往里裁,不能从中间直接裁出一块来。

先选定要裁剪的图片,然后单击"裁剪"按钮,这时图片的控制点变成了控制线。把带着裁剪标志的鼠标移到图片的控制线上,按下鼠标左键,拖动控制点,即可实现图片的裁剪。裁剪完成以后,应再单击"裁剪"按钮,使其弹起。使用"格式"菜单的"图片"命令中的"重新设置"或"图片"工具栏上的"重设图片"按钮,可以复原被裁剪的图形。

5. 文字和背景

在自选图形上添加文字的方法是:在图形上单击右键,选择弹出菜单中的"添加文字",这时选定的图形就变成了一个文本框,输入添加的文字即可。用背景代替填充色的方法是:选定图形后,在"绘图"工具栏上"填充色"按钮的菜单中选择"填充效果",之后的步骤和绘图相同。

5.6.2 格式的设置

1. 图形的缩放

图形的缩放比较简单,用鼠标拖动其控制点即可。

如果使一个图形在拖动角点缩放时保持长宽比例不变,有两种办法:一是每次拖动时都按住 Shift 键;二是在格式设置对话框的"大小"选项卡中选中"按比例缩放"复选框。

要实现比例精确的缩放,可在格式设置对话框的"大小"选项卡中键入宽度和高度的百分比。

鼠标拖动可以实现图形的移动、放缩和绘制,操作比较方便,但有时细小处不易调整,有时大方向难以把握。例如在图形缩放时,尺寸可能无法做到连续变化,总是从一种大小跳到另一种大小;在图形移动时,无法准确控制方向,很可能会有偏差,这些问题可以通过键盘上的功能键,即 Ctrl、Alt 和 Shift 键来解决。

这三个功能键专门用来和其他键组合使用,单击它们本身并不会起作用(有些中文平台、输入法用它们作为切换键或选择键);而在 Word 中按住它们再拖动鼠标,就可以产生不同的效果(表 5-10):按住 Alt 键再拖动鼠标进行图形的移动、放缩和绘制,可以实现尺寸的连续变化。按住 Shift 键再拖动鼠标进行图形的移动,可以实现水平或竖直方向的精确移动;图形的放缩可以保持原图长宽比例不变;图形的绘制可以实现图形在两个方向等比例(如正圆、正方形、正三角形、正五角星等)。注意直线稍显特别,因为是一维图形,没有比例可言,故放缩时保持方向不变,绘制时则是控制方向与水平线的夹角为 15°的倍数。按住 Ctrl 键再拖动鼠标进行图形的放缩和绘制,可以实现图形的中心点不动。例如,圆形在放缩时调整的是其半径;在绘制时拖出的也是其半径。当然,按住 Ctrl 键再进行图形的移动,得到的结果是其复制。

概括如下表:

表 5-10 功能键与鼠标拖动的各种效果

	Ctrl 键	Shift 键	Alt 键
移动	复制	定向	精确
放缩	定心	定比	精确
绘制	定心	等比	精确

重要补充说明的是,这三种操作在 PowerPoint 中完全适用;在 Excel 中绝大部分适用,只是 Alt 的作用由精确操作变成了定点操作。在 Excel 中直接用鼠标拖动时,尺寸本身就是连续变化的,要想让尺寸的变化以单元格的宽度或高度为单位,就可先按住 Alt 键。

在 Word 中,凡是遇到不能通过鼠标拖动实现尺寸连续调整的情况,都可以尝试先按住 Alt 键再拖动鼠标。

2. 图形的旋转

不论是自选图形还是图片,都可以使用自选图形或图片上的旋转控制点进行任意角度的旋转。先选定要旋转的自选图形,然后把鼠标移到旋转控制点上。这时,鼠标上多了一个旋转标志,同时选定图形的四个角点变成了绿色的圆点。把鼠标移到这些绿色圆点上,箭头消失,只剩下旋转标志。这时就可以按下鼠标左键进行拖动(拖动时应沿圆周方向,就像用圆规画圆一样,而不能像拖动角点放缩一样沿着径向);同时旋转标志变成了四个首尾相连的弧形箭头,表示正在旋转过程中。拖至合适的角度,放开鼠标左键。也可以通过使用"格式"菜单中的"大小"选项卡设置旋转角度。如果要旋转的角度正好是 90°,可以用"绘图"菜单中的"旋转或翻转"命令;除了旋转之外,还可以用于进行翻转。翻转分为水平翻转和垂直翻转。如果认为图形在 Oxy 坐标平面中,旋转就是以 z 轴为轴心的,水平翻转则是以 y 轴为轴心转 180°,垂直翻转是以 x 轴为轴心转 180°。一个图形,先水平翻转,再垂直翻转,结果相当于旋转了 180°。实现方法是使用"绘图"菜单的"旋转或翻转"命令中的"水平翻转"或"垂直翻转"。

3. 图形的组合

可以把几个图形对象组合成一个图形对象,这样就可以作为一个整体进行移动、复制、放缩、旋转等操作。只有浮动图可以组合。要组合嵌入图,应先将其变成浮动图,组合出的图形对象无法变成嵌入图。

首先应选定要组合的图形对象(按住 Shift 键,再依次单击各个图形对象)。如果要选定的图形对象在一个矩形区域内,则可以先单击"绘图"工具栏上的"选择对象"按钮(使其处于按下状态),再沿该矩形区域的对角线从左上到右下拖动鼠标,就会把所有图形对象同时选中。然后单击"绘图"菜单中的"组合"命令。要把一个组合后的图形对象恢复成组合前的多个图形对象,以便分别进行处理,则可以在选定该图形对象后,单击"绘图"菜单中的"取消组合"命令。取消组合后,对各个图形对象分别进行调整,要把它们重新组合起来,可以不必再次选定,而直接使用"绘图"菜单中的"重新组合"命令。"重新组合"和"取消组合"命令是对应的:"取消组合"一次,才能"重新组合"一次;"重新组合"的是最新的"取消组合"。

4. 图形之间的位置关系

在格式设置对话框的"版式"选项卡中有一个"允许重叠"复选框。若"允许重叠"未被选中,在拖动图形时,相邻的图形会互相避让或互相顶撞,很可能移一图而动全局。要让所有的图形都可以互相重叠,可以利用"工具"菜单中的"选项"命令,在"兼容性"选项卡中将"按 Word 97 的方式排放自选图形"选中。

当图形可以互相重叠时,应怎样调整图形间的层次?"绘图"工具栏的"叠放次序"中有"置于顶层"、"置于底层"、"上移一层"、"下移一层"四个命令。需要说明的是,有时选中"上移一层"或"下移一层"并无效果,原因是还有中间层。在 Word 中,每个图形都有一个不同于其他图形的层次,尽管其中的大多数根本不可能重叠。并非根据实际重叠的情况确定层次,是 Word 的一个缺陷;若能提供一个命令来切换两个图形之间的覆盖关系,则可以稍有改善。

可以使几个图形以某个标准对齐或以等距离排列:对横向排列的图形,可以使其在横向等距分布,并让顶端、底端对齐或垂直居中;对纵向排列的图形,可以使其在纵向等距分布,左、右对齐或居中对齐。实现方法是:先把要排列的几个图形同时选定,然后在"绘图"工具栏的"对齐或分布"中选择对齐或分布方式。这样的对齐或分布都是以它们原来占的地方为基准的。如果整页上就只有这些图形,则可以先选中"对齐或分布"中的"相对于页"。这时不管对齐还是分布,都以页面为基准。

5. 图形与文字的位置关系

图形与文字的位置关系既可以是邻接的,也可以是重叠的:前者构成图文绕排;后者则构成前景和背景。

可以使用"图片"工具栏上的"文字环绕"按钮或"设置图片格式"对话框中的"版式"选项卡(图 5-39),选择文字环绕方式。文字环绕的方式有四周型、紧密型、上下型和穿越型等几种:在四周型中,文字位于图形四周,边界为直线;在紧密型中,文字位于图形四周,左、右边界紧密相连;在上下型中,文字位于图形的上面和下面,两侧不排;在穿越型中,文字位于图形四周,上、下、左、右边界均紧密相连。对于紧密型和穿越型环绕的图形,其环绕边界可以不是直线,也可以人工调整;方法是:选定图形后,使用"图片"工具栏上的"文字环绕"按钮选择"编辑环绕顶点",这时边界上出现许多个控制点,边界就是由这些控制点连接而成的。拖动控制点可移动其位置;在控制点之间的连线上单击并拖动可增加控制点,按住 Ctrl 键再单击控制点可删除控制点。在四周型、紧密型和穿越型环绕中,可以设置是四面环绕还是三面环绕;如果选择三面环绕,还可以指定文字环绕在左边、右边或者宽度最大的一边;方法是使用"版式"对话框的"高级"按钮,设置"环绕文字"。

(a)

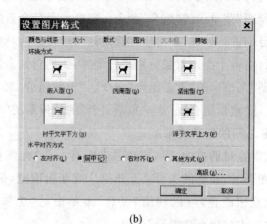

(b)

图 5-39 文字环绕方式

文字和图形之间也可以是重叠关系。一般情况下,要求图形的颜色比较浅,在文字下面作为背景或在上面作为修饰。这可以通过选择"绘图"工具栏上"叠放顺序"中的"浮于文字上方"或"衬于文字下方"来实现。

5.6.3 插入对象

在 Word 中,也可以插入其他类型的图形或对象。对象是和程序相对应的,有一种对象,就有一种用来处理它的程序,例如文字、表格和图形等是在 Word 中可以直接处理的对象,公式和组织结构图等则是需要借助其他的程序来处理的对象。

(1) 艺术字。

要使文字具有更加丰富的形式,包括非线性的形状变化和颜色变化,可以使用"插入"菜单的"图片"命令中的"艺术字"或单击"绘图"工具栏上的"插入艺术字"按钮,然后选择式样,输入文字。

(2) 文本框。

当要在一篇文字的中间放一小块文字时,可以使用"插入"菜单中的"文本框"命令或"绘图"工具栏上的按钮。在文本框内,文字可以横排或竖排,还可以使用常用工具栏上的"更改文字方向"按钮或"格式"菜单中的"文字方向"命令改变排列方向。

此外,在自选图形中添加文字后,便有了文本框的性质,不可再编辑环绕顶点。

(3) 组织结构图。

组织结构图一般用来显示树结构,可以通过使用"插入"菜单的"图片"命令的"组织结构图"或"图示"对话框来实现。

在编辑组织结构图时,会弹出一个"组织结构图"工具栏,可以增减元素、调整格式等。

(4) 插入其他对象。

插入其他对象,如声音和视频等,方法也是一样的。每台计算机上可插入的对象种类可能不一样,这取决于机器上安装了哪些程序,哪些程序支持对象的链接和嵌入(object linking and embedding, OLE)。如果是"新建对象",一般嵌入到文档中;如果是"由文件创建",则可以在插入"对象"对话框中选中"链接到文件"复选框,采取链接方式,即在 Word 中并不保存对象的实际内容,仅仅记录其名称和在计算机中的位置(以后打开文档时,就可以根据保存下来的对象名称和位置找到原来的对象并显示内容)。

5.7 Word 的特殊功能和技巧

5.7.1 对长文档的处理技巧

对于篇幅较长、内容较多的文档,可以利用 Word 中的一些技巧来处理。

1. 大纲视图

长文档可以在大纲视图中进行总体编辑,快速定位或移动。这时,工具栏上会出现如图 5-40 所示的按钮。

| 升升为一级 | 升级 | 设置级别 | 降级 | 降为正文 | 上下移移 | 展开 | 折叠 | 显示级别 | 首行 | 格式 | 更新目录 | 转到目录 | 主控文档 | 折叠 | 创建 | 删除 | 插入 | 拆分 | 合并 | 锁定文档 |

图 5-40　大纲视图中的工具栏及其说明

使用"显示级别"菜单,可以设置显示的最低标题级别。这样,每个最低级别的标题就代表该标题及更下级的标题和正文内容(一般在这些标题文字下会有一条灰色下划线,表示其中还有很多被折叠起来的内容,要移动其中某一部分内容,只需移动其标题)。如果标题前面有一个"+"号(空心),表示还有更下级的内容;如果有一个"−"号(空心),表示下面没有内容。如果文字的开头有一个小方块,表示该段为正文。

标题可分 9 级,每级标题之下既可以包含更下级的标题,也可以直接包含正文。要改变标题的级别,可以用工具栏上的"升级"和"降级"按钮。要把一段正文(通常比较短)变成标题,也可以用"升级"和"降级"按钮;"升级"将使其变成和前面紧邻的标题同级;"降级"则变成前面紧邻的标题的下一级标题。要把任何一个标题的内容变成正文,只需用"降为正文"按钮。

要改变标题的前后次序,可以用工具栏上的"上移"和"下移"按钮。改变段落的前后次序,也可以用这两个按钮。

对某一个标题,可以单独展开,使其更下级的标题显示出来。例如在图 5-41(a),可以用

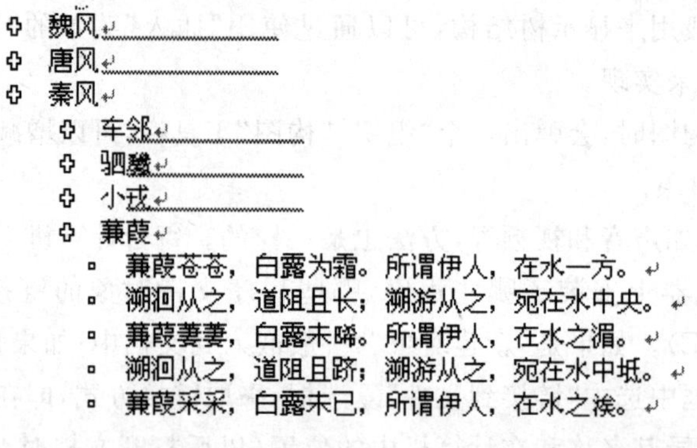

　　✥ 魏风
　　✥ 唐风
　　✥ 秦风
　　　✥ 车邻
　　　✥ 驷驖
　　　✥ 小戎
　　　✥ 蒹葭
　　　　▫ 蒹葭苍苍,白露为霜。所谓伊人,在水一方。
　　　　▫ 溯洄从之,道阻且长;溯游从之,宛在水中央。
　　　　▫ 蒹葭萋萋,白露未晞。所谓伊人,在水之湄。
　　　　▫ 溯洄从之,道阻且跻;溯游从之,宛在水中坻。
　　　　▫ 蒹葭采采,白露未已,所谓伊人,在水之涘。

(a)

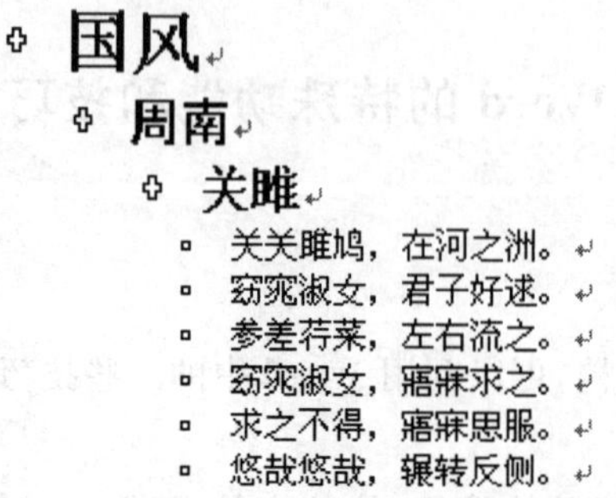

　　✥ **国风**
　　　✥ **周南**
　　　　✥ **关雎**
　　　　　▫ 关关雎鸠,在河之洲。
　　　　　▫ 窈窕淑女,君子好逑。
　　　　　▫ 参差荇菜,左右流之。
　　　　　▫ 窈窕淑女,寤寐求之。
　　　　　▫ 求之不得,寤寐思服。
　　　　　▫ 悠哉悠哉,辗转反侧。

(b)

图 5-41　大纲视图中的正文和标题

"展开"按钮把二级标题"秦风"的内容显示出来,再展开并显示三级标题"蒹葭"的内容。这时,所有标题和正文的文字一样大小,要让标题文字以其原来的格式显示,可以单击"显示格式"按钮,结果如图 5-41(b)所示。每用一次"展开"或"折叠"按钮,只对一级标题进行操作;也可以直接双击标题前面的十字。

2. 主控文档

如果将内容很多、篇幅很长的一个文档存成一个文件,每一次修改都要重新保存,就会降低效率,而且保存失败的可能性就越大;如果把文档分成若干个小文件分别保存,那么每次编辑时要打开很多个文件,还要在这些文件之间进行切换。主控文档就是来解决这个矛盾的。一个主控文档中可以包含若干个小文档,编辑时就像一个普通的大文档,而保存时是按各个小文档处理的,既方便操作,又提高效率。

可以直接把一个很长的文档变成一个主控文档;也可以通过多个内容有联系的小文档生成主控文档,这些小文档称为子文档。主控文档一打开,所有的子文档都自动打开;主控文档一保存,所有内容修改过的子文档就都保存了。要对主控文档进行操作,转到大纲视图即可。如图 5-40 中工具栏的右半部分就是用来操作主控文档的,其中"折叠"、"创建"、"删除"、"插入"、"拆分"和"合并"按钮用于对子文档进行操作。一般来说,一个子文档是和大纲中的一个标题及其内容相对应的。

3. 目录与索引

如果文档很长,分成若干个章节,可以在正文前面加上目录,后面加上索引,以便快速找到所要的章节。

要插入目录,可以利用"插入"菜单中的"引用"命令,可以在"索引和目录"对话框的"目录"选项卡中进行设置(图 5-42),其中"显示级别"用来确定出现在目录中的标题级数。这样生成的目录如图 5-43。

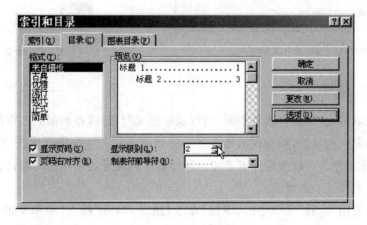

图 5-42 "目录"选项卡

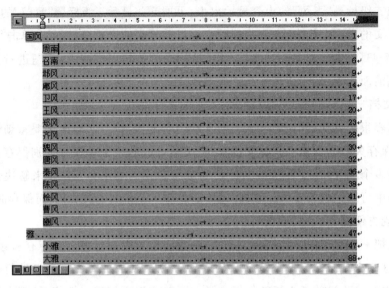

图 5-43　生成的目录(局部)

要建立索引,应先选定文档中的索引词,然后利用"插入"菜单中的"引用"命令,在"索引和目录"对话框的"索引"选项卡中设置"标记索引项"对话框(图 5-44)。所有索引词标记后,在"索引"选项卡选好各个选项并单击"确定",即可生成索引(图 5-45)。

图 5-44　"标记索引项"对话框

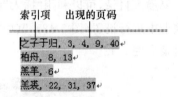

图 5-45　索引示例

4. 审阅和修订

文档编辑完成后,自己或审阅者审阅,可以及时发现问题,弥补疏漏。在审阅的过程中,可能要对有疑问的做一些批注,对有误的地方做一些修改。如果是在修订状态,Word 就会保存整个修改过程(称为修订),以便原作者参考。原作者可以接受或拒绝任何修订状态下的修改,并根据审阅者的批注进一步修改。

审阅者可以使用"工具"菜单中的"审阅"命令(图 5-46)或"插入"菜单中的"批注"命令进行修订或批注。修订的地方一般都会以与正文不同的颜色显示(通常是红色),添加的文字会有下划线,删除的文字会有删除线。收到别人审阅过的文档后,也可以用"修订"工具栏依次查看每处批注和修订。"接受"或"拒绝"修订,修订的痕迹就消失了;根据批注进行相应的修改,会显示成另一种颜色。

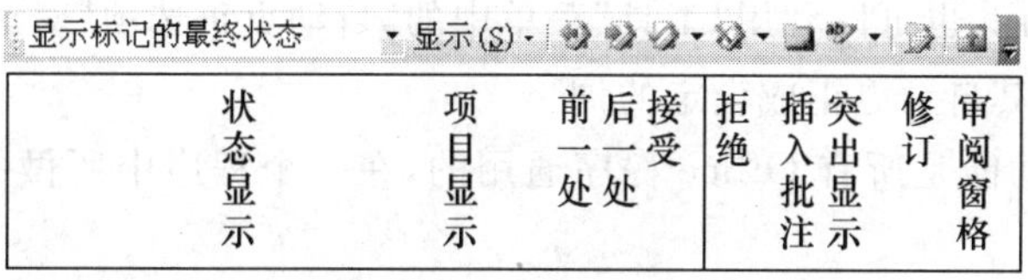

图 5-46 "修订"工具栏及其说明

此外,除"批注"、"超级链接"直接在"插入"菜单中外,"脚注和尾注"、"题注"、"目录和索引"和"交叉引用"都在"插入"菜单的"引用"中。其中只有批注是给作者看的,所以一般打印时也不会打出来;其余的都是给读者看的。

5.7.2 Word 的其他功能

1. 拼写和语法检查

在输入文字时,英文很可能会出现拼写、语法错误,中文也可能出现别字,但不会出现真正的错字。例如,书写时可能出现"纸"的最后多了一个"点",计算机输入时是可以避免的。此外,Word 主要检查英文的拼写和语法,也可以进行中文校对(简体中文版只能对简体字进行校对,不能校对繁体字)。

(1) 即时检查。

如果打开"工具"菜单,在"选项"命令的"拼写和语法"选项卡中选中"键入时检查拼写"复选项,输入时系统就会进行检查,红色波浪形下划线表示可能的拼写错误,绿色波浪形下划线表示可能的语法错误。在显示出有拼写或语法错误的词语上面单击鼠标右键,可以在菜单中看到更改提示或错误说明。

(2) 集中检查。

用"工具"菜单中的"拼写和语法"命令,或直接按 F7 键,或双击状态栏上的"拼写错误"状态标志,可以对文档中的拼写和语法错误进行集中检查。

在"拼写和语法"对话框中,如果语法并没有错误可以选择"忽略"或"全部忽略";如果有建议的更改项可以选择"更改"或"全部更改";如果要把某个词加到用户词典中去可以选择"添加";如果将某个词自动换成要改成的词可以选择"自动更正"。

如果要把系统认为有错的一个中文词语添加到用户词典中,必须使用"编辑"菜单中的"更新输入法词典",并且要求当时使用的就是微软拼音输入法(中文校对与微软拼音输入法共用一个用户自定义词库),由此可见输入法与 Word 存在"隐性捆绑"。

此外,在"工具"菜单的"语言"命令中还有英语"同义词库"和英汉、汉英"翻译"的功能。

2. 自动更正

(1) 更正常见错误。

在键入英文单词时,可能漏打、错打、多打一个字母或颠倒两个相邻的字母。如果错误明显,系统可能会自动予以更正。中文的有些成语,如果打错一个字,有时也会自动更正。然而由于系统是基于事先输入的改错条目,如果输入词语,只要输入法所用的词库没错,一般就不会报告错误,所以这一功能对汉语来说基本上没有多大用处。

对于经常打错的词,也可以利用"工具"菜单中的"自动更正选项"对话框手动设置,使得系统以后每次遇到就将其自动更正成设定的词。

注意,自动更正功能是所有 Office 程序通用的,在一个程序中所做的设置在另一个程序中也有效。

(2) 输入特殊符号。

有些特殊符号,在键盘上无法直接打出,于是规定了一些特殊的字符序列,当输入这些序列时,系统自动将其转为对应的特殊符号(表 5-11),其中"版权所有"符号©、"已注册"符号®、"商标"符号 TM 还可以分别按组合键 Ctrl+Alt+R,Ctrl+Alt+C 和 Ctrl+Alt+T。

表 5-11 特殊符号转换

键盘输入	特殊符号	键盘输入	特殊符号	键盘输入	特殊符号
(c)	©	(r)	®	(tm)	TM
-->	→	==>	⇒	<=>	⇔
<--	←	<==	⇐	):	☺
:(	☹	:|	😐		

如果不希望进行更正,按退格键就恢复为原来所打的字符序列;也可以使用"工具"菜单中的"自动更正选项"。此外,可以通过一些特殊的按键组合打出一些特殊的字母,例如德语、法语、俄语等语言中带修饰符的字母。该功能不属于自动更正,但有些相似。有时,该功能和中文标点符号的输入冲突,使用时应注意。

3. 样式

在一篇文档中,所用的文字格式可能会有很多相同或相似之处。如果每个标题和每段正文都设置,显然比较麻烦,而且还容易导致格式的不统一。使用样式可以解决这一问题。样式是预先定义的格式的集合,使用某种样式就是应用它所设置的各种格式。

最常用的样式是"正文"样式,这是 Word 中的默认样式。此外,还有标题样式,例如一级标题显示为"标题 1",二级标题显示为"标题 2",以此类推,最多可到"标题 9";但在"格式"工具栏中通常只显示至"标题 3"。要使用更下级的标题样式,可打开"格式"菜单中的"样式和格式"窗格设置。

样式分成段落样式和字符样式两类:前者包括段落格式和段落中的文字的字符格式,应用于选定段落;后者则只包含字符格式,应用于选定的文字。在 Word 提供的所有样式中,绝大部分样式都是段落样式;仅有与超级链接、注释引用、强调文字、页码、行号相关的样式是字符样式。

可以新建样式,也可以更改已有样式,但一般情况下不要更改"正文"样式(它是所有文档的默认样式,一旦更改,全部改变)。新建时,要在"样式和格式"任务窗格中点击右键,再在"新建样式"对话框中选择适当的"样式类型"和基准样式("样式基于")。

4. 模板

应用文往往都是有模式可循的,比如信函有称呼、问候语、署名、日期等部分,而且每部分的格式往往也都是固定的。Word 中的模板就提供了这样一些实用模式,使得只要替换某些内容,就可以完成文档的写作,不必重新设计格式。

模板一般在建立文档时选用。先用"文件"菜单中的"新建"命令来打开"新建文档"任务窗格,再单击"本机上的模板"以打开"模板"对话框(图 5-47),从中选择合适的模板。"常用"工具栏上的"空白文档",将直接建立一个空白文档,没有任何可选格式。"文件"菜单中的"打印"命令和"常用"工具栏上的"打印"按钮也是如此:前者可以设置各种打印参数;后者则直接打印一份文档。

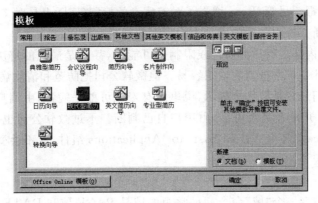

图 5-47 "模板"对话框

模板中不仅包含文档的通用内容和格式,还可能包含用来设置该类文档的样式、宏、菜单、工具栏、快捷键、自动图文集等信息。对应用文来说,模板中包含的通用内容节省了输入时间;对篇幅较长的论文或书稿来说,统一、规范的通用样式则可能起了主要的作用,设置出统一规范的格式。

在新建文档时,还可以借助各种向导(图 5-47)。模板文件的扩展名是.dot;向导文件的扩展名是.wiz。向导和模板有相似的地方:前者是逐步输入信息,最后给出一个文档的框架;后者是首先给出一个框架,然后输入信息。一般来说,使用向导有更多的选择余地。

5. 宏

有时要多次执行一系列操作,比如,在输入一个表格的内容后,需要设置单元格和整个表格的格式,由于我们希望在一篇文档中各个表格的风格统一,所以这些操作都是重复操作,就显得很麻烦。如果能用一个命令代替一系列固定的操作,将带来很大的便捷,宏就是为此而设计的。可以把一系列的操作录制成一个宏;所谓"录制",就是使计算机把用户的操作记录下来。

(1) 示例。

在使用"工具"菜单"宏"子菜单中的"录制新宏"或双击"状态栏"上的"录制"(使其由灰变黑)之前,要先把操作对象准备好。比如,要把设置表格格式的操作录制成一个宏,就要先创建一个表格,输入内容,并把整个表格选定。不要在开始录制之后再创建表格,否则每次执行宏都会创建一个表格并设置格式,就不是我们所希望的了。先选定对象,再执行操作。宏也是一种操作,所以在录制前要先选定对象,以后执行时也要先选定对象。

开始录制宏时,在"录制宏"对话框的"宏名"中输入给宏起的名称,此后的每一步操作都被忠实地记录,这时在屏幕上出现了一个小工具栏,而且鼠标也加上一个标志,表明处于宏的录制过程中。这时可以进行各种格式设置。所有的操作录制后,单击工具栏上的"停止"按钮,结束宏的录制过程。此后,就可以使用"工具"菜单的"宏"子菜单中的"宏"命令执行刚才录制的宏了。

（2）宏病毒。

从某种程度上讲，宏的用处并不多，麻烦却不少。由于宏本身的性质是程序代码，一些别有用心者就通过宏代码来编写一些有危害性（比如删除硬盘上某些有用的文件）并能自我复制的程序，这就是宏病毒。尽管 Word 增强了对宏病毒的检测（实际上是对文件中是否包含宏的检测），但只能把判断文件中包含的宏是否为病毒的责任交给用户。

事实上，在系统内部进行一些防范或限制是可能的，甚至是最佳的解决办法，因为宏是受制于 Word 的，Word 系统本身清除宏很容易。但微软公司把防范和清除病毒的业务交给了众多的杀毒软件。他们最多是给你个提示，说里面有宏也可能是病毒，由用户决定；也可能是告诉你宏是谁开发的，开发者是否可靠，由用户自己判断。不过微软公司也提供了一个安装选项，如果在安装 Office 时不装 Visual Basic for Applications 组件，就不会受宏病毒的侵扰，当然也无法使用任何宏了。

6. 域

在"插入"菜单中有一个"域"命令。最常用的域是 PAGE 域和 DATE 域：前者的显示结果是随页码变化的；后者的显示结果是随日期变化的。域的背景是灰色的，以便于和普通文字相区别。

域有表达式（代码）和结果两种形式。表达式位于花括号中，可以编辑修改。在域的表达式和结果之间进行切换分为单个域切换和所有域切换两种方法：单个域切换只需在域上单击，出现闪烁的竖线后按 Shift+F9 组合键。使用"工具"菜单中的"选项"命令，在"视图"选项卡中选中或清除"域代码"复选框，就实现了所有域切换。域有些类似于 Excel 中的公式；更具体地说，域表达式类似于公式，域结果类似于公式计算得到的值。

一般情况下，域用的并不多。

7. 自定义

在 Word 中，可以对各个菜单中的命令、各个工具栏中的按钮进行添加或删除操作；通常是添加经常用到的，删除很少用到的，甚至还可以新建自己的菜单、自己的工具栏。

在"工具"菜单中的"自定义"对话框（图 5-48）中，可以选择命令，单击并拖到 Word 窗口的

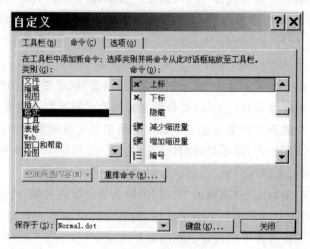

图 5-48 "自定义"对话框

"格式"工具栏上；也可以在"格式"工具栏右侧的小三角形上单击"添加或删除按钮"命令，并把鼠标移到该命令上，在可用的命令列表中选择。

如果想要恢复 Word 的默认设置，可以在"自定义"对话框的"工具栏"选项卡中选择某个工具栏或菜单栏，单击"重新设置"按钮并确认。

5.8 小　　结

前面介绍文字处理的基本问题和一般原则时，大都具有普遍性，并非只针对 Word，同样适用于其他文字处理软件。

从发展过程来看，WPS 的历史与我国的计算机普及阶段有很大的重合，并且影响过众多 DOS 用户。Windows 下的 WPS 1.0 也只是 DOS 版的一个翻版；WPS 97 开始支持"所见即所得"，并且在界面上向 Word 靠拢；到 WPS 2003 更为接近；WPS 2005 则几近仿真。

近年来出现的永中集成 Office 也是比较有特色的，它最大的特点就是把文字处理、演示文稿和电子表格三者的界面合为一体；同时增加了不少功能，丰富程度基本上达到了 Word 97 至 Word 2000 的水平，另有一些自己的特色。Open Office 的特点是完全开源、基本免费；但目前中文界面的汉字显示还不够美观。永中集成 Office 和 Open Office 都是基于 Java 平台的，原则上可以在任何装有 Java 虚拟机的计算机上运行。

此外，在专业排版领域，目前常用方正排版、LaTex 等。它们不是"所见即所得"的，需要用命令设置和控制格式，并通过编译、预览等步骤才能看到最终的效果。

文字和表格、图形都是既有自己的特点，又有共同的地方。未来的文字处理软件，应致力于把它们的共同之处统一的方式来处理，做到功能更加强大，操作依然简单。

5.9　文稿演示简述

文稿演示与文字处理有很多相通之处；其基本对象仍然是文字、表格和图形，内容编辑和格式设置的方法也很类似（读者可参阅本章有关内容）。

然而，文字处理以内容为主导；文稿演示以形式为主导。文字处理追求内容完整、详尽；文稿演示重在内容简练、重点突出。一篇 Word 文档有多少页，主要是根据内容的多少而生成的；一个 PowerPoint 文档有多少张幻灯片，却可以事先由用户指定。文字处理的对象通常都是静态的；演示文稿的对象可以是动态的，如动画、音频和视频等。

这里，我们仅以 PowerPoint 为例，简单地和 Word 做对比，很多使用细节留给读者自己探索，并学会如何通过帮助、搜索等方法来掌握一个新软件的使用。

PowerPoint 的界面有"普通视图"、"浏览视图"和"放映视图"三种。"普通视图"又有"幻灯片"和"大纲"两种模式，差别只在于窗格所占的比例不同。在"浏览视图"中，可以选定多张幻灯片，方便地进行复制和移动等操作。

PowerPoint 中的"幻灯片放映"菜单是 Word 所没有的；在"幻灯片放映"菜单中，突出的是文稿演示的动态和交互特性。

在"任务窗格"中，有几项是 PowerPoint 特有的，即"幻灯片版式"、"幻灯片设计"、"自定义动画"、"幻灯片切换"，其中"幻灯片版式"和每张幻灯片有关；"幻灯片设计"一般和整个演示文稿有关，又分为"设计模板"、"配色方案"、"动画方案"三部分；"自定义动画"和"幻灯片切换"和动态特性有关。

如果一台机器上没有安装 Word，就无法查看、编辑 Word 文档。但是 PowerPoint 文档则不然，下载 PowerPoint Viewer 2003（还有其他方法），在没有安装 PowerPoint 的计算机上仍可以放映演示文稿。

在 PowerPoint 中，字体格式只有中文字体和西文字体的基本设置，没有下划线等线型；段落格式被分在"对齐方式"、"行距"、"换行"、"字体对齐方式"中设置，没有"首行缩进"和"悬挂缩进"。这是有一定道理的，因为演示文稿中的文字多是纲要性的，用不着多行或长段。"对齐方式"中的"字体对齐方式"，用于控制同一行文字纵向对齐的基准，这只对西文才有意义，因为对汉字来说，不管选择哪种方式效果都是一样的。"编辑"菜单中的"查找"和"替换"命令只能用于文字内容的查找、替换，而且不能使用通配符，为了弥补其不足，在"格式"菜单中增加了"替换字体"命令。

PowerPoint 中的表格实现实质上是用线条搭建的自选图形。Word 中的"表格"菜单变成了 PowerPoint 中的"插入"菜单中的"表格"命令。"表格和边框"工具栏是和 Word 中基本相同，只是对齐方式只有纵向的"靠上对齐"、"垂直居中"和"靠下对齐"，横向对齐则通过文字的"左对齐"、"居中"和"右对齐"来实现。文本框在演示文稿中用得很多，实际上，规则排列的文本框就形成了表格。

"绘图"工具栏在 PowerPoint 和 Word 中完全一样，不仅外在的形式、具备的功能一样，内在的结构、实现的方式也一样。这是 Microsoft Office 中（包括 Excel）最具统一性的一个部分。

在 PowerPoint 中，首先要确定的是整体风格，可以依次通过"设计模板"、"母版"、"背景"、"配色方案"来进行设置。级别最高的是"设计模板"（在"格式"菜单的"幻灯片设计"任务窗格中），它会影响"母版"、"背景"、"配色方案"；也就是说，"设计模板"中包含了统一风格所需要的所有设置。因此，用户完全可以设计自己的模板和母版。

使用"视图"菜单的"母版"命令，打开"幻灯片母版视图"工具栏。母版中包含默认的各级标题的字体、格式和项目符号以及文本样式，在每张幻灯片上都要出现的标志、标题和名称等。如果要插入可以自动更新的当前日期或可以随幻灯片而变的页码编号，则可以使用"视图"菜单的"页眉和页脚"命令。

背景可以在"格式"菜单的"背景"对话框中设置；配色方案可以在"格式"菜单的"幻灯片设计"任务窗格中设置。背景和配色方案都涉及颜色，特别是文字的颜色，一定要注意前景色和背景色要有足够的亮度差，这样才能显示清楚（在纯黑背景上用亮色，在投影屏幕上能够取得最佳的颜色对比度）。

一般来说，一个演示文稿所使用的模板和母版是唯一的，以保证风格的统一；而背景和配色方案则可以根据情况而定，既可以是统一的，也可以使其中一些幻灯片与众不同，所以在其设置框中都有应用到单张幻灯片或所有幻灯片的选项。具体到某一张幻灯片，可以利用"格式"菜单的"幻灯片版式"命令，根据其内容设置不同的幻灯片版式，可以是"文字版式"、"内容版式"或"文字和内容版式"，其中"内容版式"可以是将表格和图片等混合在一起。如果一张幻灯片上有多项内容，可以通过"幻灯片放映"菜单中的"自定义动画"命令依次显示不同的内容（默认方式是一次性显示），还可以指定动画方式和伴音。"自定义动画"按"添加效果"分为"进入"、"强调"、"退出"和"动作路径"四类，其中"强调"以字体格式的变化为主，移动通过设定"动作路径"实现。在同一张幻灯片上出现的多个动画对象,也可以通过"重新排序"按钮调整顺序,如图 5-49 所示。

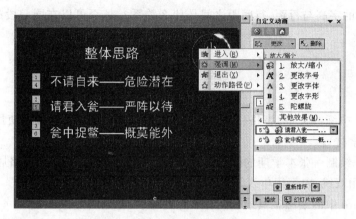

图 5-49 "自定义动画"任务窗格的设置

如果想在幻灯片切换时也有动画效果,可以使用"幻灯片放映"菜单中的"幻灯片切换"命令进行设置。使用动画宜有节制,宁缺毋滥。初学者最容易出现的问题就是做得花里胡哨,反而使用户抓不到内容重点。动画的使用,画龙点睛就可以了。

在放映幻灯片时,可以通过"幻灯片放映"菜单中的"动作设置"命令设定超级链接,从一张幻灯片直接跳转到另一张幻灯片。鼠标操作分为"单击鼠标"和"鼠标移过"两种:一般前者用来实现超级链接的跳转;后者通常比较适合用来表现激活。

此外,还可以通过"幻灯片放映"菜单中的"排练计时"命令掌握时间进度;用"录制旁白"命令来加入配音;用"指针选项"命令进行现场标记;等等。这些辅助措施都可以增进演示的效果。

参 考 文 献

1. 裘宗燕.计算机基础教程(上)、(下).北京:北京大学出版社,2000.
2. 卢湘鸿.计算机应用教程:Windows XP 环境.第 3 版.北京:清华大学出版社,2002.
3. 〔美〕Parsons J J, Oja D.计算机文化.吕云翔,张少宇,曹蕾,等,译.北京:机械工业出版社,2006.

思 考 题

1. 简述文字处理的基本对象有哪三类?基本操作有哪两种?
2. 试分析要实现"内容和形式相分离"的目标,主要有哪些技术手段?
3. 试对 Word 中的各种参考引用(脚注、尾注、题注、批注及目录、索引和交叉引用等)的作用和设置方法进行总结。
4. 要提高文字处理的效率,真正实现"办公自动化"的目标,主要可以采用哪些技术手段?
5. 节和页的关系是怎样的?除了分栏以外,"节主要是用来处理页面格式的"这一说法是否合理？具体都包括哪些格式？如果在字符、段落和页面三类格式中进行选择，你认为把分栏归入页面格式是否合适？

6. Word 中的字高与行距、行间距之间是什么关系？是否可以在同一段的不同行之间设置不同的行距？

练 习 题

1. 在 Word 中练习文字、表格、图形的内容编辑和格式设置（既可以使用本章所用的素材，也可以自寻素材）。

2. 用 Word 绘制一张本学期的课程表。要求：格内字符居中，整个表格居中，列宽与内容匹配；表格外沿用双线，内部用单线。

3. 使用 Word 中的绘图工具绘制奥林匹克五环旗。

4. 自选题材，编辑一篇完整的 Word 文档。要求：同时包含文字、表格和图形；篇幅以 2～4 页为宜；格式的设置要以便于读者阅读和协调、美观为原则。

5. 以本章内容为例，输入部分内容，并利用 Word 的各种处理技巧将其设置成和本章的效果尽量相似。

6. 自选题材（包括图片、数据等），制作一份完整的 PowerPoint 文档。要求：同时包含文字、表格和图片，篇幅以 8～12 页为宜，有目录页；格式的设置、动画的使用等要以便于听众抓住内容重点为原则，不能喧宾夺主；单击目录页，能够通过超级链接跳到相应幻灯片并可以跳回目录。

7. 如果你认为自己对 Word 的各种功能已非常熟悉，不妨尝试制作一个少一竖的"康熙"（图 5-50）。提示：要用到艺术字、自定义、分解图片和编辑顶点等功能。

图 5-50

第六章 电子表格

在日常办公中,除了文字处理工作外,还有一类工作是数据处理。将这些需要处理的数据输入到电子表格中,对其进行计算、统计、分析和处理,利用电子表格处理数据,不仅个人事务,而且在办公自动化过程中具有十分广泛的用途。本章将介绍电子表格处理软件 Microsoft Excel,它以表格的方式来存储数据并进行各种处理。

Excel 是 Microsoft Office 软件中的一种,在操作上与 Word 有很多相似之处,其差别在于 Excel 更注重数据的处理。

6.1 Excel 概述

6.1.1 工作簿、工作表及单元格

电子表格存储在 Excel 文件中。一个 Excel 文件称为一个工作簿;一个工作簿是由多张工作表组成;每个工作表由若干个单元格组成。单元格是工作表的基本单位。一行和一列的交叉部分形成一个单元格,可以在单元格中输入数字、文字和公式。每张工作表最多可以包含 256 列、65 536 行。工作表的列标用一个或两个字母表示(例如 A,B,C,AA,BA 和 XY 等),行标用数字表示;单元格的名称由它的列标和行标组成(例如 A1,B23 和 AB210 等)。这种表示方法称为单元格的引用。

6.1.2 界面组成元素

图 6-1 是一个典型的 Excel 工作界面,它主要由 Excel 应用程序窗口和工作簿窗口两大部分组成,其中包括以下一些元素:

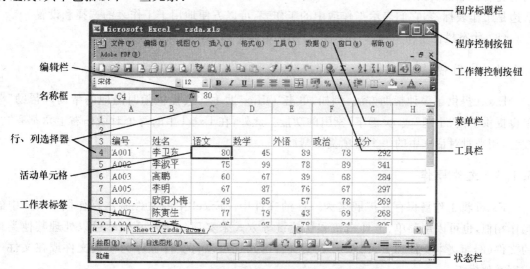

图 6-1 Excel 工作界面

(1) 程序标题栏用来显示软件名称以及正在处理的工作簿名称。

(2) 程序控制按钮(位于程序标题栏最右边)与工作簿控制按钮(位于菜单栏最右边)分别用来对应用程序窗口和工作簿窗口进行最大化、最小化以及关闭的操作。

(3) 菜单栏用来以菜单的形式将所有命令罗列出来。菜单中的命令何时可用,取决于当前的工作状况。当前可使用的命令正常显示,当前不可使用的命令以浅色显示。

(4) 工具栏。Excel将经常使用的菜单命令图形化,每个图形按钮对应一个操作命令,这些按钮按功能分放在不同的工具栏里。Excel 的"常用"工具栏及"格式"工具栏如图6-2所示。Excel中工具栏的操作与Word 中工具栏的操作相似,可以使用"视图"菜单中的"工具栏"子菜单或在工具栏上单击鼠标右键来设置;必要时可以用鼠标拖动工具栏改变其位置。

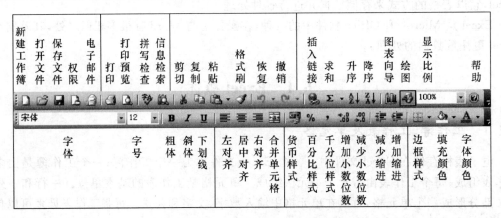

图 6-2 Excel 的"常用"、"格式"工具栏及其说明

(5) 名称框用来显示当前活动单元格或选择区域的名称。

(6) 编辑栏用来显示当前活动单元格中的数据内容和具体公式。

(7) 工作表窗口。在工作表的左边和上边分别显示的是工作表的行标和列标;同时还是行、列的选择器。按下它们可以相应地选择整行或整列;拖动它们之间的间隔线可以改变行和列的宽度。黑框突出显示的区域是活动单元格,它是当前正在工作的单元格。工作表窗口的下边是工作表标签,它们表示工作簿中的工作表,可以方便地用于工作表的选择和设置。

(8) 状态栏位于窗口底部,可提供有关选定命令和操作进程的信息。

6.1.3 使用帮助

Excel 提供了多种帮助方法,例如,单击"Office 助手",会提供随时随地的帮助;"帮助"菜单也提供了按"主题"或"关键字"索引的功能。此外,在 Excel 中的每个对话框右上角都有"?"按钮,用来对对话框中的每个选项提供帮助。

6.1.4 文件操作

Excel 将工作簿保存在扩展名为.xls 的文件中。Excel 中的文件基本操作同 Word 中的操作相似,也可以用菜单、工具按钮和快捷键等方式来实现。此外,Excel 可以处理其他类型的文件(例如文本文件和 FoxBASE 数据文件等),也可以将文件保存为模板文件或在文件中应用其他模板。

在 Excel 中，使用创建工作区文件的方法，可以同时打开一组工作簿。工作区文件保存了所有打开的工作簿的信息，包括它们的地址、窗口大小和屏幕位置。使用“文件”菜单中的“打开”命令打开工作区文件后，Excel 将打开保存在工作区中的每个工作簿。工作区文件并不包含各个工作簿本身，应保存对每个工作簿所做的更改。保存工作区文件，可使用“文件”菜单中的“保存工作区”命令。

6.2 数据的建立——输入与格式

本节将介绍在 Excel 中输入、编辑数据并为之设置格式的方法。

6.2.1 输入数据

在使用 Excel 时，可以输入两种类型的数据，即常量和公式。常量是指不会自动改变的数据；也就是说，在输入之后，如果不对数据进行修改，其一直保留在工作表中。常量包括文字、数字、日期和时间。公式是指对所输入的数据进行计算的操作。与常量不同的是，随着公式计算条件的改变，相应单元格的计算结果也会改变。

下面以如图 6-3 所示的工作表数据来讲解数据的输入方法。

	A	B	C	D	E	F	G
1							
2		园园电脑公司人员表					
3							
4	序号	姓 名	性别	年龄	部 门	职称	工作时间
5	1	李明	男	38	软件部	工程师	1983-7-12
6	2	杜长征	女	43	销售部	经理	1990-2-1
7	3	王朋	男	35	软件部	高工	1988-5-12
8	4	王申科	女	48	软件部	总工	1986-7-21
9	5	屈诚	男	35	培训部	教师	1984-4-8
10	6	余振复	女	29	销售部	工程师	1989-11-15
11	7	单怀光	男	37	销售部	工程师	1984-8-17
12	8	李德燃	女	36	软件部	工程师	1984-8-23
13	9	苏洪元	男	40	软件部	高工	1989-12-13
14	10	张一平	女	39	软件部	高工	1987-11-25
15							

图 6-3 某个工作表数据

1. 输入常量

(1) 文字的输入。

输入单元格数据可以从工作表的任何位置开始，首先双击某个单元格，使它进入编辑状态，然后键入数据(在单元格和编辑栏中同时显示)。另外，先单击已选定的单元格，再单击编辑栏，并在编辑栏中键入数据，也可以实现单元格数据的输入。

输入完成后，使用回车键确认并定位到下面的单元格，使用 Tab 键和方向键确认，但定位的单元格各不相同；单击编辑栏左侧的按钮"√"确认，单击"×"或按 Esc 键取消输入，但仍定位原单元格。

(2) 数字的输入。

有效的数字包括数字(0～9)以及负号、括号、小数点、千分位的“，”号、货币符(“￥”)和百分号,其中数字可用科学计数法表示。如果输入数字后,单元格中显示的是"####",表示当前的单元格宽度不够,可以通过改变列的宽度来进行调整(在列选择器上用鼠标拖动列与列之间的间隔线)。

注意,在输入数字时,默认将其解释为数字;如果要将输入的数字解释为文本,则需要在输入数字前面加上符号"'"(对应于键盘上的单引号);这只是作为文本标识符,而不是文本的一部分,并不显示出来。通常输入的文本左对齐;而输入的数字右对齐。

为了避免将输入的分数当成日期,应在分数前加上"0"及空格,如键入"0 1/2"。

(3) 日期和时间的输入。

输入日期和时间可以有多种方式,例如"95/3/4","04/03/95","4 Mar 95","1995 年 3 月 4 日","一九九五年三月四日";又如"13:30","1:30 pm","下午 1 时 30 分 00 秒"。需要注意的是,在 Excel 中,时间和日期均按数字处理,时间和日期的显示方式取决于单元格中所采用的数字格式:默认单元格是"常规"格式;当 Excel 辨认出键入的是日期和时间时,单元格的格式就由"常规"格式变为内部的"日期和时间"格式。如果 Excel 不能识别当前输入的是日期和时间格式时,则将作为文本处理。

如果要输入计算机显示的当前时间,可使用 Ctrl+Shift+:(冒号)组合键;如果要输入当前日期,可使用 Ctrl+;(分号)组合键。

2. 输入重复数据

Excel 为内容重复的单元格的输入提供了简便的方法。

对于一些分散的、内容重复的单元格的输入,按住 Ctrl 键,并单击选定这些单元格;然后输入数据,此时数据在最后选定的单元格中显示;再按Ctrl+Enter组合键,数据就会同时复制到所有选定的单元格中。例如,输入图 6-3 中"职称"一栏的几个数据为"工程师"的单元,如图 6-4(a)所示。如果表中有一些重复数据,在填写时,Excel 会自动提示出已填过的内容。另外,可以按回车键确认输入或填写新内容。在输入重复数据时,也可以使用Alt+↓组合键,此时下拉出一个小列表框,可从中选择,如图 6-4(b)所示。对于一些连续的单元格,如果内容完全相同,可以使用自动填充的功能,方法是:选定一个单元格,将鼠标指向该单元格右下角的黑色小"+"字(称为填充柄)并用左键拖动,则数据自动地填充到拖动所经过的每个单元格中。

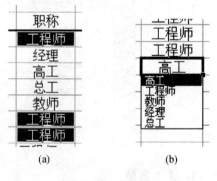

图 6-4 输入重复数据

3. 自动填充数据序列

对于有规律变化的数据输入,例如图 6-5(a)中"编号"一栏,可使用自动填充功能:首先将该列前两个单元格数据选定,将鼠标移动到填充柄位置,光标变为符号"+"(黑色);然后用左键拖动鼠标直至结束位置再松开,则数据就自动按递增规律填充到表格中,如图 6-5(b)所示。对于图 6-5(a)中"性别"一栏中有规律变化的数据,输入方法也基本相同:首先将"男"、"女"(称为循环体)输入到前两个的单元格中;然后选定这两个单元格,拖动填充柄,则数据就按循环规律填充到单元格中。

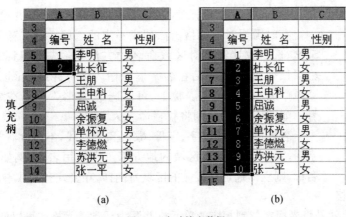

图 6-5　自动填充数据

4. 自定义填充序列

对于一些常用序列的定义，可以使用"工具"菜单中的"选项"命令，在如图 6-6 所示的"自定义序列"选项卡中进行设置。以后再使用这些数据时，只需要在单元格中输入序列中的任意一项，然后拖动填充柄，就可将序列中的剩余项填充到单元格中。

图 6-6　自定义序列

6.2.2　命名与定位单元格

1. 选取工作范围

在对单元格进行编辑之前，要将其选定。选定某个单元格，是指单击表格并使之成为活动单元格。单击工作表窗口左边的行选择器或上边的列选择器，可以选定某行或某列；单击工作表窗口左上角的全选按钮，可以选定整张工作表。配合 Shift 键，可以选定一个连续的工作区域（如多个单元格或多行多列）；配合 Ctrl 键，可以选定多个不连续的工作区域。配合 Ctrl 键单击工作表窗口底部的工作表标签，可以选定多张工作表；此时对一张工作表的操作（如输入数据、设定格式等），将影响所有选定的工作表。

2. 命名与使用工作范围

对于工作表中的任一单元格，可以使用列号和行号来标识，这称为单元格的引用（例如 A1 和 BX23 等）；对于一个连续的区域，可用冒号隔开的首尾单元格来表示，例如 A2:D6；对于多个区域，可用逗号隔开的区域来表示（例如 A1,A2:D6）；在 Excel 的名称框（在工具栏下边）中输入所要选定的区域(例如 A1,A2:D6),则该区域立即成为选定的区域,并成为活动单元格。

有时需要对单元格、行、列或一定的区域进行有意义的命名,以方便记忆、选择或计算。对区域命名的方法是:先用鼠标选定所要的单元格、行、列或区域;然后在名字框中输入名称并回车;也可以使用"插入"菜单中的"名称"命令。例如,可以选定"编号"一栏,在名字框中输入"编号",如图 6-7 所示,则将整栏命名为"编号"。

名称可以使用汉字、字母、数字和下划线,不能含有空格,也不能以数字开始。在任何使用区域的地方都可以使用名称(例如在名字框中输入名称,则立即选定到相应的区域);同样,在公式和函数中也可以使用名称。

图 6-7 命名工作范围

3. 定位单元格

单元格的定位就是将光标定位到相应的单元格并置为活动单元格。可以使用鼠标左键单击相应的单元格(必要时可以使用工作表窗口的滚动条),也可使用光标移动键(例如↑,→,↓,←和 PgUp,PgDn,Home,End 等);还可使用 Ctrl+Home 和 Ctrl+End 分别定位到工作表首和工作表尾。定位单元格的另一种方法是在名字框中输入单元格的编号(例如 A23)或已经定义好的区域名称;还可以使用"编辑"菜单中的"定位"命令,按条件定位;也可以使用"查找"命令。

6.2.3 编辑数据

除了直接向工作表的单元格中输入数据以外,用户还经常需要对单元格中的数据进行编辑,以便获得需要的数据。

1. 数据的编辑与复制

如果要编辑单元格中的数据,应首先定位到相应位置并双击,然后直接编辑数据(也可在编辑框中编辑)。

如果想将整个单元格或区域中的内容移动到其他位置,可以使源单元格成为活动单元格;然后选择"编辑"菜单中的"剪切"或"复制"命令(也可相应按 Ctrl+X 或 Ctrl+C 组合键)(此时该单元格的边框将以活动框线显示);接着定位到目标单元格,选择"粘贴"命令(也可直接按 Ctrl+V 组合键),则源单元格中的内容就移动或复制到目标单元格中,如图 6-8 所示。另一种移动或复制单元格的方法是:先选定需要移动或复制的单元格;然后将鼠标移动到单元格的边框上(此时鼠标变为箭头状),按住鼠标左键(如果要复制单元格,还要按住 Ctrl 键)并拖动,到目标位置时再释放。注意,当移动单元格时,如果目标单元格中包含有内容,用户会被提示是否覆盖原有内容。

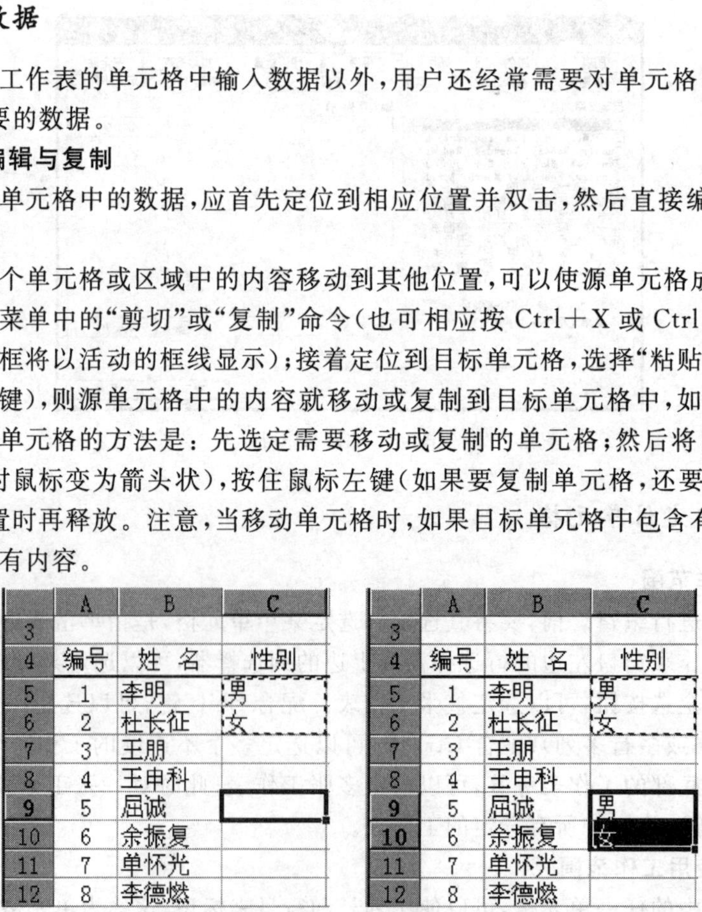

图 6-8 复制与粘贴数据

此外，选定单元格后，使用"编辑"菜单中的"清除"命令，可以清除单元格中的内容（相当于按 Delete 键）或其中的格式（相当于恢复到默认格式）。使用"选择性粘贴"命令，可以粘贴内容或格式；还可以实现数据的运算（例如加、减、乘、除）以及行、列的转置等，如图 6-9 所示。使用"查找"或"替换"命令，可以快速地查找或替换相应的公式或值，如图 6-10 所示。查找和替换功能对大数据量的处理尤其有效。

图 6-9 "选择性粘贴"对话框

图 6-10 "查找与替换"对话框

2. 单元格的插入与删除

如果在活动单元格上面和左边插入单元格，可以单击"插入"菜单中的"单元格"命令，则弹出如图 6-11 所示的对话框。其中有四个选项，分别表示插入单元格并将活动单元格向右移动；插入单元格并将活动单元格向下移动；插入整行并将活动单元格所在行向下移动；插入整列并将活动单元格所在列向右移动。

如果要删除单元格，首先应选定一个或多个单元格，然后使用"编辑"菜单中的"删除"命令。类似于"插入"命令，"删除"命令也有四个选项，从而确定是删除单元格，还是删除整行或整列。注意，"删除"与"清除"有所不同：前者是将单元格从工作表中取出，其位置被邻近单元格填充；而后者是将单元格的内容删除，而单元格仍然存在，可以继续使用。

另外，选定单元格、行和列后，使用鼠标右键单击弹出的菜单（如图 6-12 所示），也可以实现插入和删除操作。

图 6-11 "插入"对话框

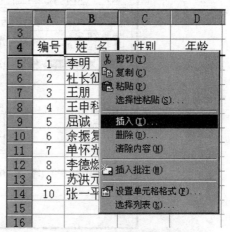

图 6-12 在单元格上单击鼠标右键所弹出的菜单

3. 数据的有效性

如果希望工作表能够对用户输入数据的正确性做出判断，必须事先利用"数据"菜单中的"有效性"命令，在对话框中设定数据的有效范围。这将大大减少用户输入错误数据的机会。在输入数据时，可以在"数据有效性"对话框的"输入信息"选项卡中选中"选定单元格时显示输入信息"复选框。如果要在显示信息中出现粗体标题，可在"标题"编辑框中键入标题内容，并在"输入信息"编辑框中输入具体的提示信息，如图 6-13 所示。此外，"出错警告"选项还可以设置错误提示信息。

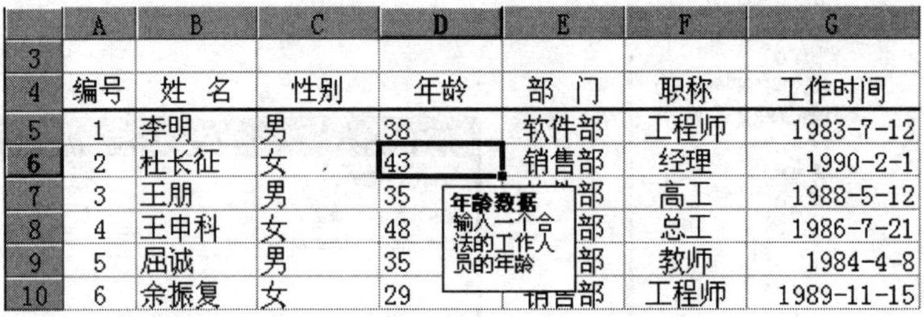

	A	B	C	D	E	F	G
3							
4	编号	姓 名	性别	年龄	部 门	职称	工作时间
5	1	李明	男	38	软件部	工程师	1983-7-12
6	2	杜长征	女	43	销售部	经理	1990-2-1
7	3	王朋	男	35	部	高工	1988-5-12
8	4	王申科	女	48	部	总工	1986-7-21
9	5	屈诚	男	35	部	教师	1984-4-8
10	6	余振复	女	29	销售部	工程师	1989-11-15

图 6-13 有效数据的提示信息

6.2.4 格式化文字及数据

为了使工作表更加直观和易于理解，Excel 提供了多种设置工作表格式的方法。

1. 格式化单元格

将数据内容输入到工作表以后，下一步是对表格进行格式调整，例如调整行、列的宽度，表中数据的位置、显示格式等。

(1) 文字格式的设置。

Excel 中对文字格式(例如字体、大小和颜色)的设置与 Word 中相似，先选定要设置的区域，再使用"格式"工具栏中的相应的按钮即可(图 6-2)。也可以选择"格式"菜单中的"单元格"命令，在相应的对话框中设置，如图 6-14 所示。

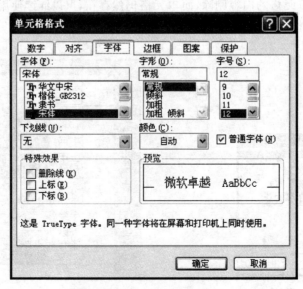

图 6-14 "单元格格式"对话框

(2) 数据对齐方式的设置。

设置数据对齐方式,可以使用"格式"工具栏中的"左对齐"、"居中"、"右对齐"、"增加缩进量"和"减少缩进量"等按钮;还可以使用"格式"菜单中的"单元格"命令,在对话框的"对齐"选项卡中进行更丰富的设置。"合并单元格"按钮可将多行多列的选定区域合并成一个大单元格。例如,可将题目所在行的多个单元格合并成一个单元格并居中对齐,如图 6-15 所示。

图 6-15　单元格的合并、居中操作前(a)后(b)

(3) 表格线。

单元格之间的表格线在打印时一般是不显示出来的;需要显示时应使用"格式"菜单中的"单元格"命令,在"边框"和"图案"选项卡或工具栏中设置。这样,可以对某个单元格、某个区域和整个表格使用不同的底纹和颜色,使表格更具有感染力。

(4) 数字的格式。

对于电子表格中的数字,Excel 提供了丰富的数字格式,例如货币、百分比和千分位分隔等。选定需要设置的区域,使用工具栏中的按钮或"格式"菜单的"单元格"命令中的"数字"选项卡,可从中挑选丰富的样式。Excel 把日期和时间等统一作为数字处理。当数字在没有进行任何格式设置时,系统默认的是"常规"格式,"常规"格式没有指定数字的具体格式。

(5) 自动套用格式。

在 Excel 中,生成表格时可以自动套用已有的格式,即在选定的数据区域中使用"格式"菜单中的"自动套用格式"命令,在各种格式中选择需要的类型,如图 6-16 所示。

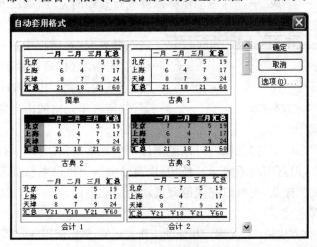

图 6-16　"自动套用格式"对话框

(6) 条件格式。

在 Excel 中,还可以将表格中一些满足条件的数据进行突出显示,即使用"格式"菜单中的"条件格式"命令,在对话框中设置条件,如图 6-17 所示。如果条件不止一个,可使用"添加"按钮。例如,要对图 6-3 中年龄大于 40 的数据以红色斜体显示,在"条件格式"对话框中先把"条件"应设置成"大于""40";然后按"格式"按钮,在"字体"选项卡中设置。

图 6-17 "条件格式"对话框

(7) 样式。

样式是一组格式化设置的集合。在 Excel 中存储了一些样式,可通过选择"格式"菜单中的"样式"命令选择使用。同 Word 一样,Excel 也可以更改、合并和删除已有样式,对于修改过的样式,也可以添加为新样式。

(8) 格式刷。

如果希望把一些单元格中已经设置好的格式应用到其他单元格上,可以使用"编辑"菜单中的"复制"和"选择性粘贴"命令;另一种简单方式则是使用"格式"工具栏上的"格式刷"按钮:首先选择已设置好格式的单元格,并单击"格式刷"按钮,则所选定的单元格四周出现滚动的虚线框;再使用带有格式刷标志的光标,选定需要应用格式的区域,就可以方便地将格式加上了。

如果想将源单元格的格式向多个目标单元格复制,同样在选定源单元格之后双击"格式刷"按钮,则可以一次性实现;再次单击"格式刷"按钮或 Esc 键,可以取消格式复制。

2. 格式化行与列

(1) 行高和列宽的设置。

设置行高和列宽,可以将鼠标移到行和列选择器上,指向行、行之间或列、列之间的分隔线。当光标形状变为"↕"或"↔"时,拖动鼠标以改变行或列的宽度,如图 6-18 所示;也可以使用"格式"菜单中的"行"和"列"命令,在"行高"和"列宽"对话框中进行精确设置;还可以使用"行"和"列"命令中的"最合适的行高"和"最合适的列宽",让 Excel 自动设置行高和列宽,使所选单元格的内容能充分显示。

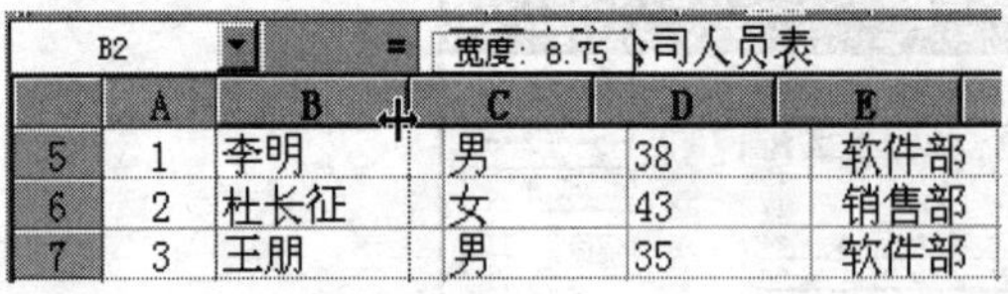

图 6-18 设置列宽

(2) 行、列的隐藏。

使用"行"和"列"命令中的"隐藏",可以隐藏选定单元格所在的行(一行或多行)或列(隐藏的部分并不等于删除,但打印时不显示);使用"取消隐藏",则可以重新显示隐藏的部分。在行和列选择器上使用鼠标拖动,也可以完成隐藏或取消隐藏操作。

3. 格式化工作表

对工作表的格式化方法是:首先选定相应的工作表标签,然后使用"格式"菜单中的"工作表"命令就可以重命名工作表、隐藏、取消隐藏工作表,设置工作表背景以及设置工作表标签的颜色。

6.2.5 管理工作表

在工作簿中需要对多张工作表进行管理,例如插入、删除、移动、复制和重命名工作表;有时还需要对多张工作表同时操作。

如果要在工作簿中插入工作表,应该使用"插入"菜单中的"工作表"命令,则在当前工作表的左边插入一张新的工作表。如果要删除某张工作表,应该首先选中该工作表的标签,然后使用"编辑"菜单中的"删除工作表"命令。此外,在工作表标签上单击鼠标右键,则在快捷菜单中用鼠标左键单击选择"插入"或"删除"命令(图6-19)。

使用"编辑"菜单中的"移动或复制工作表"命令,或在如图6-19所示的快捷菜单中选择"移动或复制工作表"命令,或用鼠标拖动相应的工作表标签,可以完成工作表的移动,并配合Ctrl键来完成工作表的复制。

类似地,可使用菜单或工作表标签快捷菜单中的命令完成工作表的重命名。

配合Ctrl键单击工作表窗口底部的工作表标签,可以选定多张工作表,此时对一张工作表的操作(例如输入数据和设定格式等)将影响所有选定的工作表。例如,要对几张类似的工作表统一设定格式,可以使用该方法。

图6-19 用鼠标右键单击工作表标签后的快捷菜单

6.2.6 管理窗口

1. 多个窗口的切换

在Excel中打开多个工作簿,则具有多个窗口。在多个窗口之间切换,可以在"窗口"菜单中选择相应的窗口或使用Ctrl+Tab组合键。此外,可以分别对每个窗口进行最大化、最小化和还原的操作,或直接用鼠标拖动的方法来改变其大小及位置。

2. 窗口的拆分与冻结拆分

当工作表中的内容不能一次性完整地呈现在屏幕上,利用滚动条来查看也不方便时,可以使用拆分和冻结拆分工作表窗口的方法,解决大表浏览的问题。

拆分工作表窗口是把当前工作表拆分成多个窗格,每个拆分窗格具有独立的滚动条,以控制该窗格中的显示部分。Excel允许工作表窗口在水平方向和垂直方向上最多分别被拆分一次,而每个工作表窗口最多可被拆分成四个窗格。

冻结拆分工作表与拆分工作表非常类似;所不同的是在滚动工作表时,被冻结的窗格中的内容一直显示在屏幕上,冻结对象通常是工作表中的行标题和列标题。具体操作是:先将需要拆分的单元格置为活动单元格,使用"窗口"菜单中的"拆分"命令;如果需要冻结拆分窗口,再次使用"冻结拆分窗口"命令,如图6-20所示。

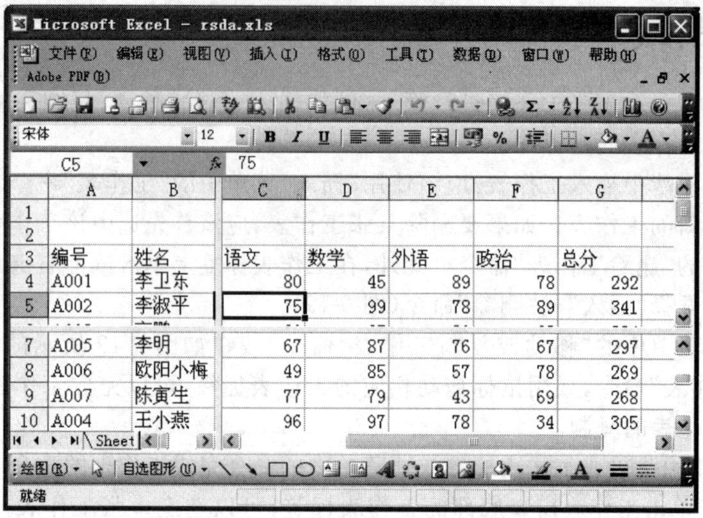

图 6-20 窗口的冻结拆分

6.3 数据的表示——图形与图表

在 Excel 中,除了文字数据以外,还可以绘制图形或插入图片,使电子表格更美观。另外,Excel 可以用图表将数据更直观地表示出来,通过将选定的工作表数据制成条形图、柱形图和饼图等形式的图表,使数据变得更具有表现力;同时,图表还具有易于阅读的特点,更有利于用户分析和比较数据。

6.3.1 图形对象

在 Excel 中,处理图形对象的方法与 Word 十分相似。例如,使用"视图"菜单的"工具栏"子菜单中的"绘图"工具栏,即可以绘制图形(例如圆、矩形、线条和箭头等)。使用"插入"菜单中的"图片"命令,可以插入来自文件的图片或艺术字等。利用"图片"工具栏可以操作图形对象。在图形对象上,单击鼠标右键,利用快捷菜单可以对该图形对象进行操作(例如复制、删除和设置叠放次序),还可以设置图片的格式(例如颜色、大小和位置等)。

6.3.2 图表

1. 创建图表

选定需要制作图表的数据区域,单击"常用"工具栏上的"图表向导"按钮或"插入"菜单的"图表"命令,即开始创建图表。例如,要创建图 6-3 中"年龄"一栏的柱状图,具体步骤为:(1) 选择所需创建的图表的类型,这里我们从柱形图、条形图、折线图和饼图中选择柱状图。(2) 在"数据区域"编辑框中显示出该单元格区域的单元格引用。对数据区域,可以直接填写"B4:B14,D4:D14"(分别包含姓名区及年龄区);也可以利用数据区域框右端的"压缩对话框"和"区域选择"按钮进行选择。单击该按钮以后,对话框折叠起来,用鼠标选择需要的区域,则区域的引用自动填入;完成后再单击此按钮,对话框复原。这种用于数据区域选择的按钮又称为折叠按钮(它在很多对话框都适用,以后不再详述)。(3) 在"数据区域"下方的"系列产生在"选项中,可以选择"行"或"列",用于确定数据系列是横排还是纵排,这里选择"列"。(4)进一步设置标题、坐标轴、网格线和图例等。(5)确认将图表嵌入当前工作表或放入新的工作表中,如图 6-21 所示。

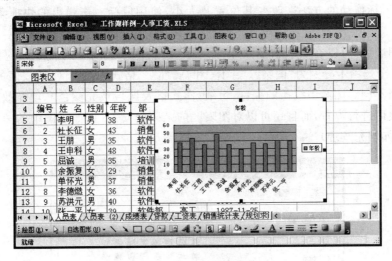

图 6-21 图表的创建

2. 编辑图表

创建图表之后,在图表和工作表数据之间就自动建立了链接关系。当更改与图表相关的单元格中的内容时,图表会自动更新。向图表添加数据,最简便的方法是复制工作表中的数据并粘贴到图表中;也可以通过鼠标拖动数据到图表的方式来完成。如果要删除图表中与工作表对应的数据,单击图表绘图区中需要删除的数据系列中的任意一项(例如一个柱形),按 Delete 键可以将选定的数据系列删除。插入的图表可以使用"图表"工具栏中的"图表类型"按钮,或在图表空白区域上单击鼠标右键,使用快捷菜单中的"图表类型"命令来更改类型。

在图表快捷菜单中选择"图表选项"命令,打开"图表选项"对话框,可以进行多种设置,如图 6-22 所示。

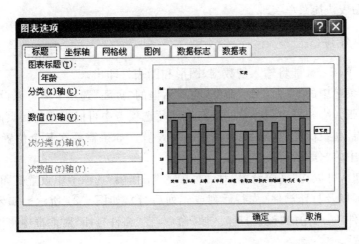

图 6-22 "图表选项"对话框

3. 修饰图表

通过对图表区域的各个组成元素进行修饰,可以更加适合用户的需要。能够修饰的对象包括整个图表区、绘图区以及数据标记、坐标轴、网格线。在对它们进行修饰设置时,先选定对象;然后使用鼠标拖动的方法来改变其位置及大小,使用鼠标右击弹出的快捷菜单进行格式设置。

格式化图表区,可以在图表快捷菜单中选择"图表区格式"命令,打开相应的对话框(图6-23),其中三个选项卡分别为"图案"、"字体"和"属性"。格式化图表区,图表区的图案随图表类型的不同而不同。图案中线条的颜色、粗细、样式以及区域填充颜色和填充效果等,不仅可以对整个图表区进行设置,而且还可以对图表区的某一个元素(例如饼图中的一块饼)进行单独的设置(例如填充纹理)。

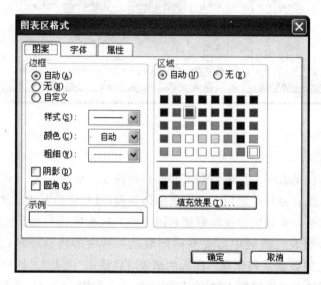

图 6-23 "图表区格式"对话框

在图表中通常还包含其他一些图表元素(例如图表标题和坐标轴等)。对它们的格式设置,也可以通过图表快捷菜单实现。

6.3.3 打印工作簿

像 Word 一样,Excel 能将输入的数据、图形和图表打印出来。

使用"文件"菜单中的"页面设置"命令,在对话框的"页面"选项卡中可以设置页面、打印质量、打印方向、纸张大小和页边距等;在"页眉/页脚"选项卡中可以设置起始页码、页眉和页脚,利用"自定义页眉"和"自定义页脚"命令则进一步设置。如果需要在某个位置强行分页,可以使用"插入"菜单中的"分页符"命令。

打印工作表时,可以在"页面设置"对话框中的"工作表"选项卡中设置打印标题、是否打印网格线、行号列标以及打印顺序(先行后列或先列后行),如图 6-24 所示。如果打印部分工作表,可以使用"文件"菜单中的"设置打印区域"命令,在"文件打印"对话框中将选定的打印内容指定为"所选区域"。

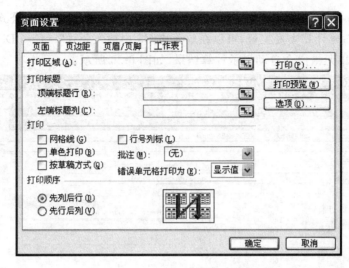

图 6-24 工作表打印设置

6.4 数据的运算——公式与函数

Excel 可以进行比较复杂的数据计算,这是靠公式来实现的。公式可以使工作表的功能大大增强,表格不再仅仅是数据的堆砌,而变成了进行数据处理的有效工具。

函数是预定义的公式,或者说是内置公式,可以用来进行简单或复杂的计算。Excel 为用户提供了数百个函数,可以实现各种计算,包括数学计算、逻辑计算和财务计算等。

6.4.1 公式

1. 公式的概念

公式是在工作表中对数据进行分析、计算,用运算符将运算数据连接而成的等式。其中,运算数据既可以是常量数值,也可以是单元格地址或区域范围的引用、名称,或者是 Excel 提供的函数;运算符可以是"+"(加)、"-"(减)、"*"(乘)、"/"(除)等算术运算符,也可以是">"(大于)、"<"(小于)、"="(等于)、">="(大于或等于)、"<="(小于或等于)、"<>"(不等于)等比较运算符,比较运算的结果是逻辑值"真(True)"或"假(False)",还可以是文本运算符(如连接运算符"&")。例如,"=AVERAGE(C1:C5)*5-扣除"就是一个典型的公式,其中"="是公式的开始标志,"AVERAGE()"是函数,"*"和"-"是运算符,"5"是常数值,"C1:C5"是单元格的引用,"扣除"是单元格的名称。

公式中可以引用同一工作表中的其他单元格、同一工作簿的不同工作表中的单元格(格式是"工作表名!单元格或区域引用")或其他工作簿的工作表中的单元格(格式是"[工作簿名]工作表名!单元格或区域引用")。例如,"C1:C5"表示当前工作表中的单元格;"Sheet1!C1:C5"表示当前工作簿的工作表 Sheet1 中的单元格;"[Book1]Sheet1!C1:C5"表示工作簿 Book1 的工作表 Sheet1 中的单元格。

2. 输入和编辑公式

输入和编辑公式跟输入和编辑数据一样,可以双击单元格并输入,也可以点击编辑框左边的"="并输入。注意,公式总是以"="开始;输入结束后按回车键,则在单元格中自动显示公式的结果。对图 6-25 中的人事工资表计算税款,可以在单元格 F5 中输入公式"=(C5*D5+E5-800)*0.03";要计算实发工资,可以在单元格 G5 中输入公式"=C5*D5+E5-F5"。当公式输入完成,在单元格内会自动显示计算结果,如图 6-26 所示。

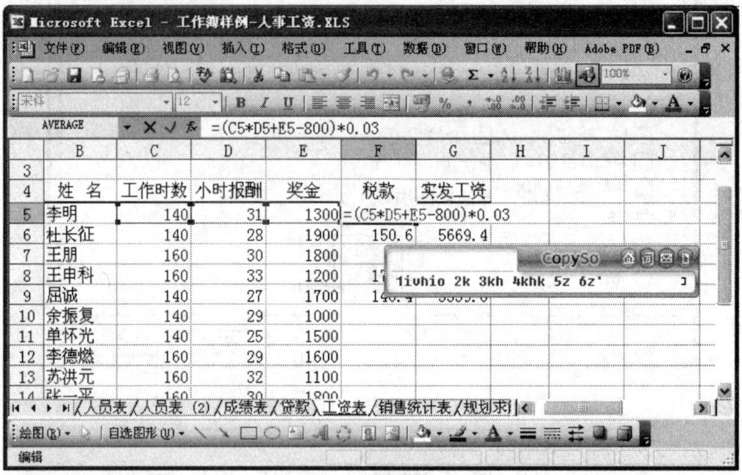

图 6-25 输入、编辑公式

图 6-26 公式自动计算结果

当公式中含有其他单元格的引用时,一旦所引用的单元格的值发生改变,公式的结果就会自动发生改变。这体现了电子表格的自动功能。

3. 移动和复制公式

复制公式可以通过"复制"、"粘贴"或使用拖动填充柄的方式来进行。例如,在如图 6-25 所示的人事工资表中,要计算每人的实发工资,每一行都应有一个公式,于是可以在单元格 G5 输入公式后,拖动填充柄将公式复制到以下其他各行。

在进行公式的移动或复制时,经过移动或复制后的公式有时会发生变化。如图 6-25 所示,单元格 F5 中的税款公式是"=(C5*D5+E5-800)*0.03",复制到单元格 F6 中则成为"=(C6*D6+E6-800)*0.03"(图 6-27);变化的原因是公式中出现了其他单元格的引用,这一般被称为单元格的相对地址。这种变化是合理的,因为第 6 行的税款就应该用第 6 行的相关数据来计算。

图 6-27 复制公式时单元格相对地址的变化

如果不需要这种地址的自动改变，就应使用单元格的绝对地址。绝对地址指该地址不随公式的移动或复制而变化，其表示方法是在相对地址的列号和行号前分别加一个符号"$"；还可以只在行号前加"$"，或只在列号前加"$"，注意在不能改变的列号或行号前一定要加上符号"$"。例如，将税款公式中的免税基数部分"800"存入单元格 B1 中，这样，单元格 F5 中的税款公式写为"＝(C5＊D5＋E5－B1)＊0.03"；再将该公式复制单元格 F6 中，它会自动变为"＝(C6＊D6＋E6－B2)＊0.03"，其中 B1 单元格的相对地址变为 B2，这是不合理的。为了解决这个问题，应对 B1 使用绝对地址，即将单元格 F5 中的税款公式写为"＝(C5＊D5＋E5－$B$1)＊0.03"。请思考一下，在此情况下是否可以使用 B$1 或$B1。

6.4.2 函数

1. 函数的概念

函数是 Excel 中一些已经定义好的公式。函数处理数据的方式与直接创建的公式是相同的。所有函数都是由函数名和位于其后括号内的一系列参数组成的，即

函数名(参数 1，参数 2，…)

Excel 所提供的函数按功能可分为财务函数、日期与时间函数、数学与三角函数、统计函数、查找与引用函数、数据库函数、文本函数、逻辑函数和信息函数等类型。

2. 输入函数

与直接输入公式一样，在编辑栏中也可以直接键入任何函数，如图 6-28 所示。单击编辑框左边的等号"＝"，会弹出一个"公式选项板"，它是一个帮助创建编辑公式的工具。如果需要输入函数，先单击"公式选项板"左侧的函数列表，从中选取所需的具体函数；再单击编辑框右端的"折叠"按钮将"公式选项板"缩小，用鼠标选定所需数据。

此外，利用"常用"工具栏中的"自动求和"按钮，可以快速创建求和公式。利用"粘贴函数"按钮可以打开"函数输入向导"，它会显示函数的名称、每一个参数以及函数的功能和参数，并给出函数计算的当前结果和整个公式的结果。

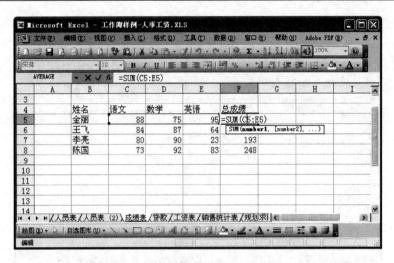

图 6-28 输入函数

3. 常用函数

这里以下面三个常用函数来说明函数的一般格式：

AVERAGE( )的功能是返回参数的(算术)平均值；其用法是：

$$AVERAGE(number1,number2,\cdots)$$

其中 number1,number2 等是要计算平均值的 1～30 个参数，参数可以是数字或涉及数字的名称、引用。

SUM( )的功能是返回某一单元格区域中所有数字之和；其用法是：

$$SUM(number1,number2,\cdots)$$

其中 number1,number2 等是为 1～30 个需要求和的参数。直接键入到参数表中的数字、逻辑值及数字的文本表达式将被计算。如果参数是假值或不能被转换成数字文本，将会导致错误。

PMT( )的功能是基于固定利率、等额分期付款方式，返回投资(或贷款)的每期付款额；其用法是：

$$PMT(rate,nper,pv,fv)$$

其中 rate 为各期利率；nper 为总投资(或贷款)期，即该项投资(或贷款)的付款期总数；pv 为现值，即从该项投资(或贷款)开始计算时已经入账的款项或一系列未来付款当前值的累积和(也称为本金)；fv 为未来值或在最后一次付款后希望得到的现金余额(如果省略 fv，则假设其值为零，例如一笔贷款的未来值即为零)。

PMT( )返回的支付款项包括本金和利息，但不包括税款、保留支付或某些与贷款有关的费用。使用该函数时，应确认所指定的 rate 和 nper 的单位的一致性。例如，如果按月支付四年期年利率为 12% 的贷款，rate 应为 12%/12，nper 应为 4*12；又如，PMT(8%/12,10,10000)将返回需要 10 个月付清的年利率为 8% 的 10 000 元贷款的月支付额，其值等于 −1037.03(元)。

下面列出的函数是比较常用的：

(1) 统计函数。

SUM( )表示求和，例如"=SUM(B10:B13)"；

SUMIF( )表示按条件求和,例如"=SUMIF(B10:B13,">=18",C10:C13)";
AVERAGE( )用来求平均值,例如"=AVERAGE(A2:A5)";
COUNTIF( )表示按条件求个数,例如"=COUNTIF(B10:B13,">=18")";
MAX( )用来求最大值,例如"=MAX(B10:B13)";
MIN( )用来求最小值,例如"=MIN(B10:B13)";
RANK( )用来求在一组数中的排名,例如"=RANK(B10,B$10:B$13)"。
(2) 数学函数。
INT( )用于取整(求不大于一个数的最大整数),例如"=INT(B10)";
ROUND( )用于进行四舍五入,例如"=ROUND(B10,2)";
RANDOM( )用于得到一个随机数(位于 0~1 之间),例如"=RANDOM()*10"。
(3) 文本函数。
LEN( )用来求长度,例如"=LEN(B10)";
LEFT( )用来求左边几个字符,例如"=LEFT(B10,2)";
RIGHT( )用来求右边几个字符,例如"=RIGHT(B10,2)";
MID( )用来求中间几个字符,例如"=MID(B10,2,3)"表示 B10 单元格的内容中从第 2 个字符开始长为 3 的子串;
TEXT( )用来转成文本,例如"=TEXT(B10)"。
(4) 判断及逻辑函数。
IF( )用来判断条件是否满足,例如"=IF(C15>5,"超标","正常")";
AND( )用来求逻辑"与",例如"=AND(C15>5,C15<10)";
OR( )用来求逻辑"或",例如"=OR(C15>5,C16>5)";
NOT( )用来求逻辑"反",例如"=NOT(C15>C16)"。
(5) 日期函数。
TODAY( )用来求今天的日期,例如"= TODAY()";
NOW( )用来求当前时间,例如"=NOW()";
WEEKDAY( )用来求某个日期对应是星期几,例如"=WEEKDAY(TODAY())"。
以上及其他函数的具体使用方法,可查看 Excel 提供的帮助。

6.5 数据管理与分析

在 Excel 中除了利用公式或函数进行计算以外,有时还需要对大量数据进行分析处理:简单的,如排序、分类和查找等;复杂的,如模拟运算、方案管理、单变量求解、规划求解和统计分析等。

6.5.1 排序

在输入数据时,记录的排列可能是无序的;而在实际应用中,往往希望数据按照一定的顺序排列,以便于查询和分析,所以数据记录的排序是数据重新组织的一种常用方法。在 Excel 中,不仅提供按一个关键字进行排序,而且还可以按多个关键字进行排序。

按某个字段进行排序,即按表格中某一列进行排序,首先用鼠标激活表格中该列的任意一个单元格,然后使用"升序排序"按钮或"降序排序"按钮对该列进行排序。

按多个字段排序是指当第一个字段(称为主要关键字)相同时,可以按第二个字段(称为次要关键字)和第三个字段(称为第三关键字)排序。排序时,用鼠标激活表格数据区域中的任一单元格,然后选择"数据"菜单中的"排序"命令,在相应的对话框中填写需要排序的字段名称,并选择升序排列或降序排列。使用该命令后,Excel 将数据区域全部选定,表示对数据库的全部记录进行排序。需要注意的是,在排序时最好不要人为地选定数据区域;否则,将只对选定区域内的数据进行排序,会造成整个工作表的混乱。

在填写"排序"对话框的关键字时,可以在下拉列表中选择需要的字段名称,也可以选择按多个字段(列)进行排序。单击"排序"对话框中的"选项"按钮,可以对排序方法进行设置。例如,对于文字,可以按拼音顺序排列,也可以按笔画顺序排列。

6.5.2 记录单

对电子表格所表示的数据进行浏览、添加、删除、检索和排序,是数据管理中经常进行的操作。这些数据经常以记录单的方式进行处理。在记录单中,表格的一行称为一条记录,表格的一列称为一个字段。如果记录非常多,使用滚动条进行记录的浏览和查找就显得极不方便;而利用记录单命令,可以方便地实现记录编辑、浏览、添加、删除和检索等操作。

1. 使用记录单浏览数据

将光标放置在工作表的任意位置,使用"数据"菜单中的"记录单"命令,在如图 6-29 所示的对话框中,从第一条开始显示数据库中的记录。使用"下一条"、"上一条"按钮,可以实现逐条记录的浏览和编辑修改。

2. 使用记录单编辑数据

在记录单对话框中浏览到相应的记录,即可编辑数据。删除记录时,只需选定记录并使用"删除"按钮。"新建"按钮用于为数据库中添加新记录,新记录被放置在数据库的尾部。添加记录时,一个字段输入结束,使用 Tab 键进入下一个字段的输入;一条记录

图 6-29 记录单对话框

输入结束后,使用回车键进入下一条记录的输入;全部输入完毕,按"关闭"按钮。每添加一条记录,实际是在工作表中添加了一行。

6.5.3 数据检索

1. 条件检索

检索是选出满足条件的记录,用"记录单"的"条件"来实现的。首先,单击工作表数据区域中任一单元格,使用"数据"菜单中的"记录单"命令。然后,在记录单对话框中单击"条件"按钮,这时出现空白记录单(图 6-30)。再填入检索条件,检索条件可以使用">"、"<"、"="、">="、"<="以及"<>"的符号,也可以填写多个条件。

图 6-30 条件对话框

条件填写完毕后,按下"表单"按钮,此时仍然回到刚才选择"条件"按钮的状态(图 6-29),即显示第一条记录的状态,而不是显示满足条件的记录。不断地使用"下一条"和"上一条"按钮,可以查看检索结果。

2. 数据筛选

另一种检索的办法是使用"数据"菜单的"筛选"子菜单中的"自动筛选"命令。此时,可以在每个字段名称旁边的下拉出列表框中挑选需要的值,或者选择其中的"自定义"进行条件设置,如图6-31所示。如果对某个字段的筛选条件不止一个,它们之间可以是"与"的关系,也可以是"或"的关系;直至选择所有条件,表格中保留的记录就是符合条件的记录。进行自动筛选操作后,如果希望恢复到原来的表格状态,可以重新选择"自动筛选"命令。此时,"自动筛选"命令左边的选中标志撤销,表格中的记录又恢复为原来的显示状态。

	A	B	C	D	E	F	G
3							
4	编号	姓名	性别	年龄	部门	职称	工作时间
6	2	杜长征	女	43	销售部	经理	1990-2-1
8	4	王申科	女	48	软件部	总工	1986-7-21
15							

图 6-31 数据的自动筛选

6.5.4 数据汇总

对于数据库操作的很多情况,需要对记录按某些条件进行统计和汇总。Excel 提供了许多用于统计和汇总的函数,例如求平均值、最小值、最大值以及统计记录个数等。除了使用函数,还可以使用一些菜单命令,方便地实现数据统计与汇总。

1. 分类汇总

Excel 提供了分类汇总的功能(即按照不同的种类进行汇总),汇总方式不仅可以是求和,还可以分类求平均值、计数、最大值、最小值和标准差等,并给出总计。

分类汇总之前,需要按关键字段进行排序(升序或降序可以根据需要选择)。选中数据表中的一个单元格后,使用"数据"菜单的"分类汇总"命令,在相应的对话框中对汇总项和汇总方式进行设置。例如,对如图6-3所示的人事工资表中按"部门"进行排序并分类,将"年龄"进行求平均值的汇总,如图 6-32 所示。图 6-33 中给出汇总结果:不同部门年龄的平均值。窗口左边的"+"和"-"按钮可以用来进行分级数据的展开与折叠(折叠时可以将表格中的原始数据隐藏起来),另外,也可用"数据"菜单中的"组及分级显示"命令。如果需要取消分类汇总,只需单击"分类汇总"对话框中的"全部删除"按钮。

图 6-32 "分类汇总"对话框

		A	B	C	D	E	F	G	H
	3								
	4	编号	姓名	性别	年龄	部门	职称	工作时间	工资
	5	5	屈诚	男	35	培训部	教师	1984-4-8	5000
	6				35	培训部 平均值			
	7	1	李明	男	38	软件部	工程师	1983-7-12	5494.8
	8	3	王朋	男	35	软件部	高工	1988-5-12	6426
	9	4	王申科	女	48	软件部	总工	1986-7-21	6309.6
	10	8	李德燃	女	36	软件部	工程师	1984-8-23	
	11	9	苏洪元	男	40	软件部	高工	1989-12-13	
	12	10	张一平	女	39	软件部	高工	1987-11-25	
	13				39.33	软件部 平均值			
	14	2	杜长征	女	43	销售部	经理	1990-2-1	5669.4
	15	6	余振复	女	29	销售部	工程师	1989-11-15	
	16	7	单怀光	男	37	销售部	工程师	1984-8-17	
	17				36.33	销售部 平均值			
	18				38	总计平均值			

图 6-33 分类汇总的结果

2. 合并计算

合并计算是对多张工作表进行的汇总。如果需要将多张工作表合并,进行一些统计计算,可用这一功能。

例如,结构相同的两张成绩表分别给出同一批学生上学期和本学期每门课的成绩,将两表合并计算出各个学生每门课两学期的成绩之和。此时,使用"数据"菜单中的"合并计算"命令,打开对话框(图 6-34)中,在"函数"下拉列表中选择"求和"。"引用位置"是指参加合并计算的工作表的名称以及数据区域,右边的"区域选择"按钮可用来进行选择。注意,这里数据区域用绝对单元格表示,数据区域与工作表之间用符号"!"分开。每选择一张工作表,按"添加"按钮,即可将它加入到"所有引用位置"中。单击"确定"按钮,则会生成一个合并计算的结果表格。若对通过合并计算所获得的新表格选择"创建连至源数据的链接",则新表格中的数据记录会随着源数据记录的改变而自动改变。

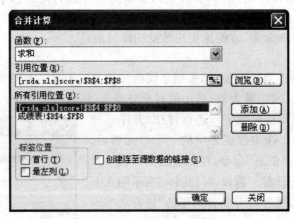

图 6-34 "合并计算"对话框

6.5.5 数据透视表

对数据进行排序、筛选和汇总,可以使数据以更清晰的方式显示出来。实际上,数据透视表的功能可以将以上三个过程结合在一起,使用户能够有选择地从不同角度对数据进行显示,从而能够更好地理解数据。

例如，在如图6-35所示的表格中，显示出各季度、各种商品和各家分店的销售情况。这时使用数据透视表的功能，可以得到如图6-36所示的数据透视结果。

	B	C	D	E	F	G	H	I
3	季度	药品名称	数量	分店	单价	成本价	季度销售额	利润
4	季度1	电风扇	1200	北京	29.20	19.20	35040.00	12000.0
5	季度1	冰箱	200	北京	12.00	6.50	2400.00	
6	季度1	空调	800	北京	43.20	19.80	34560.00	
7	季度1	加湿器	1300	北京	15.20	9.30	19760.00	
8	季度1	电风扇	1030	上海	29.20	19.20	30076.00	
9	季度1	冰箱	228	上海	12.00	6.50	2736.00	
10	季度1	空调	730	上海	43.20	19.80	31536.00	
11	季度1	加湿器	200	上海	15.20	9.30	3040.00	
12	季度1	电风扇	1700	广州	29.20	19.20	49640.00	
13	季度1	冰箱	550	广州	12.00	6.50	6600.00	

图 6-35 销售明细表

求和项:数量	季度				
分店	季度1	季度2	季度3	季度4	总计
北京	3500	2530	2250	2408	10688
广州	4882	2760	2841	2439	12922
上海	2188	3190	2252	2209	9839
总计	10570	8480	7343	7056	33449

图 6-36 数据透视的结果

1. 创建和显示数据透视表

单击"数据"菜单中的"数据透视表和图表报告"命令，并在对话框中选择数据源，可以将生成的结果放入一张新的工作表中。

在如图6-37所示的界面右边的"数据透视表字段列表"中列出了当前记录单中的字段。中间则是数据透视表的一个草图，可以将字段名称用鼠标拖动到草图中的"行字段"、"列字段"、"页字段"和"数据项"位置即可，其中，拖动到"页字段"位置的（例如"季度"）可以控制

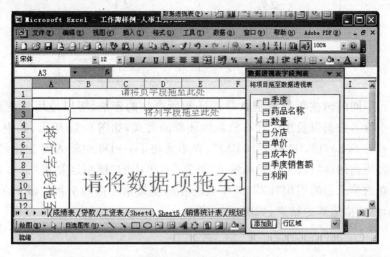

图 6-37 创建数据透视表

显示每一页。双击每个数据项,可以对其汇总方式进行选择(例如求和、求平均值和求最大值等)。

字段设置完成时,自动生成一张工作表,在其中显示数据透视的结果。此时,按下"页字段项"右边的箭头按钮,打开相应的数据列表。这相当于实现分页显示的功能。

2. 操作数据透视表

使用"视图"菜单的"工具栏"子菜单中的"数据透视表"工具栏,可以对数据透视表进行修改和操作。添加数据透视表字段的最简单的方法是使用拖动方式,将字段名从"数据透视表字段列表"拖到数据透视表中即可;若要删除字段,则将字段从数据透视表中拖出去。

汇总方式可以作为字段进行修改,以便使用除了求和以外的汇总函数。例如,在选中字段后,单击"数据透视表"工具栏中的"字段设置"按钮,在对话框中的"汇总方式"列表中选择"平均值"等选项。

6.5.6 进一步的分析功能

Excel 除了可以对现有数据进行排序、检索、筛选和汇总以外,还可以通过更改某些已有变量的值求解、预测和分析其修改值对其他变量的影响。这类数据分析的方法包括模拟运算表、单变量求解和规划求解等。

1. 模拟运算表

模拟运算表是在工作表的一个区域中显示公式中某些变量值的变化对计算结果的影响。它将所有不同的计算结果同时显示在工作表中,为同时求解某一运算中所有可能的变量值组合提供了捷径。模拟运算表分为单变量模拟运算表和双变量模拟运算表两种。

(1) 单变量模拟运算表。

单变量模拟运算表用来描述一个或多个公式中单个变量的变化值对公式结果的影响,其结构如表 6-1 所示。

表 6-1 单变量模拟运算表

变量值	公式
变量值 1	结果 1
变量值 2	结果 2
变量值 3	结果 3
……	……

假设要查看不同的付款年数对贷款月偿还额所产生的影响;可以使用单变量模拟运算。首先在工作表中输入数据以及用于计算贷款偿还额的公式,如图 6-38 所示,其中在单元格 E4 中输入公式"=PMT(B3/12,B2*12,-B1)",在单元格 D5~D8 中输入要变化的年数。然后选择数据和公式所在的区域(D4:E8),单击"数据"菜单中的"模拟运算表"命令,在对话框中输入列变量所在的单元格的引用"B2",即年数所在的变量单元格的引用。最后单击"确定"按钮,则可以显示出模拟运算的结果,如图 6-39 所示。

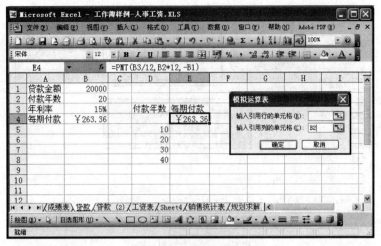

图 6-38 单变量模拟运算

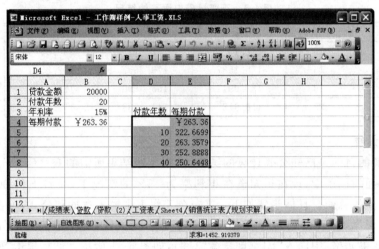

图 6-39 单变量模拟运算的结果

(2) 双变量模拟运算表。

双变量模拟运算表用来描述一个公式中两个变量值的变化对于公式结果的影响,其结构如表 6-2 所示(表中间的值是两个变量所引起的各个结果)。

表 6-2 双变量模拟运算表

公　　式	行变量值 1	行变量值 2	行变量值 3	……
列所引用的变量值 1				
列所引用的变量值 2				
列所引用的变量值 3				
……				

假设要查看不同的贷款利率和贷款期限对贷款月偿还额产生的影响,可以使用双变量模拟运算表(在操作上与单变量模拟运算类似)。要注意的是,由于年利率被编排成行,因此在"模拟运算表"对话框的"输入引用行的单元格"中输入"B3";由于贷款期限被编排成列,因此在"输入引用列的单元格"输入框中输入"B2",如图 6-40 所示。双变量模拟运算的结果如表 6-3 所示。

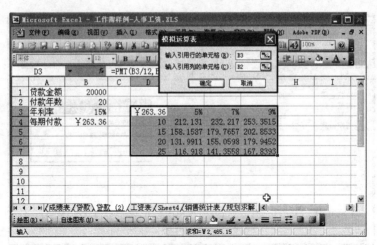

图 6-40 双变量模拟运算

表 6-3 双变量模拟运算的结果

￥263.36	5％	7％	9％
10	212.131	232.217	253.3515
15	158.1587	179.7657	202.8533
20	131.9911	155.0598	179.9452
25	116.918	141.3558	167.8393

2. 单变量求解

单变量求解的目的是已知公式计算的结果，求产生该结果所需的变量值。

例如，在上面的例子中，现在想知道在年利率为15％的情况下，每月支付2000元时可以负担的20年贷款的总额。具体步骤如下：首先在工作表中输入数据和公式，单击"工具"菜单中的"单变量求解"命令，在"目标单元格"中输入"B4"，在"目标值"中输入已知的公式结果"2000"，在"可变单元格"中输入"B1"（即贷款总额），如图6-41所示。然后单击"确定"按钮，则在单元格B1中显示出单变量求解的结果，如图6-42所示。最后单击"确定"按钮，可以保留单元格的变化；单击"取消"按钮，则还原到单变量求解之前的状态。

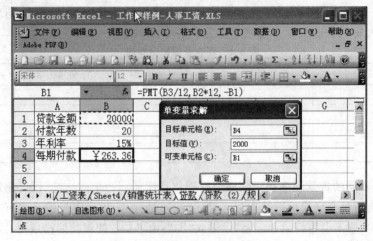

图 6-41 单变量求解

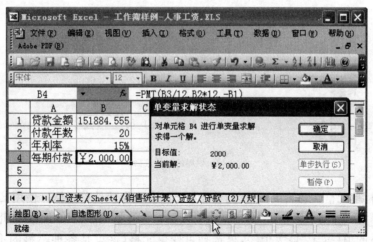

图 6-42　单变量求解的结果

3. 规划求解

在单变量求解过程中，要计算的是某一个特定值。如果有多个给出某种取值范围的数值待确定，通过规划求解可以为它们找到一个优化解。规划求解将单元格中的数值进行调整，最终在目标单元格公式中求得合理的结果。

"规划求解"工具是一种加载宏，在使用之前必须通过"工具"菜单中的"加载宏"命令将其加载。注意，加载"规划求解"之前，应确保已经安装了"规划求解"（在 Microsoft Office 默认安装中，并没有"规划求解"；如果需要，应该重新运行安装程序，添加组件，否则不能加载）。

以下用一个简单的实例来说明如何使用"规划求解"工具：假设某公司需要购买燃料，现有三种燃料可供选择，每种燃料的单位体积（单位：L·kg^{-1}）、单位价格（单位：元·kg^{-1}）及燃烧热量（单位：J）各不相同，如表 6-4 所示[①]。现在，在"总重量"不超过 500 kg、"总体积"不超过 500 L、"总价格"不超过 1500 元的前提下，要求解三种燃料各购买多少才能使具有的总热量达到最大值。

表 6-4　三种燃料的数据

	单位体积/L·kg^{-1}	单位价格/元·kg^{-1}	单位热量/J
燃料 A	0.5	1.5	140
燃料 B	3	3	400
燃料 C	1	12	600

首先，在工作表中建立初始数据，如图 6-43 所示，其中各种燃料的重量是要求解的，现在可暂时输入一个数（这里是"1"）。在单元格 B5，C5，D5 和 E5 中分别输入以下公式："=B2+B3+B4"；"=B2*C2+B3*C3+B4*C4"；"=B2*D2+B3*D3+B4*D4"；"=B2*E2+B3*E3+B4*E4"。

[①]　"L"，"kg"和"J"分别是"升"、"千克"和"焦［耳］"的符号。

	A	B	C	D	E	F
1		重量	单位体积	单位价格	单位热量	
2	燃料A	1	0.5	1.5	140	
3	燃料B	1	3	3	400	
4	燃料C	1	1	12	600	
5						
6		总重量	总体积	总价格	总热量	
7		3	4.5	16.5	1140	
8						

图 6-43　燃料的初始数据

然后,将目标单元格("总热量"所在的单元格 E7)设置为活动单元格。使用"工具"菜单中的"规划求解"命令,在"规划求解参数"对话框中输入目标单元格的单元格引用(在此是"$E$7")并设置目标单元格的值(等于"最大值"),再选择可变单元格(这里是各种燃料的重量"$B$2:$B$4")。之后,添加约束条件,单击"添加"按钮,在弹出的"添加约束"对话框的"单元格引用位置"输入需要添加的约束条件(这里要填入六个条件,分别是每种燃料的"重量">=0,"总重量"、"总体积"和"总价格"分别不超过 500,550 和 1500)。最后,单击"求解"按钮,则弹出一个"规划求解结果"对话框,同时在工作表中显示出计算所得结果,如图 6-44 所示。从中可以看出,在三种燃料重量分别为 352,88 和 58 时,"总热量"达到最高值 120 000。单击"确定"按钮,可以将求解结果保存在工作表中;单击"取消"按钮,则工作表中的数值仍保留原值;单击"保存方案"按钮,可以将求解结果保存为方案。如果需要创建结果报告,可以先在"规划求解结果"对话框中的"报告"列表中选择一种;然后单击"确定"按钮在当前工作表中创建相应的报告。

	A	B	C	D	E	F
1		重量	单位体积	单位价格	单位热量	
2	燃料A	352.9412	0.5	1.5	140	
3	燃料B	88.23529	3	3	400	
4	燃料C	58.82353	1	12	600	
5						
6		总重量	总体积	总价格	总热量	
7		500	500	1500	120000	

图 6-44　规划求解结果

6.6　Excel 的其他功能

Excel 作为一种应用软件,具有较强的功能,涉及的概念也比较多,必要时用户可以使用它的帮助功能。

1. 宏

与在 Word 中一样，Excel 中可以使用宏。宏实际上是一种操作的集合。使用"工具"菜单中的"宏"命令，可以创建、录制、编辑和执行宏以及改变快捷键的指定。在必要时，还可以通过定制菜单或工具栏的方法将宏加入菜单或工具栏。使用宏要注意其安全性，并防止宏病毒。

2. 定制 Excel

用户可以根据自己的需要和操作习惯来定制 Excel，包括显示、编辑和计算等方面的设置。使用"工具"菜单中的"选项"命令可以实现各种设置。例如，在"编辑"选项卡中选择"自动设置小数点"；在"视图"选项卡中对"显示"（例如分页符、网格线和滚动条）进行设置；在"重新计算"选项卡中设置重算的方式；等等。

3. 与其他软件交换数据

Excel 可以在工作簿之间交换数据，还可以与其他软件交换数据，以达到数据共享和集成的目的。常用的交换方式有复制与粘贴、链接和对象嵌入（即插入对象）等。Excel 的数据可以通过"文件"菜单中的"文件另存为"命令转换成其他数据格式的文件，如文本文件和 dBASE 数据格式的文件等；也可以通过"文件打开"命令将其他数据格式的文件读入 Excel 中进行处理。Excel 也可以使用文本导入向导，获取外部数据，即使用"打开文本文件"功能。它要求文本文件各项数据之间用逗号或空格隔开，各个记录之间用换行符隔开。

另外，Excel 数据还可以在网络环境中使用。使用"工具"菜单中的"共享工作簿"命令，可以使更多的用户同时编辑同一个工作簿；使用"文件"菜单中的"发送到"命令，可以将工作簿以电子邮件的方式进行发送；使用"另存为网页"命令，可以将数据保存为网页，便于发布到网络上。

参 考 文 献

1. 谢柏青，张健清，刘新元. Excel 教程（第 2 版）. 北京：电子工业出版社，2003.

思 考 题

1. 在 Excel 中，工作簿、工作表、单元格和区域之间的关系如何？
2. 在 Excel 中，如何输入数字和日期？如何设定格式？
3. 在 Excel 的工作簿中，如果需要同时选择多个不相邻的工作表，且选定不相邻的区域，应该如何操作？
4. 在 Excel 中，绝对引用与相对引用分别用于什么情形？
5. 在 Excel 中，常用的统计函数、数学函数、字符串函数和日期处理函数分别有哪些？
6. 在 Excel 中，如何创建图表？常用的图表类型有哪些？如何根据实际问题的需要选择图表的类型？
7. 在 Excel 中，如何实现排序、筛选、分类汇总？
8. 在 Excel 中，数据透视、模拟运算、变量求解分别用于什么情形？
9. Excel 具有的哪些特点，使得一些实际问题必须使用它来解决？

练 习 题

1. 根据图 6-45 中工资表的基本数据，按下列要求建立 Excel 表：

部门	工资号	姓名	性别	工资/元	补贴/元	应发工资/元	税金/元	实发工资/元
销售部	0003893	王 前	男	432	90			
策划部	0003894	于大鹏	男	540	90			
策划部	0003895	周 彤	女	577	102			
销售部	0003896	程国力	男	562	102			
销售部	0003897	李 斌	男	614	102			
策划部	0003898	李小梅	女	485	90			

图 6-45 工资表

(1) 删除表中的第 5 行记录；

(2) 利用公式计算应发工资(＝工资＋补贴)、税金(＝应发工资×3％)和实发工资(＝应发工资－税金)；

(3) 将表格中的数据按"部门"和"工资号"进行升序排列；

(4) 利用图表显示所有职员的实发工资，以便能清楚地比较工资情况。

2. 根据日常学习、生活中的数据，建立一个 Excel 表格，在其中使用公式，对数据进行排序、筛选和分类汇总，并在其中插入图表。

第七章 多媒体基础

本章主要介绍多媒体及其关键技术的一些基本知识,包括多媒体技术的基本概念,多媒体信息处理的关键技术,图像、声音、视频的处理与表示以及多媒体处理的硬件环境与常用软件。

7.1 多媒体技术概述

多媒体技术是 20 世纪 80 年代发展起来的一门融合计算机技术、通信技术和影像技术为一体的综合技术。随着计算机技术的不断发展,多媒体技术已经深入到社会生活的各个领域,它对教育、办公自动化、通信以及出版等领域产生了深远的影响,使人们能够利用文字、声音、图形、图像、视频和动画等方式同计算机进行信息交互,给人们的工作、学习和生活带来了巨大的影响。

7.1.1 媒体和多媒体

媒体在计算机领域有两种含义:一种是指用来存储信息的实际载体,即媒介(例如磁带、磁盘、光盘和半导体存储器);另一种是指传递信息的逻辑载体,即媒质(例如数字、文字、图形、图像和声音)。多媒体技术中的"媒体"是指信息的载体。

"多媒体"一词译自英文"multimedia"。它是一个复合词,源自 1976 年首次用到的词组"multiple media",从字面上理解就是"多重媒体"。关于多媒体,至今还没有一个严格的定义,人们从不同的角度对多媒体进行了不同的描述,但通常将文字、声音、图形、图像、视频和动画等多种媒体结合在一起,形成一个有机的整体,就称为多媒体。多媒体技术是利用计算机对多媒体信息进行数字化采集、获取、压缩和解压缩、编辑、存储、传输等综合处理、建立逻辑关系和人机交互作用的产物。

近年来,随着网络多媒体化的不断发展,又出现了一种新兴技术,即流媒体技术。流媒体是指以宽带为基础,采用流式传输在互联网上播放的媒体格式。采用流媒体技术,可实现流式传输,将声音、影像和动画由服务器向客户机进行连续、不间断传送,实现下载和播放同步进行,用户不需要将整个多媒体音频或视频文件下载到本地,就可以收听或观看。如果将文件传输看做是一次接水的过程,那么流式传输就如同打开水头龙,等待一会儿后水源源不断地流出来,用户可以随接随用。从这个意义上看,"流媒体"这个词是非常形象的。流媒体技术在一定程度上解决了从互联网上音频、视频文件下载时间过长的问题。

7.1.2 多媒体技术的特性

多媒体技术具有五方面的特性,即多样性、交互性、集成性、实时性和数字化。

1. 多媒体技术的多样性

多媒体技术的多样性是指信息载体的多样性以及处理方式的多维化。信息的实际载体包括磁盘介质、磁光盘介质、光盘介质和半导体存储介质。信息的逻辑载体包括文本、图形、图像、声音、视频和动画等。而信息媒体的处理方式又可分为一维、二维和三维等不同形式,例如视频就属于三维媒体。多媒体技术的多样性使得计算机具有拟人化的特征,增强了计算机的亲和力,使人的思维表达有了更加充分、自由的空间。

2. 多媒体技术的交互性

多媒体技术的交互性向用户提供了更加有效地控制和使用信息的手段,使得参与交互的用户都可以对有关信息进行编辑、控制和传递,加深了用户对信息的关注和理解,延长了信息的保留时间。借助于交互性,用户不仅可以被动地接受媒体信息,而且可以主动进行信息的组织、检索、提问和回答,从而提高用户的兴趣和对信息的使用效率。

3. 多媒体技术的集成性

多媒体技术的集成性是指以计算机为中心综合处理多种信息媒体,包括信息媒体的集成以及处理这些信息媒体所需要的设备与设施的集成,其关键是采用多种途径获取、统一存储、组织与合成信息,从而对信息进行集成化处理。而处理信息媒体的设备与设施也应该合成为一个整体。从硬件上考虑,这种设备与设施应该具有能够处理各种媒体信息的高速并行的CPU、大容量的存储器、适合多媒体多通道输入和输出的外设、宽带的通信网络接口以及多媒体通信网络;从软件上考虑,这种设备与设施应该有集成于一体的多媒体操作系统、各个系统之间的媒体交换格式、适合于多媒体信息管理的数据库系统、适合使用的软件和创作工具以及各种应用软件。

4. 多媒体技术的实时性

多媒体系统在处理信息时有着严格的时序要求和很高的速度要求,因为多媒体系统除了处理文本和图像信息外,还需要处理与时间密切相关的媒体信息(如声音、视频和动画),甚至是实况信息媒体,这就决定了多媒体技术的实时性。实时性程度不同,对多媒体系统的设计要求也不同。网络环境中的多媒体系统对系统实时性的要求要高于单机情况。

5. 多媒体信息的数字化

多媒体技术将各种媒体信息全部数字化,以数字形式存储在计算机中,并对其进行加工、处理和传输,从而实现了高质量多媒体信息的存储与传播。

7.1.3 多媒体技术的应用

随着互联网的发展,多媒体技术也随之不断地成熟和进步,其应用领域日益广泛。

1. 在教育领域的应用

多媒体技术应用到教育领域,改变了传统的教学模式,不仅使教材发生了重大变化,而且也使教与学的方式发生了改变。传统的纸质教材主要是以文字和图片内容为主,缺乏动感;而多媒体技术可以将文字、图像、声音和视频等信息进行集成,并进行人机交互,以更直观、更活泼的方式向学生展示丰富的知识,表现力更加丰富,从而达到寓教于乐的目的。计算机辅助教学(computer-aided instruction,CAI)、计算机辅助学习和计算机辅助训练等都是多媒体技术在教育领域应用的范例。另外,随着互联网的发展,利用多媒体技术开展多媒体远程教学,可以在时间和空间上拓展教育方式,使得学生可以在异地听课、讨论和考试,也可以实时地和教师进行双向交流。网络技术和多媒体技术的不断发展将推动整个教育领域的发展。

2. 在家庭娱乐领域的应用

由于多媒体技术有着良好的交互性与生动的展示性，因此被广泛应用于家庭娱乐领域，例如交互电视、多媒体网络游戏、网上购物和可视电话等。交互电视改变了以往人们只能单向接收电视节目、不能主动点播电视节目的局面。用户可以通过交互式遥控器向控制中心点播自己需要的节目。当用户观看实况转播的时候，还可以选择观看的位置、角度和镜头的远近等。交互电视的出现使得现有的有线电视可以同时传输几百种电视节目。多媒体网络游戏已风靡全球，使得在线游戏极有可能成为未来社会中与电视、电影并足的新的娱乐方式。同时，网上购物给人们的生活带来了极大的方便，使人们足不出户就能购买到称心如意的商品。

3. 在商业领域的应用

网络与多媒体技术的发展，为商家提供了绝好的推销自己的机会。图、文、声、像并茂的电子广告，绚丽的色彩，特殊的创意，在打动和激发人们的购买欲的同时，也使人们得到了艺术的享受。利用多媒体技术，公司可以使用户加深对公司和产品的印象；利用多媒体技术视频手段进行商务洽谈，公司可以降低成本，提高工作效率。利用网络多媒体技术，旅游业可以交互式地为用户提供地图浏览、实时旅游信息服务和规划参观路线等功能，为人们的旅游出行带来了极大的方便；同时也为旅游业扩大了宣传范围和力度，增加了对市场反馈信息的敏感度。

4. 在虚拟现实中的应用

多媒体技术是虚拟现实技术的基础。多媒体技术在虚拟现实中的应用是其应用的更高境界。虚拟现实系统可以生成一个具有逼真的视觉、听觉、触觉和嗅觉的三维模拟环境，用户可以通过自然技能与虚拟现实进行对话，从而产生身临其境的效果。

7.2 多媒体信息处理的关键技术

多媒体信息的处理和应用需要一系列相关技术的支持。多媒体信息处理的传统关键技术主要集中在数据压缩技术、大容量数据存储技术和大规模集成电路制造技术等几方面。正是由于这些技术取得了突破性的进展，才使得多媒体技术得以迅速地发展，从而成为今天这样具有强大的处理声音、文字和图像等媒体信息能力的高科技技术。

当前用于互联网的多媒体关键技术包括多媒体网络与通信技术、多媒体数据库技术和基于内容的信息检索技术等。

7.2.1 多媒体数据压缩技术

1. 数据压缩的必要性

计算机系统中存储、处理和传输的均是数字信号；需要将声音、图像和视频信息进行数字化，才能够被计算机处理。然而，数字化声音、图像和视频的数据量非常庞大，使得计算机系统的存储空间和处理时间开销巨大，所以必须对多媒体数据进行压缩。多媒体数据压缩技术是解决大数据量存储与传输问题的行之有效的方法。

数据压缩是对数据重新编码，以减少所需要的存储空间。数据压缩必须是可逆的，即压缩过的数据必须可以被恢复成原状，其逆过程称为解压缩。

人们可以针对文字、图像、声音和视频等数据进行压缩。若选用合适的数据压缩技术，有可能获得 2~5 的字符数据压缩比、2~10 的音频数据压缩比以及 2~200 的视频数据压缩比。

2. 数据压缩的条件

数据压缩是有一定条件的。如果数据存在冗余，就可以在存储和传输数据时候对其进行压缩。冗余是指信息所具有的各种性质中多余的无用空间，多余的程度就叫做冗余度。一般而言，图像和语音的数据冗余度很大。人们可以利用数据的冗余性对数据进行压缩，从而减少数据量。

常见的数据冗余类型有空间冗余、时间冗余和视觉冗余等：一幅图像中相邻像素的颜色之间往往具有较强的相关性，因而有很大的信息冗余量，称为空间冗余。通过数据压缩，可以将冗余的空间去掉。例如，一幅图像有100个像素的黑色区域，没有压缩前每个像素用一个字节表示，这100个像素需要100个字节；而利用一定方法压缩后，这串字节可以利用 01100100 00000000 表示，其中第一个字节 01100100 表示 100，而第二个字节 00000000 是黑色像素的编码，这样原来100个字节的内容就被压缩成两个字节了。视频和动画的相邻画面是一个动态连续的过程。在播放的过程中，随着时间的推移，"活动"的内容在相邻画面中的位置有变化，而视觉效果相对静止的内容在相邻画面中的位置却没有变化，这就构成了时间冗余。人们的视觉和听觉的特性也为实现压缩创造了条件。人们的视觉敏感度一般低于图像的表现力，人眼不宜察觉图像的色彩、亮度、轮廓的细微变化，这就产生了视觉冗余。另外，人眼存在视觉掩盖效应，对边缘的强烈变化并不敏感。如果对表现边缘的复杂数据进行适当压缩，也可以减少数据量。同时，人们对某些频率的音频信号也不敏感，在数据压缩时可以去掉。

3. 数据压缩的方法

数据压缩方法一般按照应用原则，对比解码后的数据与压缩之前的原始数据是否完全一致，可以分为无损压缩和有损压缩两类：无损压缩是指压缩后的数据经解压缩后可以100%恢复原来的数据，不存在任何误差。例如，我们在压缩文件时使用的 WinZip 和 WinRAR 软件就是基于无损压缩原理设计的。无损压缩常用于文字信息的压缩，压缩率较低。有损压缩是指压缩后的数据经解压缩后与原始数据有所不同，存在一定的误差。在多媒体图像信息处理中，一般采用有损压缩。有损压缩一般能获得较大的压缩比，但通常数据压缩率越高，信息的损耗或失真就越大，因此需要进行折中考虑。

这两类数据压缩方法采用了很多不同的算法，有兴趣的读者可参阅其他资料。

4. 常用的数据压缩标准

（1）音频压缩标准。

国际电信联盟（ITU）先后提出了一系列有关语音压缩编码的建议。1972年制定的G.711标准和1984年公布的G.721标准适用于300~3400 Hz的窄带语音信号。针对宽带（50 Hz~7 kHz）语音信号，ITU制订了G.722标准，用此编码标准可在B-ISDN的通道中传输语音数据。随着数字移动通信的发展，人们对低速语音编码有了迫切的需求。1983年欧洲数字移动特别工作组（GSM）制定了数字移动通信网的13 kB/s的规则脉冲激励-长时线性预测编码（regular pulse excitation long term prediction，RPE-LTP）语音编码标准，从而使数字电话得到进一步推广。

国际标准化组织（ISO）也制定了一系列相应的标准，其运动图像专家组（moving picture expert group，MPEG）在制定运动图像标准的同时，还制定了高保真立体声音频压缩标准，称为 MPEG 音频标准。虽然 MPEG 音频标准是 MPEG 标准的一部分，但它同时完全可以独立应用。表7-1列出了部分音频压缩标准。

表 7-1 部分音频压缩标准*

标准	G.711	G.721	G.722	GSM	MPEG
速率/kB·s^{-1}	64	32	64	13	32~448
算法	PCM	ADPCM	SB-ADPCM	RPE-LTP	MPEG
质量	较好	较好	较好	一般	好
应用	电话网	电话网	卫星通信	移动通信	多媒体

* "PCM"、"ADPCM"和"SB-ADPCM"分别是"脉冲编码调制"(pulse code modulation)、"自适应差分脉冲编码调制"(adaptive difference pulse code modulation)和"子带-自适应脉冲编码调制"(sub-band adaptive difference pulse code modulation)的简称。

(2) 静态图像压缩标准。

联合图像专家组(joint photographic expert group, JPEG)标准是由 ISO 和 ITU 联合制定的,适用于连续色调、多级灰度、彩色或黑白图像的数据压缩。JPEG 标准定义了两种基本算法,即混合编码方法:第一种是基于空间线性预测技术的算法,属于无损压缩算法;第二种是基于离散余弦变换、行程编码的有损压缩算法。

采用 JPEG 压缩标准,其无损压缩比大约是 4;有损压缩比在 10~100 之间。JPEG 是目前用于摄影图像的最好的压缩方法。

(3) 动态图像(视频)压缩标准。

MPEG 标准是 ISO 和 IEC(国际电工委员会)于 1992 年批准的第 11172 号标准草案。MPEG 标准是一个通用标准,主要针对全动态图像而设计。该标准包括 MPEG 视频压缩、MPEG 音频压缩和 MPEG 系统三部分:MPEG 视频压缩是进行全屏幕动态视频图像的数据压缩;MPEG 音频压缩是进行数字音频信号的压缩;MPEG 系统是指 MPEG 标准的算法、软件和硬件。

MPEG 标准又分成几种不同的规范:MPEG-1 标准是为有限带宽传输设计的,数据传输率为 1.5 Mb/s 的数字媒体运动图像及其伴音的编码。VCD 光盘的压缩就是采用 MPEG-1 压缩标准。而目前流行的 MP3(MPEG audio layer 3)音乐格式文件的压缩方法(称为 MP3 压缩)也是 MPEG-1 标准的一部分,利用该技术可以将音频文件以 1/12 的压缩比进行压缩。MPEG-2 标准是为高带宽传输设计的,适用于 1.5~60 Mb/s 甚至更高的编码速率,主要用于传输高清晰度电视(high definition television, HDTV)所需要的视频及其伴音信号。MEPG-2 标准也用于 DVD 视频信号压缩。MPEG-4 标准是基于对象的、可交互和可伸缩质量的编码标准,适合各种应用,在低速率音频视频压缩编码方面有优势。

7.2.2 多媒体数据存储技术

多媒体数据经过压缩后,一般数据量仍然很大,特别是音乐和影视中的数据更是海量。虽然硬盘可以实现高可靠、快响应和大容量的存储,但使用起来并不方便,价格也比较贵。目前存储这类数据的最佳介质为光盘,易保存,价格低,存储容量大。常见的光盘技术有 CD、DVD,以及 EVD 技术:CD 的盘片容量一般为 650 MB 左右;DVD 双面双密光盘容量可达 17 GB。2001 年 12 月我国推出了具有自主知识产权的数字光盘系统,称为增强型多媒体盘片系统(EVD),也称新一代高密度数字激光视盘系统,其容量比 DVD 大,清晰度也提高了 5 倍。2002 年 2 月,全球 9 家大型电子公司达成一项协议,宣布将采用一项新技术,即新一代 DVD

标准,使用蓝色激光束取代红色激光束(称为蓝光 DVD),从而使一张光盘的容量达到 27 GB。大容量光盘技术为多媒体推广应用铺平了道路。

1. 光盘的分类

光盘按照尺寸的不同,可分为 5 英寸盘和 3 英寸盘等;而按其记录原理的不同,大致可以分为只读型光盘、多次可写型光盘和可擦写型光盘。

(1) 只读型光盘。

对于只读型光盘,用户只能读取光盘上已经记录的各种信息,但不能修改或写入新的信息。只读型光盘由专业工厂规模生产,首先要通过烧录的方法精心制作出母盘,而后通过机械压膜的方法在塑料基盘上制成复制盘并成批生产。只读型光盘有 CD-ROM,CD-DA,Photo CD,VCD 和 DVD 等。

(2) 多次可写型光盘。

对于多次可写型光盘,用户可以在光盘上一次或多次写入数据,但写入后不能更改,对于未写完的剩余空间可多次写入。多次可写型光盘上加有一层有机染料作为记录层,写入的数据是通过强激光束将染料加热烧熔形成一系列代表信息的凹坑而记录下来的。CD-R 光盘就属于多次可写型光盘。由于产品和生产线的不同,CD-R 盘片的反射层采用不同的染料,也就是惯称"金盘"、"绿盘"和"蓝盘"的产品,它们各自的颜色和性能存在差异,也存在各自独特的优势。

(3) 可擦可写型光盘。

可擦可写型光盘允许用户在同一张光盘上反复进行数据擦写,主要包括磁光盘(magneto-optical disk,MOD)和相变光盘(phase change disk,PCD)两种:前者充分利用磁的记忆特性;而后者则利用了某些材料的晶体与非晶体状态的变迁来达到写入与擦除数据的目的。CD-RW 就属于这种类型的光盘。

2. 光盘的标准

由于光盘能存储不同类型的数据(包括图像、音频、视频和程序等),而这些数据的组织方式各不相同,因此为光盘制定了一些国际标准,以适应多媒体的各种应用。

这些光盘标准对各类光盘的物理尺寸、编码方式、数据记录方式以及数据文件的组织方式进行了详细的规定。主要的光盘标准及产品有以下几种:

(1) CD-DA 标准。

CD-DA 标准是在 1980 年由索尼(Sony)和飞利浦(Philips)公司联合制定的 CD 光盘标准,是之后各种 CD 标准的基础。CD 光盘主要用于存储数字化的高保真立体声,其中的数据一般没有经过压缩。

(2) CD-ROM 标准。

CD-ROM 标准是在 1983 年由索尼和飞利浦公司联合制定的光盘标准。与 CD 光盘只能存储音乐不同,CD-ROM 光盘可以存储各种媒体。另外,由于 CD-ROM 标准对误码率有一定的要求,因此在 CD-DA 标准的基础上又添加了一层错误检测和纠正的标准。CD-ROM 光盘主要用于电子出版物、软件发行和数据保存等领域。

(3) CD-R 标准。

CD-R 标准是在 1989 年由索尼和飞利浦公司发布的可刻录光盘标准。它包含三个部分,其中包括了 CD-R 标准和 CD-RW 标准。CD-R 与 CD-ROM 的工作原理相同,都是通过激光照射到盘片上的"凹陷"和"平地"的反射光的变化来读取数据的;不同之处在于,CD-ROM 的

"凹陷"是印制的,而 CD-R 的"凹陷"是刻录机烧制而成的。

(4) Photo CD 标准。

Photo CD 标准是由柯达(Kodak)公司和飞利浦公司在 1992 年正式发布的,是专门存储图片的 CD-R 光盘和驱动器标准。用户只要把胶片送到相应的柯达网点,工作人员就会把胶片冲洗成负片,利用彩色扫描仪以数字化的方式输入计算机,而后采用 PhotoYCC 编码格式对每张图片以不同的分辨率压缩并存储在相应格式的 CD-R 光盘中。制作 Photo CD 光盘的价格是非常昂贵的,只有极为专业的摄影才有可能用到。

(5) VCD 标准。

Video CD 标准是由飞利浦、JVC、三菱(Matsushita)和索尼公司于 1993 年发布的,是图像数据压缩标准。该标准采用 MPEG-1 数据压缩技术,将全动态图像及其相应音频数据压缩后存储在光盘上。VCD 光盘最多存储 74 min 的 MPEG-1 视频和 ADPCM 数字音频伴音数据,可以在带有 CD-ROM 光驱的计算机上利用相关播放器解压缩后进行播放。VCD 光盘与 DVD 光盘相比,画面质量不高,数据存储密度不大,因此随着 DVD 盘片的普及,此类产品也将逐渐退出历史舞台。

(6) DVD 标准。

DVD 标准是 1995 年 12 月诞生的,主要用于存储采用 MPEG-2 数据压缩技术压缩的数据,视频采用 MPEG-2 压缩编码标准,音频采用 MPEG-1 立体声、MPEG-2 环绕立体声和杜比(Dolby)AC-3 等。与以往的光盘相比,DVD 具有更强的纠错能力、更高的数据存储密度,并支持双层双面结构。这样的一张 DVD 光盘可容纳 133~488 min 的影片,存储容量可达 4.7~17 GB。下一代 DVD 标准之争主要围绕着索尼和松下(Panasonic)支持的"蓝盘"标准以及东芝(Toshiba)和日本电气(NEC)主导的 HD-DVD 光盘标准展开。相比较而言,"蓝盘"的存储容量更大,单面双层的可以达到 50 GB;而 HD-DVD 光盘单面双层的只有 30 GB。但由于 HD-DVD 光盘的生产方式同现有 DVD 光盘类似,因此生产成本更低。两大主流标准 HD-DVD 与蓝光 DVD 都称即将推出各自标准的播放器等产品。

7.2.3 VLSI 芯片技术

多媒体技术的普及和发展是离不开超大规模集成电路(VLSI)制造技术的。一方面,由于多媒体信息的数据量大,处理方式复杂多样,实时性要求高,因此对多媒体计算机的运行速度、存储容量和信息传输速率就提出了较高的要求。随着 VLSI 技术的发展,英特尔公司和 AMD 公司相继推出主频在 3 GHz 以上的 CPU 芯片,并追加了 CPU 的指令集,为快速、准确、实时处理多媒体信息提供了方便。另一方面,图像的特技效果制作、语音合成处理、多媒体数据压缩与解压都需要专用大规模集成电路芯片——多媒体数字信号处理器(digital signal processor,DSP)芯片的支持。而 VLSI 技术的进步使 DSP 芯片的价格也变得较为低廉。

总之,运用 VLSI 技术可提升多媒体系统的稳定性和效率,为多媒体技术的发展创造了必要条件。

7.2.4 用于互联网的多媒体关键技术

1. 多媒体网络与通信技术

多媒体通信是一项综合性技术,涉及多媒体、计算机和通信等领域。多媒体的传输涉及图像、声音、视频和其他形式的数据等,一方面传输数据量大,另一方面声音、视频对实时性要求非常高,而且在数据的传输过程中,对其准确性有很高的要求。因此,多媒体网络通信技术需要解决网络吞吐量、传输可靠性、传输实时性和提高服务质量等方面的问题。

2. 多媒体数据库技术

多媒体数据库技术就是对文字、图形、图像、音频和视频等各种数据信息建立模型和关系从而进行存储管理的一项数据库技术。与传统数据库只能解决数值与字符数据的存储检索不同,多媒体数据库除了要处理结构化的数据外,还需要处理大量非结构化的数据;其关键技术是多媒体数据模型的建立、媒体数据的压缩与解压缩、多媒体数据的存储管理和存取方法、用户界面及分布式技术。

3. 多媒体信息检索技术

多媒体信息检索是根据用户的要求,对文本、图形、图像、声音和视频等多媒体信息进行检索,从而得到用户所需信息。多媒体数据库中的图形、图像、声音和视频是非格式化数据。传统的数据库检索技术采用关键词的检索方法,对非格式化数据只能作为一个关键词处理,不能进行内容语义分析,达不到更深层的检索;而多媒体信息检索技术是基于内容的多媒体检索技术,可以利用近似匹配的方法,根据媒体对象的语义和上下文联系进行检索。多媒体信息检索技术将广泛应用于电子图书馆、博物馆管理、地理信息系统、遥感和地球资源管理、远程教学等诸多领域。

7.3 多媒体信息的处理及表示

7.3.1 多媒体信息的主要元素

多媒体信息包括文本、图形、图像、声音、视频和动画。

文本是由语言文字和符号字符组成的是计算机与用户进行信息交换的主要媒体。

图形(又称矢量图)是通过数学计算的方法生成的,主要是指从点、线、面到三维空间的黑白或彩色几何图,如图7-1所示。图形文件中存储的是描述点、线、面等大小和形状及其位置、维数的指令以及图中的某些特征点。计算机通过读取这些指令并将其转换为屏幕上所显示的形状和颜色来显示图形,放大或缩小矢量图形,不影响图形特征。矢量图主要用于线形的图画、美术字和工程制图等方面。图像是像素点阵组成的画面,其中每个像素点的颜色和亮度是存储在一系列二进制位中的,所以图像又称位图,如图7-2所示。图像适合于表现色彩丰富、包含大量细节的画面(如自然影像)。放大或缩小图像,会影响图像的清晰度。

图7-1 矢量图

图7-2 位图

声音是指人耳能识别的音频信息,包括语音、音乐和自然音。计算机具有音频处理功能,为用户建立一条利用最熟悉、最习惯的方式与计算机进行信息交换的通道。

视频是由若干有联系的图像数据连续播放而形成的。这些图像是通过实时摄取自然景象或活动对象而得到的,通常称为影视图像。静止的图片一般被称为图像;而动态的影视图像被称为视频。

动画是利用人眼的视觉暂留特性,依据一定的速率播放静止的图形或图像,就会在人的视觉上产生平滑、流畅的动态效果,这就是动画。动画实际上也是一种动态图像,只是其中每帧图像一般是由用户或计算机产生的。根据运动的控制方式,可将计算机动画分为实时动画和逐帧动画(也称为帧动画或关键帧动画)两种:实时动画用算法来实现物体的运动;逐帧动画通过一帧一帧显示动画的图像序列而实现运动的效果。根据视觉空间的不同,计算机动画又有二维动画与三维动画之分。

7.3.2 多媒体信息的数字化

现实中的图像、声音和视频是连续的模拟信号,而计算机只能处理离散的数字信号。所以,必须对这些模拟信息进行数字化处理,将其转变为计算机能够接受的显示和存储格式,以便进一步分析处理。模拟信息数字化的过程分为采样、量化与编码三步,其过程如图 7-3 所示。

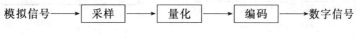

图 7-3 模拟信号的数字化过程

1. 图像信息的数字化

在图像的数字化过程中,采样的实质就是在水平方向和垂直方向上等间隔地将图像分割成网状,所形成的矩形微小区域称为像素点。采样的结果就是将一张图像用若干像素点来描述,像素点数即通常所说的图像分辨率。

进行采样时,采样点的间隔(称为采样周期,其倒数称为采样频率)决定了采样后图像是否能真实地反映原图像的程度。根据奈奎斯特(Nyquist)采样定理可知,如果以高于或等于原图像最高频率分量两倍的频率采样,其样本就可以包含重构原图的信息。

经过采样的图像只是在空间上被离散为像素点的阵列,而每个像素点的色彩值是一个有无穷个取值的连续变化量,需要通过量化将这些连续变化的值离散化为整数值。图像量化实际上就是将图像采样后得到的每个像素点样本值的范围分为有限多个区域,把落入某区域中的所有样本值用同一值表示。这是用有限的离散数值量来代替无限的连续模拟量的一种映射操作。在量化时所确定的区域的个数称为量化级数,表示量化的色彩值所需的二进制位数称为量化位。若有 K 个量化级,则量化位为 $\log_2 K$。一般可用 8 位($K=256$)、16 位($K=65\,536$)、24 位($K=2^{24}$)或更多量化位表示图像的颜色。量化位越多,则越能反映原有图像的颜色,同时数字图像的容量也就越大。

经过采样和量化,原图像在空间上离散为有限个像素点,在色彩取值上离散为有限个可能值,这样就得到了数字化的图像。

2. 声音信息的数字化

在声音信息的数字化过程中,采样和量化可以通过模数转换器实现。通过对模拟音频信号的采样,每隔一段时间,在模拟声音的波形上取一个幅度值,即可将时间上的连续信号变成时间上的离散信号。

而后通过量化,将采样得到的表示声音强弱(声波幅度)的电压值进行数字化。量化的过程是:首先将采样后的信号按整个声波幅度划分成有限个区段的集合。如果采用 16 个量化级,则对应的二进制量化位就是 4 位。在多媒体计算机音频处理系统中,一般量化位有 8 位和 16 位。

声音数字化过程中的采样、量化和编码过程如图 7-4 所示,这是一个 4 位量化模型的例子。

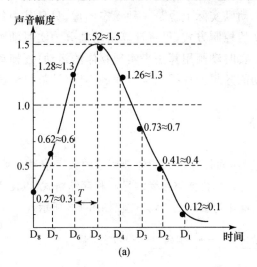

图 7-4 音频数字化过程(4 位量化模型)

3. 视频信息的数字化

视频信息的数字化是指在一定时间内以一定速度对单帧模拟视频信号进行捕获、处理以生成数字信息的过程。同样,计算机也需要对输入的模拟视频信号进行采样和量化,并经编码使其变成数字化影像。

7.3.3 图像的处理与表示

计算机图像处理包括获取、编辑、输出图像以及图像数据压缩和图像存储等几个方面。获得数字图像后,要利用图像处理软件对图像进行编辑、加工、处理,才能符合人们的要求。

1. 图像的基本知识

(1) 色彩学基本知识。

自然界中的颜色可以分为非彩色和彩色两大类:非彩色指黑色、白色和各种深浅不一的灰色,只有亮度特征。除非彩色以外的其他所有颜色均属于彩色。任何一种彩色都具有色调、亮度和饱和度三个属性。人眼看到的任一彩色光都是这三个特征的综合效果。亮度是光作用于人眼时所引起的明亮程度的感觉,它与被观察物体的发光强度有关。色调是人眼看到一种或多种波长的光时所产生的彩色感觉,它反映了颜色的种类,是决定颜色的基本特性(如红色、棕色)。饱和度指颜色的纯度,即色彩含有某种单色光的纯净程度,或者说是颜色的深浅程度。对于同一色调的彩色光,饱和度越深,则颜色越鲜明(或者说越纯)。通常把色调和饱和度通称为色度。

可见,亮度用来表示彩色光的明亮程度;而色度则表示颜色的类别与深浅程度。自然界常见的各种颜色光,都可由红(red)、绿(green)、蓝(blue)三种颜色光按不同比例相配而成;同样,绝大多数颜色光也可以分解成红、绿、蓝三种色光。这就形成了色度学中最基本的原理,称为三基色(RGB)原理。

(2) 分辨率。

数字化图像在计算机中采用分辨率来描述其大小等特征。通常分辨率分为图像分辨率、显示分辨率、扫描分辨率和打印分辨率。

图像分辨率是指组成一幅图像的像素点数目,即数字化图像的大小,以水平和垂直的像素点数来表示,如 12×200 和 640×400 等。图像分辨率决定了图像的显示质量。图像分辨率与图形、图像的质量有着密切的关系。一般随着图像分辨率的提高,图像的绝对清晰度呈线性增长,但人眼的视觉效果和图像的分辨率并不成线性关系,如图 7-5 所示。

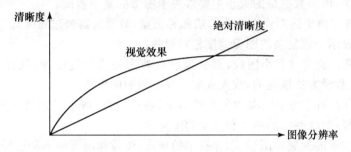

图 7-5　图像分辨率与图像清晰度、绝对清晰度以及人眼视觉效果的关系

显示分辨率(又称屏幕分辨率)是屏幕呈现出横向与纵向像素点的个数,与显示系统软、硬件的显示模式有关。实际上,在图像分辨率一定的情况下,即使提高显示分辨率,也无法真正改变图像的质量。显示图像的大小是由图像分辨率和显示分辨率共同决定的,例如,显示器的分辨率是 1024×768,而图像的分辨率是 640×480,这时显示的图像只占屏幕的 1/4。

扫描分辨率是指每英寸扫描所得到的点数(单位是 dpi),表示一台扫描仪输入图像的精细程度。扫描分辨率越高,被扫描的图像转化为数字图像就越逼真。打印分辨率是指每英寸打印头输出的点数(单位是 dpi)。通常打印分辨率越高,打印质量越好。高清晰度打印机的打印分辨率一般超过 600 dpi。

(3) 图像文件的数据量。

图像文件的数据量一般是比较大的。影响图像文件数据量的因素主要有颜色深度、图像分辨率和文件格式。

数字图像由许多像素点构成的,而像素点由若干个二进制位进行描述,这些二进制位代表图像颜色的数量。图像中描述每个像素点颜色所需要的二进制位数称为图像的颜色深度。颜色深度决定了彩色图像中可出现的最多颜色数或者灰度图像中最大的灰度等级。表示一个像素颜色的二进制位数越多,它能表达的颜色数或灰度等级就越多,图像的数据量就越大。在实际应用中,图像的颜色深度可以是 4,8,16,24 和 32 位二进制数。如一幅颜色深度为 8 位的图像,图像的颜色数或灰度等级为 256;而彩色图像的颜色深度为 24 位时,图像的颜色数量为 2^{24},基本上具备了还原自然影像的能力,习惯上称之为真彩色图像。

图像分辨率越高,像素点数就越多,描述像素点的二进制位随之增加,图像的数据量也就越大。

由于不同的文件格式采用不同的数据压缩方法,因此对于同一幅图像,采用不同的文件格式保存或传送,数据量也就不同。但多数场合对文件格式是有要求的,不能随意更换文件格式,因此要改变图像的数据量,主要应从颜色深度、图像分辨率着手。

图像的数据量由 $s=hwc/8$ 进行计算,其中 s 表示图像文件的数据量,h 表示图像水平方向的像素点数,w 表示图像垂直方向的像素点数,c 表示颜色深度值,8 用来将二进制位转换为以字节为单位。

2. 图形与图像的差别

图形与图像两者之间存在以下四方面的差别:

(1) 数据量。图像是由像素点阵组成的,占用的空间较大;而图形中记录的图形指令及特征所占用的空间较小。图像数据量的大小取决于图像分辨率和图像所能表示的颜色数,与画面的复杂程度无关;图形数据量的大小主要取决于图形的复杂程度。

(2) 编辑处理。由于图形保存的是算法和特征点,显示时需经过重新计算,因而显示一幅复杂的图形要比显示一幅复杂的图像速度相对慢些。

(3) 缩放变换。放大或缩小图像,部分像素点被丢失或重复添加,就会影响图像的清晰度;而图形是通过数学方法描述的,放大或缩小并不影响图形特征。

(4) 应用场合。图像由于层次和色彩较丰富,表现力强,适于表现自然影像;而图形主要用于分析运算结果,绘制变化的曲线和简单的图案等。

随着计算机技术的发展和图形、图像技术的成熟,图像和图形的内涵已经越来越接近。

3. 图像的获取

数字图像可采用以下方法获得:

(1) 从图像光盘或网络上获取。数字图库通常存储在光盘上,可通过购买获得,也可以从互联网上获得合法的图像素材。数字图库多采用 PCD 和 JPG 文件格式。用户可以根据自己的需要选择数字图像,再做进一步的编辑处理。

(2) 利用绘图软件创建及通过计算机语言编程生成。目前大部分图像编辑软件都具有一定的绘图功能;而某些较专业的绘图软件可以帮助用户更加细致地描述自然景物和人物肖像。通过这些软件,可以得到数字图像。

(3) 利用数字转换设备采集。彩色扫描仪是最常用的数字转换设备,通过它可以将照片和印刷品中的模拟图像转换成数字图像。

(4) 利用数字化设备摄入。使用数码相机等数字化设备拍摄自然景象,可直接以数字格式存储,然后将数码相机与计算机相连,通过连接转换软件就可以将拍摄的图像转换成可以在计算机中存储的数字图像。

4. 数字图像的处理

获得数字图像后,通过图像处理软件可以对图像进行各种编辑处理,方法非常丰富。对图像的所有处理实际上都是建立在对数据进行数学运算的基础上;而图像处理软件实际上是一种实施各种算法的平台,通过各种运算实现对图像的处理。

(1) 图像的点处理,其处理对象是像素点,主要用于图像亮度的调整、图像对比度的调整和反置处理等。图像亮度对图像的显示效果有很大影响,亮度不足或过高,都会影响图像的清晰度和视觉效果。而图像的对比度越高,则图像看起来越清晰,细节也越容易分辨;但对比度又不能过度增加,否则将严重丢失颜色。图 7-6 展示了利用图像处理软件 Photoshop 对图像亮度、对比度进行调整后的显示效果。

图 7-6　图像的亮度和对比度调整前(a)后(b)　　　　图 7-7　图像的柔化处理前(a)后(b)

（2）图像的块处理，其处理对象是一组像素点，主要用于图像边缘的检测并增强、图像的柔化和锐化、图像随机噪声的增加和减少等。图像的边缘处理通常是指增强边缘影像，使图像的轮廓较为清晰。图像的锐化处理通常是指通过运算而适当增加像素点之间亮度差异的过程，可以提高图像的清晰度。图像的柔化处理与锐化相反，追求图像柔和的过度和朦胧的效果。图 7-7 是利用 Photoshop 对数字图像的远景进行柔化，形成了"大光圈，浅景深"的效果。

（3）图像的几何处理是指通过改变图像的像素点位置和排列顺序，用于实现图像的放大与缩小、图像旋转、图像平移以及图像镜像处理等效果。图像放大与缩小的几何原理相同。放大图像是将原图像的一个像素点变成若干个像素点，而像素点排列密度固定不变，这样图像的几何尺寸增加，就被放大了；缩小图像时，将原图像的多个像素点变成一个像素点，像素点减少，图像的几何尺寸减小，就缩小了。由于图像在缩放时有可能不能保证像素之间对应的映射关系，多次缩放将会产生非常大的畸变。图像的镜像处理一般是对图像进行水平或垂直方向上的翻转。图 7-8 是利用 Photoshop 进行图像镜像处理的实例。

 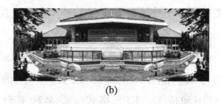

图 7-8　图像的镜像处理前(a)后(b)

（4）图像的合成处理（又称图像的帧处理）用于将一幅或多幅图像以某种特定的形式组合形成新的图像，如图 7-9 所示。

图 7-9　对两张图像(a)和(b)进行合成处理(c)

(5) 图像的识别与校正。图像识别的基本思想是对计算机所得到的图像进行分析，从中提取该图像的特征信息，在此基础上，根据计算机中存储的信息搜索出该特征信息对应的其他信息，为用户提供非常广泛的服务。图像的校正是为改善图像质量而提出的一种图像处理方法，使图像画面细节更清晰，彩色还原更自然，轮廓线更平滑，从而达到调节亮度和对比度无法达到的效果。

计算机图像识别现在用得最为广泛的是光学字符识别（optical character recognition，OCR）、汉字的手写识别和指纹识别。光学字符识别是利用扫描仪将书本等印刷品扫描进计算机，然后将之识别成文本信息。汉字的手写识别是计算机根据用户书写形成的图像进行特征分析，得到该图像的文本信息。指纹识别是利用专门的指纹扫描仪将用户的指纹图像扫描到计算机中，计算机从指纹中提取出特征信息，并最终对用户做出判断。这样的系统在自动取款机等很多方面具有非常重要的实用意义。

5. 图形和图像文件的类型

计算机中的图形和图像，根据开发者和使用场合的不同，其数据的结构和格式也不相同，这样就形成了多种数据格式的图形和图像文件。这里通过图形和图像文件的特征（扩展名）来认识几种文件格式。

6. 图形文件的格式

CDR（coreldraw）格式是软件 CorelDraw 的文件格式。CDR 格式是所有 CorelDRAW 应用程序均能使用的图形（图像）文件，可保存矢量图和位图。

AI（adobe illustrator）格式是 Adobe Illustrator 创建的矢量图文件格式，主要用于创作过程中保存文件，同时也有很多矢量图库使用这种文件格式。

WMF（Windows metafile format）格式（又称微软 Windows 图元文件格式）是一种矢量图文件格式，具有文件短小、图案造型化的特点，被广泛应用于 Windows 平台。该类图形比较粗糙，并只能在 Microsoft Office 中调用编辑。

EPS（encapsulated postscript）格式是用 PostScript 语言描述的 ASCII 图形文件，在 PostScript 图形打印机上能打印出高品质的图形（图像），最高能表示 32 位图形（图像）。该文件格式可包含矢量图和位图。EPS 格式支持多种平台，几乎所有的矢量绘制和页面排版软件都支持，常用于在应用程序间传输 PostScript 语言编写的图稿。

DIF（drawing interchange format）格式是 AutoCAD 中的图形文件格式，以 ASCII 方式存储图形，在图形尺寸方面十分精确，可以被 CorelDraw 和 3D Studio MAX 等大型软件调用编辑。

7. 图像文件的类型

BMP（bit map picture）格式是用于 Windows 和 OS/2 环境的基本位图格式。它是一种与硬件无关的图像文件格式（有压缩和不压缩两种形式），可表现 2~24 位的色彩，图像分辨率也可从 480×320 至 1024×768。该格式在 Windows 环境中相当稳定，在文件大小没有限制的场合运用极为广泛，但由于文件比较大，不适于网络传送。

GIF（graphics interchange format）格式是一种在各种平台的各种图形处理软件上均可处理的经过压缩的图形格式。GIF 具有 87a 和 89a 两种格式：前者格式用于描述单一（静止）

图像；而后者的 GIF 文件中可以包含多幅彩色图像，将这些图像逐帧读出并显示到屏幕上，就可构成一种最简单的动画效果，还能储存成背景透明化的形式。GIF 文件的优点是数据量比较小；缺点是存储色彩最高只能达到 256 色。该格式文件多用于屏幕显示图像、电脑动画以及网络传送，不适于保存高质量印刷文件。

JPEG 格式是第一个压缩静态数字图像的国际标准，可以大幅度地压缩图像文件。对于同一幅画面，JPEG 格式存储的文件（扩展名为 .jpg 或 .jpeg）是其他类型图形文件的 1/10～1/20，而且色彩数最高可达到 24 位。JPEG 格式在保证图像质量的前提下，可获得较高的压缩比。所以它被广泛应用于保存表现自然景观的图像及网络传送。互联网上的图片库多采用 JPG 文件格式。

TIFF（tagged image file format）格式是适于不同的应用程序和平台间的切换，是应用最广泛的位图格式。TIFF 格式为个人计算机和 Macintosh 两大系列的计算机所支持，有压缩和非压缩两种形式，最高支持的色彩数可达 16 M。TIFF 文件（扩展名为 .tif 或 .tiff）体积庞大，但存储的信息量也巨大，细微层次的信息也较多，有利于原稿色彩的复制，是平面设计作品的最佳表现形式，适于保存高质量印刷文件，但不适于网络传送。

PSD（Photoshop standard）格式是 Photoshop 中的标准文件格式，专门为 Photoshop 优化而成。该文件格式适合在文件制作期内使用。

TGA（tagged graphic）格式是为显示卡开发的图形文件格式，创建较早，最高色彩数可达 32 位。该文件格式主要用于表现影视广播级动画的帧，不适于保存高质量印刷文件或网络传送。

PCD 格式是 Photo CD 技术的专用存储格式，其他软件系统对其只能读取。

IFF（image file format）格式用于大型超级图形处理平台（比如 Amiga 机），好莱坞的特技大片多采用该图像格式处理。图像效果（包括色彩纹理等）逼真，如同再现原景。当然，该格式耗用的内存和外存等计算机资源也十分巨大。

7.3.4 数字音频的处理与表示

1. 音频的基本知识

声音是一种连续的波，称为声波。物体振动引起空气分子随之振动，从而引起空气压力的变化。当压力的高低变化以波的形式通过空气传播到人的耳朵时，使耳膜产生振动，人们就听见了声音。

声音的两个重要指标包括振幅和频率。振幅指声波振动的幅度，表示声音的强弱。频率指每秒钟振动的次数。人对声音频率的感觉表现为音调的高低，在音乐中称为音高。人能分辨的声音范围为 20 Hz～20 kHz。声音的三个要素是音调、音色和音强。音调代表了声音的高低，与频率有关，频率越高，则音调越高。各种不同的声源具有特定的音调，如果改变了某种音源的频率，也就改变了其音调，声音就会发生质的改变。音色是声音的特质。人们靠音色辨别声源种类。音强表示声音的强弱，又称声音的响度，即通常说的音量。音强与声音的振幅成正比，振幅越大，则强度越大。声音质量（简称音质）主要取决于音色和频率范围。音质与频率范围成正比，频率范围越宽音质越好。

声音是一种模拟信号，要能够为计算机所处理，就必须对其进行数字化。在声音信号数字化的过程中,采样频率和量化位数对数字音频的音质起着决定性的作用。采样频率越高,丢失的信息量就越少。当前声音的采样频率主要有三种标准,分别是 44.1、22.05 和 11.025 kHz。量化级越高,也就是量化时采用越多的二进制位来表示声波振幅,就越能更真实地体现振幅变化,更好地还原原始声音。然而,在获得好音质的同时,数字音频文件的存储容量也在迅速增加。除采样频率和量化级这两个因素外,声道数也是影响数字音频音质的一个重要因素。声道数是指一次采样所记录的声音波形个数。如果是单声道,则只产生一个声音波形,而双声道产生两个波形,即所谓的双声道立体声。立体声不仅音色与音质好,而且更能反映人们的听觉效果。但是随着声道数的增加,将使所占用的存储容量成倍增加。

采样频率、量化位数和声道数对数字音频的音质和占用的存储空间起着决定性作用。数字音频文件每秒钟的数据量可通过 $v = f \times b \times s / 8$ 进行计算,其中 v 表示音频文件每秒钟的数据量,f 表示采样频率,b 表示量化位数,s 表示声道数,8 是将二进制位转换为以字节为单位。通常在保证基本音质的前提下,可以采用稍低一些的采样频率,以减少存储容量。一般场合,人的语音采用 11.025 kHz 的采样频率、8 个量化的二进制位和单声道就可以了。

2. 数字音频的获取和处理

数字音频的获取可以通过以下几条途径:CD 音乐采样是利用专用软件(如 Easy CD-DA Extractor)对 CD 中的声音文件进行转换,生成多种格式的数字音频文件。自然声采样就是对自然声直接进行录音,在录音过程中通过实时采样等处理而形成数字音频信号。Windows 自带的录音机就可完成此功能,但一次录音最长不能超过 1 min。利用计算机将数字式电子乐器的弹奏过程记录下来,生成音乐设备数字接口(musical instrument digital interface,MIDI)格式的音频文件。互联网上有许多合法的音频文件可以下载,这也是获得数字音频文件的一种途径。

获取数字音频文件后,可以利用有关的音频处理软件进一步处理,例如对音频进行采样频率与声道形式的转换、编辑声音(删除、粘贴和静音等)、为声音增加各种效果(回声、机器声和淡入淡出等)、合成声音(把其他声音与当前声音混合)等。在我国,语音录入是指通过嘴就可以完成汉字的录入;传统的汉字录入都是采用键盘。在一些领域,语音录入有特别重要的应用,如会议记录整理和采访录音整理等。现在流行的语音录入软件有"汉王"系列(包含手写录入、语音录入和 OCR)和 IBM 公司的 ViaVoice 等。

3. 音频文件的类型

音频文件之所以表现为不同的类型,首先是因为流行的平台不同,其次是因为它们的压缩方式有很大的不同,另一个原因是为了适应不同环境的需要。在计算机中存储声音数字化波形信息的波形文件主要有 WAV,MP3,RA,VOC,AIF,SND,WMA 和 CDA 格式等;存储合成音乐信息的音乐文件主要有 MID 和 RMI 格式等。

(1) 波形文件的类型。

WAV 格式的文件扩展名为.wav。它来源于对声音模拟波形的采样,该格式记录声音的波形,是波形文件,故只要采样频率高、量化等级高且机器速度快,则利用该格式记录的声音文件能够和原声保持基本一致,质量非常好;但这样做的代价就是文件太大。Microsoft Sound System 软件 Sound Finder 可以转换 AIF,SND 和 VOD 文件到 WAV 格式。

MP3 格式的文件扩展名为.mp3。这是现在比较流行的声音文件格式,只包含 MPEG-1 第 3 层编码的声音数。MP3 文件是在波形文件的基础上经过压缩以后形成的,压缩比为 1/10,音质较 WAV 文件稍差,但数据量小而质量高,因此在网络可视电话通信方面应用广泛,是目前互联网中压缩效果最好、文件最小、质量最高的音频文件格式;但和 CD 唱片相比,音质还不能令人非常满意。

RA(Real audio)格式是一种音乐压缩格式,文件的扩展名为.ra。这种格式具有强大的压缩量(压缩比最高为 1/96)和极低的失真度,并支持流媒体播放方式,可边下载边播放,因此可用于在低速率广域网中实时传输音频信息。和 MP3 相同,它也是为了解决网络传输带宽资源而设计的,因此主要目标是高压缩比和强容错性,其次才是音质。

WMA 格式是一种压缩比和音质方面都比较好的音频格式。

VOC 是一种波形音频文件格式,也是声霸卡(sound blaster)使用的音频文件格式。每个 VOC 文件由文件头块和音频数据块组成:文件头包含一个标识版本号和一个指向数据块起始的指针;音频数据块被分成各种类型的子块。

AIF 格式是用于 Macintosh 计算机的音频文件格式。Windows 的转换工具可以把 AIF 格式的文件换成微软公司的 WAV 格式。

SND 格式是用于 Macintosh 计算机的波形文件格式;目前与 IBM 兼容的个人计算机上也开发了支持 SND 格式的应用程序(如 GoldWave)。

CD-DA 格式的文件扩展名为.cda,是 CD 光盘采用的格式;其优点是音质纯正,缺点是文件太大。

(2) 音乐文件的类型。

MIDI 格式是由世界主要电子乐器制造厂商建立起来的一种通信标准,文件扩展名通常为.mid,是目前最成熟的音乐格式。作为音乐工业的数据通信标准,MIDI 指挥各音乐设备的运转,而且具有统一的标准格式,能够模仿原始乐器的各种演奏技巧,甚至能够达到原始乐器无法达到的效果;但缺乏重现真实自然的能力。MIDI 文件不是将声音的波形进行数字化采样量化和编码得到的,而是将数字式电子乐器的弹奏过程记录下来,即保存的是一些描述乐曲演奏过程的指令,因此文件非常小。MIDI 音频文件由于数据量非常小,在多媒体光盘和游戏制作中应用比较广泛。RMI 格式是微软公司的 MIDI 文件格式。

7.3.5 数字视频的处理与表示

1. 数字视频的基本知识

视频实际上就是其内容随时间变化的一组动态图像,包括运动的图像和伴音,具有信息丰富、直观生动、表现力强的特点,数据量非常大。

视频按照处理方式的不同,可分为模拟视频(analog video,AV)和数字视频(digital video,DV)。模拟视频是一种用于传输图像和声音并随时间连续变化的电信号。传统的视频信号都是以模拟方式进行存储和传送的,图像随时间和频道的衰减较大,不适合现在的网络传输。模拟视频源有模拟摄像机、录像机、影碟机、电视机等。

将模拟视频信号数字化(采样、量化、编码)可以得到数字视频。计算机能够处理的是数字视频信号。数字视频克服了模拟视频的局限性,主要表现在以下几方面:首先,数字视频信号可以长距离传输,适合于网络应用。其次,可以不失真地进行无限次拷贝,其抗干扰能力远远强于模拟视频信号。再次,计算机可以对数字视频信号进行创造性的编辑与合成,并进行动态交互。第四,数字视频已广泛应用于直接广播卫星、数字电视等领域;而 VCD,DVD 和数字式便携摄像机也都是以数字视频为基础的。数字视频的缺点是数据量非常大,处理速度较慢。

2. 数字视频的获取和处理

数字视频的获取主要有下面几种途径:通过软件将静态图像序列组合成视频文件序列。通过视频采集卡把模拟视频转换为数字视频,并按数字视频的文件格式保存下来。通过数字化设备摄入数字视频影像。使用数码摄像机拍摄自然景象,可直接以数字格式存储;然后将数码摄像机与计算机相连,通过相应软、硬件就可以将拍摄的数字视频转换成可以在计算机中存储的数字视频文件。

获得数字视频信息并将其存入计算机后,还应编辑加工,才能在多媒体应用系统中使用。数字视频的处理主要包括以下几种:视频剪辑主要包括剪掉数字视频影像中不需要的部分、连接多段视频信息,连接时还可添加过渡效果等。视频叠加合成是指叠加和合成多个视频素材,形成复合作品。视频配音是指为单纯的视频信号上添加声音,并精确定位,主要用于影视作品后期配音等方面。添加特殊效果是指使用滤镜加工视频影像,使影像具有各种特殊效果。具有视频文件编辑功能的应用程序称为数字视频编辑器或视频编辑器。例如,有"电影制作大师"之称的视频处理软件 Adobe Premier 就是其中功能较强的一种。

3. 视频文件的类型

数字视频在计算机中存放的格式有很多,主要有 AVI,MOV,MPG,DAT,RM,DIR 和 ASF 等。

AVI 格式是音频和视频混合交错格式,其文件扩展名为.avi。AVI 格式采用了英特尔公司的 Indeo 视频有损压缩技术,较好地解决了音频信号与视频信号同步的问题,易于再编辑。尽管该格式保存的画面质量不是太好,但仍是个人计算机上最常用的视频文件格式。

MOV 格式是在 Macintosh 计算机上推出的视频文件格式;相应的视频应用软件为 QuickTime,其文件扩展名为.mov。与 AVI 文件格式相似,该格式也采用了英特尔公司的 Indeo 视频有损压缩技术以及视频与音频信号混排技术,但其图像画面的质量比 AVI 文件格式好。

MPG 格式是 MPEG 制订的压缩标准所确定的文件格式,是个人计算机上全屏幕活动视频的标准文件格式,其文件扩展名为.mpg。MPG 格式的压缩率比 AVI 高,画面质量也比 AVI 好,可用于动画和视频影像。目前许多视频处理软件都支持这种格式的视频文件。

DAT 格式是 VCD 或 Karaoke CD 专用的视频文件格式,文件扩展名为.dat。该格式也是一种基于 MPEG 压缩方法的视频文件格式。

RV(Real video)格式是音频和视频压缩规范 RealMedia 中的一种,其文件扩展名为.rm,用来传输不间断的视频数据。RealMedia 包括 Real Audio,Real Video 和 Real Flash 三类文件。

DIR 格式是多媒体著作工具 Director 产生的电影文件格式。

ASF 格式是 Windows Media 的流式文件格式,文件扩展名为.asf;其压缩比较好,图像质量比 VCD 略差,但其体积小,适合网络传播。

7.4 多媒体硬件设备

7.4.1 多媒体计算机的标准与组成

多媒体技术使通信更加方便,人们可以在世界的任何地方、任何时间利用多媒体设备相互通话,通话者之间不仅能闻其声、见其面,而且还可以把图像保存下来。人们也不必分别购置电视机、录像机、个人计算机、电话机和收录机等家用电器,只需一台多媒体计算机(multi-media personal computer,MPC)就可以把这些功能全部包含在内。通过将多媒体计算机与网络相连,足不出户就可以阅读和欣赏到各种图、文、声、像并茂的多媒体信息。

多媒体计算机实际上是对具有多种媒体处理能力的计算机系统的统称。

1. 多媒体计算机的标准

MPC 标准是微软公司和几家主要的个人计算机厂商组成的多媒体个人计算机市场协会对个人计算机的多媒体技术进行规范化管理而制定的标准,其中包括 1991 年公布的 MPC-1 标准、1993 年公布的 MPC-2 标准和 1995 年公布的 MPC-3 标准。

按照 MPC 标准,多媒体计算机应包含个人计算机、操作系统、CD-ROM 驱动器、声卡、一组音箱或耳机 5 个基本单位。这些标准对 MPC 的 CPU、内存、硬盘、显示功能也做了基本要求。表 7-2 列出了 MPC-1,MPC-2 和 MPC-3 标准的主要技术指标。

表 7-2 MPC 主要技术规范

要求	MPC-1 标准	MPC-2 标准	MPC-3 标准
CPU	80386 SX	486 SX 或兼容 CPU	Pentium 75 MHz
时钟/MHz	16	25	75
内存/MB	2	4	8
硬盘/MB	30	160	540
MIDI	MIDI 合成、混音接口	MIDI 合成、混音接口	MIDI 合成、混音接口
显示/像素点数	640×480(16 色)	640×480(256 色)	640×480(64 K 色)
CD-ROM/kB·s^{-1}	单速(150)	2 倍速(300)	4 倍速(600)
声卡/位	8	16	16
MPEG-1	无要求	无要求	MPEG-1 压缩格式
其他	—	—	视频卡、网卡
操作系统	Windows 3.0	Windows 3.1	Windows 3.X,Windows 95

MPC-3 标准同前两级标准相比,主要的差别在于增加视频要求,使 MPC 具备了表现动态影像的能力。当然,从现在多媒体计算机的软、硬件性能来看,MPC 标准已经成为一种历史。

2. 多媒体计算机的组成

一个完整的多媒体计算机系统由多媒体计算机硬件和软件两部分组成。一个具有基本功能的多媒体计算机硬件系统及常用外设如图 7-10 所示。

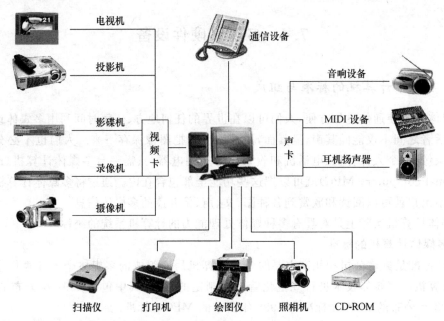

图 7-10 多媒体计算机的硬件系统及常用外设

多媒体计算机的软件系统如图 7-11 所示。其中,多媒体设备驱动程序是直接和多媒体硬件相关的软件,主要功能是完成驱动和控制相应的多媒体设备。操作系统是多媒体软件系统的核心。目前还没有真正完全适合多媒体特征的多媒体操作系统,通常采用的是在计算机操作系统中扩充多媒体功能来实现;广泛用于多媒体计算机的操作系统是 Windows 2000 和 Windows XP 等。多媒体制作软件用于多媒体的制作与处理,如图像处理、音频处理、视频处理以及动画制作等;多媒体平台软件是一种大型软件系统,有专用的多媒体平台软件,也有附带多媒体控制功能的高级算法语言;工具软件主要用于加工和处理数据,例如用于文件格式转换的软件等;用户可通过简单的操作直接使用多媒体应用软件并实现其功能,例如声音播放软件和光盘刻录软件等。

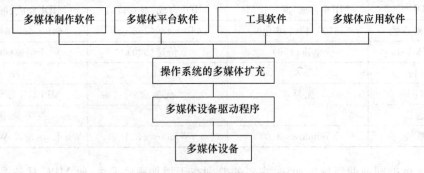

图 7-11 多媒体计算机的软件系统

7.4.2 光盘驱动器

光盘驱动器(光驱)是读取光盘信息的设备,是多媒体计算机不可缺少的硬件配置。

1. CD-ROM 驱动器

CD-ROM 驱动器是只读光盘存储器。衡量 CD-ROM 驱动器的最基本的指标是数据传输率(即倍速)。单倍速(1×)光驱是指光驱的读取速率为 150 kB/s;双倍速(2×)是指读取速率为300 kB/s;现在的 CD-ROM 光驱一般都在 48×和 52×以上。CD-ROM 驱动器有内置和外置两种:前者必须是安装在个人计算机内;而后者可与个人计算机机身分开。

CD-ROM 驱动器可读的光盘有 CD-ROM,CD-DA,CD-R 和 VCD。

2. CD-R/RW 驱动器

CD-R 驱动器(又称光盘刻录机)可刻录 CD-R 光盘;可读取 CD-ROM,CD-DA 和 CD-R 光盘。

CD-RW 驱动器(又称可擦写式光盘刻录机)兼容 CD-ROM 驱动器和 CD-R 驱动器的功能,可刻录 CD-R 盘,擦除和重写 CD-RW 盘;也可读取 CD-ROM、CD-R、CD-RW 盘。但是CD-RW 驱动器的价格却并不比 CD-R 驱动器贵太多,已逐渐取代 CD-R 驱动器。

3. DVD 驱动器

DVD 驱动器是对 DVD 光盘进行读写操作的设备;根据不同的读写操作性质,可分为DVD-ROM,DVD-R,DVD-RW 和 DVD-RAM 驱动器。

DVD-ROM 驱动器可读取的光盘有 DVD-ROM,DVD-R,DVD-RW 和 DVD-A(音频 DVD),并向下兼容。DVD-ROM 驱动器一般都标有特定的区码,只能读出所属区域的 DVD 影片。例如,我国大陆地区的区码是 6,而美国的区码为 1。美国的原版 DVD 光盘在标有中国区码的DVD-ROM 驱动器中就会因被拒绝访问而无法播放。

7.4.3 声卡

声卡是多媒体计算机中不可缺少的重要部件。有了声卡的计算机不仅能发出声音,而且可以通过执行程序对声音进行各种各样的处理,从而达到更加完美的效果。

1. 声卡的功能

现在的声卡已具有发声、声音采集、声音编辑、语音识别和网络电话等一系列功能。所有的音响设备都要通过声卡与计算机连接。声卡的主要功能如下:

(1) 录制与播放波形音频文件。声卡提供了如话筒和录音机等波形音频音源的接口(图7-12),能选择以单声道或双声道录音并控制采样速率。声卡上有数模转换芯片,用来把数字

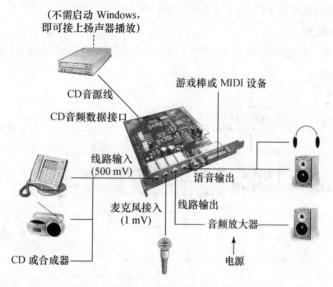

图 7-12 声卡接口连接图

化的声音信号转换成模拟信号,以便输出;同时还有模数转换芯片,用来把模拟声音信号转换成数字信号,以便在计算机中存储,并通过各种语音处理软件进一步处理。

(2) 编辑与合成波形音频文件。利用声卡,可以通过音乐软件对声音文件进行多种特效处理,包括加入回声、倒放、弹入弹出,往返放音以及左、右两个声道交叉放音等。

(3) 录制与合成 MIDI 音乐。通过声卡上的 MIDI 接口,可以获得 MIDI 信息,利用各种音乐处理软件立即生成相应的乐谱。

(4) 文语转换和语音识别。语音合成是将计算机中的信息用语音信号的方式输出。计算机中的文本信息中是不包含语音信息的,如果要用语音的形式输出,需要首先将其转换成语音信号。现在语音合成的使用已逐渐广泛,例如拨打查询时间的电话时,电话中会传出播报当前时间的语音,这就是通过计算机合成而产生的。

(5) 语音通信。当声卡有了输出和输入信号的能力时,就成为语音通信的重要组成部分。如果声卡可以同时输入和输出信号,就非常适合在网络上进行语音通信,成本非常低(比传统的电话要便宜得多)。如果要经常进行跨地区联系,用从个人计算机到个人计算机的语音通信是一个非常省钱的办法。

2. 声卡的种类

声卡发展至今,主要分为单板式、主板集成式和外置式三种类型,各有优缺点:单板式声卡产品涵盖低、中、高档次,售价从几十元至上千元不等。这类声卡输出功率大,抗干扰性强,音质好,拥有更好的兼容性,安装、使用都很方便,是中高端声卡领域的中坚力量。主板集成式声卡易受干扰,性能指标比单板式略差,但价格低廉,兼容性更好。由于声卡只会影响到计算机的音质,对用户较敏感的系统性能并没有什么影响,因此主板集成式声卡能够满足普通用户的绝大多数音频需求,逐渐受到市场青睐。而且,集成声卡的技术也在不断进步,PCI 单板式声卡具有的多声道、低 CPU 占有率等优势也相继出现在集成声卡上,它也由此占据了声卡市场的主导地位。外置式声卡是创新公司独家推出的一类新兴产品,通过 USB 接口与个人计算机连接,具有使用方便、便于移动等优势。但这类产品主要应用于特殊环境,如连接笔记本,实现更好的音质等。目前市场上的外置式声卡并不多,常见的有创新公司的 Extigy 和 Digital Music 两款以及 MAYA EX 和 MAYA 5.1 USB 等。

3. 声卡的工作原理

声卡的品牌很多,但是其工作原理基本相同,如图 7-13 所示。声卡的工作原理框图主要由以下几个部分组成:

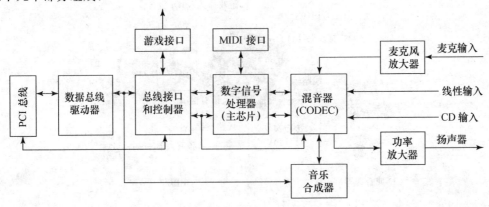

图 7-13 声卡的工作原理框图

(1) 主芯片为数字信号处理器。这是声卡的核心部分,承担声音信息处理、特殊音效过滤与处理、语音识别、实时音频压缩和 MIDI 合成等重要任务。

(2) 混音信号处理器(CODEC)。主要承担对声音信号的采集、编码、处理和解码;其声源有 MIDI 信号、CD 音频、线路输入和麦克风输入等,可以选择一种或几种不同的声源进行混合录音。

(3) 功率放大器。由于混合信号处理器输出的信号功率还不够大,不能推动扬声器或音箱,所以一般有一个功率放大器,保证输出的音频信号有足够的功率。

(4) 音乐合成器。标准的多媒体计算机可以通过声卡的内部合成器或主机 MIDI 端口的外部合成器播放 MIDI 文件。

(5) 总线接口和控制器是由数据总线双向驱动器、总线接口控制逻辑、总线中断逻辑以及直接存储器访问(direct memory access,DMA)控制逻辑组成。总线接口有多种,早期的音频卡为 ISA 总线接口,现在的音频卡一般是 PCI 总线接口。

4. 声卡的性能指标

声卡的性能指标有以下 5 点:

(1) 采样频率。采样频率即每秒钟采集样本的次数,采样频率越高,丢失的信息量就越少。一般声卡提供了 11.025,22.025 和 44.1 kHz 的采样频率,目前,较高档的声卡的采样频率可达 48 kHz。

(2) 量化位数(即量化精度)。声卡的量化位数有 8,16 和 32 位,甚至 64 位。量化位数越多,量化精度越高,音质越好。

(3) 芯片类型。采用 CODEC 芯片的声卡很多控制由计算机的 CPU 进行,较为便宜。而带有 DSP 芯片的声卡,由于 DSP 芯片中已经包含了专门用于处理声音的 CPU,对信号的处理不依赖于主机的 CPU,所以处理速度比不带 DSP 芯片的声卡快得多,而且可以提供更好的音质,但一般较贵。

(4) 还原 MIDI 声音的技术。现在的声卡都支持 MIDI 标准,MIDI 是电子乐器接口的统一标准。声卡中采用两种技术还原 MIDI 声音,即调频(frequency modulation,FM)技术与波表技术。

(5) 支持即插即用(PnP)。是否支持即插即用,决定了声卡安装过程是否容易。

7.4.4 视频卡

视频卡是视频信号处理设备的统称,与配套的驱动程序和视频处理软件相配合,即可获取数字化视频信息,并将其存储和播放出来。

1. 视频卡的功能

视频卡采集来自输入设备的视频信号,并完成由模拟量到数字量的转换和压缩(现在大多数视频卡都具备硬件压缩的功能),以数字化形式存入计算机中,数字视频可在计算机中进行播放。视频卡不仅可以把视频图像以不同的视频窗口大小显示出来,而且与软件配合还能提供许多特殊效果(如冻结、淡出、旋转和镜像等)。

具有音频输入接口的视频采集卡能在捕捉视频信息的同时获得伴音,使音频和视频部分在数字化时同步保存。如果采集卡没有音频输入接口,就需要通过声卡获得数字化的伴音,而后由采集卡把伴音与采集到的数字视频同步到一起。

2. 视频卡的种类

视频卡按照其用途可以分为广播级视频采集卡、专业级视频采集卡和民用级视频采集卡；其主要区别是采集的图像指标不同：广播级视频采集卡的图像分辨率较高，视频信噪比较高；缺点是视频文件庞大，数据量至少为 200 Mb/min，主要用于电视台制作节目；专业级视频采集卡比广播级视频采集卡的性能稍低，分辨率相同，但压缩比稍高，适用于广告公司、多媒体公司制作节目以及多媒体软件；民用级视频采集卡的动态分辨率最低，主要被个人用户使用。

视频卡如果按照功能划分，常见的有视频采集卡、MPEG 卡、TV 电视接收卡和视频输出卡。

视频采集卡有时又称视频捕捉卡，用于捕捉视频图像，并将其数字化。现在大多数视频采集卡都具有硬件压缩的功能，在采集视频信号时对卡上的视频信号进行压缩，再将压缩的视频数据传给计算机存储处理。视频采集卡采用帧内压缩算法把数字化的视频存储成 AVI 文件；高性能的视频卡还能够将采集到的数字视频数据实时压缩成 MPEG 文件。

MPEG 卡分为 MPEG 压缩卡和 MPEG 解压卡：MPEG 压缩卡用于将视频影像压缩成 MPEG 格式的文件存储在计算机硬盘中。MPEG 解压卡是采用硬件方式将压缩后的 VCD 影像数据解压后再进行回放，所以又称视频播放卡或电影卡。MPEG 解压卡使用方便，若与 CD-ROM 配合使用，可在计算机上欣赏 VCD 影像或光盘中的 MPEG 影像。但是随着 CPU 和显卡性能的提高，现在许多计算机用户使用解压缩软件来代替 MPEG 解压卡，从而降低成本，其画面质量一般也能满足普通用户的要求。

TV 电视接收卡可以使计算机具有电视机接收功能，可以分为两种：一种是将高频接收-调谐电路和视频采集卡的功能集成在一块板上，板上有外接天线插孔，插上天线就可以收看电视；其工作原理相当于一台数字式电视机。它首先将从天线接收到的射频信号转换为视频信号；然后通过模数转换器转变为数字信号，再经过变换电路转变为 RGB 信号，最后通过数模转换器转换为模拟 RGB 信号并在显示器上显示。另一种是接在视频采集卡视频输入的高频端上；它可以与任何采集卡一起使用，相当于电视视频捕捉卡。

视频输出卡（又称视频转化卡）的功能是将计算机显示卡输出的 VGA 信号转换为标准的 PAL 制、NTSC 制或 SECAMA 制视频信号，输出到电视机、视频监视器、录像机等视频设备中。现在视频卡的发展趋势是集多种功能于一卡。是一款集 TV 电视接收、数码摄像机接入、模拟视频接入等功能于一身的视频采集卡如图 7-14 所示。

图 7-14　视频采集卡

3. 视频采集卡的工作原理

视频采集卡的工作原理如图 7-15 所示，可概述为：视频信号源（如摄像机、录像机或激光视盘）的信号首先经过模数变换，经多制式数字解码器进行解码，得到 YUV 信号；然后由视频处理芯片对其进行剪裁、变化等处理，改变比例后可实时存入帧存储器，计算机可以通过视频处理芯片对帧存储器的内容进行读写操作。帧存储器的内容在视频处理芯片控制下，与 VGA 同步信号或视频编码器的同步信号同步，再经过数模转换成为模拟信号，同时送到数字式视频编辑器进行视频编码，最后输出到 VGA 监视器、电视机或录像机。

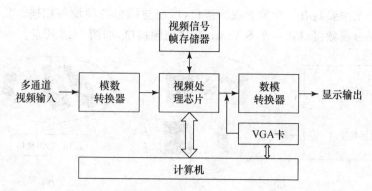

图 7-15　视频采集卡的工作原理

4. 视频采集卡的性能指标

不同档次的视频采集卡所采集的视频质量不同：低档采集卡可采集的图形分辨率和数据率都较低，颜色数较少，价格在一两千元左右；而高档采集卡价格最高的可达三四万元。影响视频采集卡性能的指标主要有以下几个：

(1) 采集图像的分辨率。视频采集卡采集图像的分辨率应与电视扫描线接近。

(2) 采集图像的颜色数量。为了使图像颜色不失真，要有足够的颜色数；而颜色数量与视频采集卡的帧存储器容量有关。对于视频采集卡最多能支持的颜色数，一般有 32 K 种就足够了，因为视频输入本身常常达不到"真彩色"。

(3) 丢帧数。视频采集希望丢失的帧越少越好。由于模拟视频输入端可以提供不间断的信息源，视频采集卡要采集模拟视频序列中的每帧图像，并在采集下一帧图像之前把这些数据传入个人计算机系统。因此，如果每帧视频图像的处理时间超过相邻两帧之间的时间间隔，则要出现数据丢失，即丢帧现象。视频采集卡可以根据高速率下采集不丢帧的能力来划分等级。

(4) 实时压缩功能。视频采集卡先对获取的视频序列进行压缩处理，然后再存入计算机硬盘。不同档次的采集卡具有不同质量的采集压缩性能。高档视频卡能够将采集到的视频数据实时压缩成 MPEG 格式的文件。

5. 视频采集卡的接口

不同视频采集卡的接口数量、种类不尽相同。视频采集卡的接口有以下几种，但并不是所有的视频采集卡都具有下面所述的接口：

(1) 标准 RF 端子接口(又称射频输入端子)，主要用来接收有线电视。该接口接收的信号是视频和音频调谐在一起的信号；其缺点是视频和音频信号的串扰影响清晰度。

(2) 标准 AV 端子输入接口(复合视频接口)用于连接具有 AV 端子的模拟视频设备。有了复合视频接口，就可以把视频和音频信号分开接收，即通过复合视频接口接收视频信号，而视频信号的伴音可以通过采集卡的声音输入端口输入。若视频采集卡没有声音输入端口，则通过计算机声卡的音频输入端口输入伴音。这样，视频和音频信号的串扰得到了改善，图像清晰度有了一定的提高。

(3) 标准 S-Video 端子接口(分量视频接口)是一种视频信号专用输入接口，用于连接具有 S-Video 端子的模拟视频设备。S-Video 端子是一个五芯接口，其中两路传输视频亮度信号，两路传输色度信号，一路为公共屏蔽地线，由于省去了图像信号与色度信号的综合、编码、合成以及电视机机内的输入切换、矩阵解码等，有效地防止了亮度、色度信号复合输出的相互串扰，进一步提高了图像的清晰度。

视频采集卡至少要具有一个复合视频接口,以便与模拟视频设备相连。高性能的采集卡一般具有一个复合视频接口和一个 S-Video 分量视频接口,如图 7-16 所示。

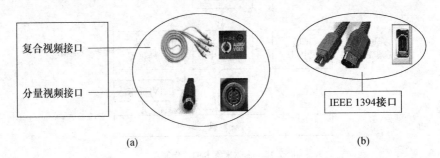

图 7-16　视频采集卡的模拟(a)、数字(b)视频设备接口及连接线

此外,IEEE 1394 输入接口用于连接数字视频设备。声音输入接口用于接收同步采集模拟信号中的伴音;声音输出接口用于接声卡。R/M 端子接口是红外感应器接口。一个功能较为齐备的视频采集卡接口连接如图 7-17 所示。

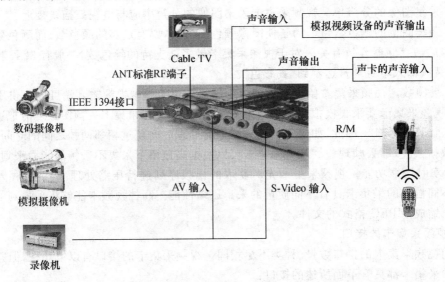

图 7-17　视频采集卡接口连接

7.4.5　其他辅助设备

多媒体计算机的辅助设备可以将各种形式的多媒体信息传送给计算机或将计算机处理的信息输出。常见的多媒体计算机的辅助设备有触摸屏、图像扫描仪、数码照相机、数码摄像机和打印机等。

1. 图像扫描仪

图像扫描仪是一种图像输入设备,利用光电转换原理,通过扫描仪光电管的移动或被扫描文件的移动,把黑白或彩色的原稿信息进行数字化后输入到计算机中。如果配合专门的图像处理软件,它还可用于文字识别、图像识别等领域。图像扫描仪按结构分为手持式、平板式、滚筒式和台式;按原理分为反射式、透射式和混合式;等等。

图像扫描仪主要的性能指标有分辨率、彩色位数和扫描速度：分辨率是扫描仪对原稿细节的分辨能力（单位：dpi）；从物理上讲，就是图像扫描仪CCD[①]排列密度。现在图像扫描仪还采用内插算法来进一步提高其分辨率。为了便于区别，人们把CCD排列密度称为光学分辨率。彩色位数表示图像扫描仪对色彩的分辨能力。目前，市场上扫描仪的彩色位数有18，24，30，36，42和48位等几个档次。扫描速度可用图像扫描仪扫描标准A4幅面的图纸所用的时间表示；也可用完成一行扫描的时间来表示。当然，还应考虑将一页文稿扫入计算机再完成处理总共需要的时间。除了以上指标外，图像扫描仪的指标还包括接口形式和幅面大小等。

2. 数码照相机

数码照相机是一种特殊的照相机，它能够将拍摄的景物转换成数字格式存储在照相机内部的芯片或存储卡中；而且可以直接与计算机相连，将数字图像文件输入到计算机中。

数码照相机的工作原理如图7-18所示；其主要部件是CCD光敏传感器。CCD光敏传感器由数千个独立的光敏元件组成，光线通过镜头作用其上，将可见光转换成电信号；经过译码器将模拟信号转变为数字信号；然后微处理器对数字信号进行压缩并转化为特定的图像格式；最后将数字图像文件存储在内置存储器中。数码照相机的内置存储器可以是软盘、微型硬盘、存储卡以及半导体随机存储器等。

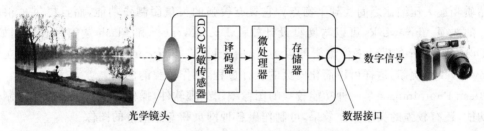

图7-18 数码照相机的工作原理

数码照相机的技术指标主要有光学镜头与快门的性能、CCD像素数（$(200\sim1200)\times10^5$）、色彩深度、存储功能、液晶显示屏（liquid crystal display，LCD）的像素数量和数据接口形式等。

3. 打印机

打印机作为输出设备，可打印文本和图像信息。市场上的打印机种类很多，如激光彩色打印机、喷墨打印机和照片打印机等。

7.5 多媒体常用软件

多媒体常用软件主要包括图形和图像类、音频和视频类、动画类以及著作工具类软件等，各有长处，同时又各有局限性。当制作和处理稍复杂的多媒体素材时，经常要联合利用几类软件。

7.5.1 图形和图像类软件

1. 图形类软件

CorelDraw是基于矢量技术的图形创作软件，支持多页面，并具有一定的排版功能。

[①] "CCD"是"电荷耦合器件"（charge-coupled device，CCD）的简称。

Adobe Illustrator 是专业绘图工具,与 Photoshop 配合使用可以创造出让人叹为观止的图像效果。Illustrator 主要用于专业的商业插画、海报绘制。

FreeHand 是矢量图软件,提供个人计算机和 Macintosh 计算机两种版本。FreeHand 不像 Illustrator 和 CorelDRAW 那样体积庞大,运行速度快,与 Flash 和 Fireworks 等兼容性极好。Flash MX 和 Fireworks MX 两者均可直接打开 FreeHand MX 的文件。良好的整合性和开放性使 FreeHand MX 成为制作网页和 Flash MX 动画的最佳插图、设计和布局工具。此外,FreeHand 的文字处理功能尤为人称道,甚至可与一些专业文字处理软件媲美。

AutoCAD 主要用在工业、机械精密制图中,对于机械零件的设计、建筑效果图的制作都有独到之处。

2. 图像类软件

Adobe Photoshop 是目前个人计算机上公认的最好的平面艺术创作和图像处理软件。它功能强大,可用于彩色绘画、照片修版和图像编辑,所以在几乎所有的广告、出版和软件公司都是首选的图像处理工具。Photoshop 与 Adobe Imageready 配合使用还可以完成网页图像的设计制作。

Macromedia Fireworks 是一种适合于网页图像设计的图像处理软件,可帮助用户在最佳图像品质和最大压缩比之间找到平衡点。它具有较强的矢量图制作功能,而且提供了很多优化图像的选项。Fireworks 可以与网页设计软件 Dreamweaver 和 Flash 紧密结合。例如,只要将 Dreamweaver 的默认图像编辑器设为 Fireworks,在 Fireworks 里修改的文件将立即在 Dreamweaver 里更新,这样可以简化网页的设计过程,创作精美的网页。

Ulead PhotoImpact 是一种功能较强的图像编辑处理软件,操作方便。它具有图像制作和编辑功能,还有较强的文本制作效果,可制作出各种网页和专业质量的图像。

Microsoft PhotoDraw 是一种简单易用的图像处理软件。用户不需要专门学习或参考复杂的手册,就可以轻松地使用 PhotoDraw 来装配、使用和自定义剪贴画、照片或图形(包括扫描的照片或图形和数码照相机中的照片或图形)、文本及其他图形程序中的图像和用户绘制的图表。

MetaCreation Painter(又称绘画大师)是一种典型强调自然媒体绘画特点的专业图像编辑软件,自然介质绘画工具和照明效果是其特长。

7.5.2 音频和视频类软件

1. 音频类软件

Sound Forge 是一种专业化数字音频处理软件,功能非常强大。可以毫不夸张地说,凡是跟声音有关的处理,Sound Forge 都能够处理。

CoolEdit 是一种数字音频处理软件;相对 Sound Forge 来说,其功能要弱一些。

GoldWave 是用于声音编辑、播放、录音以及格式转换的音频编辑软件,与 Sound Forge 和 CoolEdit 相比,其功能虽不是非常强大,但所占的硬盘空间最小,足可以满足一般用户的需求。

Cakewalk 是一种界面友好、功能强大的图形 MIDI 编曲类软件,也是全球用户最多的 MIDI 编曲软件,提供了 MIDI 制作所需要的全部功能。用户可以利用 Cakewalk 内建的 CAL 编程语言,进一步扩充其功能。Cakewalk 9.0 可以直接输入视频文件,对其中的音频进行编辑，并实现与视频同步播放。

另外，还有一些声音数字转化软件，如 Easy CD-DA Extractor，Exact Audio Copy 和 Real Jukebox；以及音频压缩软件，如 L3Enc，Xingmp3 Encoder 和 WinDAC32 等。

2. 视频类软件

常见的视频播放类软件有 Windows Media Player，Real Player，QuickTime 和豪杰超级解霸等；视频编辑类软件除了能播放视频外，还能对视频进行剪辑、组合等编辑处理，常见的有 Adobe Premiere，Ulead Video Studio，DV Station 和 MGI VideoWave 等。

Windows Media Player 是 Windows 的媒体播放器，它支持的视频流格式非常多，包括 ASF、MPEG-1、MPEG-2、WAV、AVI、MIDI、VOD、AU、MP3 等。

Real Player 是网上收听、收看实时音频、视频和 Flash 的最佳工具。Real Player 是一个在互联网中通过流技术实现音频、视频实时传输的在线收听和收看工具软件。除了支持 RM 格式以外，Real Player 可以支持 MPEG-1、MPEG-2、MP3 等格式。

QuickTime 是 Macintosh 计算机中最流行的视频播放软件。由于该播放器及 MOV 格式文件的视频信号质量高于 AVI 格式，现在 QuickTime 在个人计算机中也被广泛使用。QuickTime 可以支持各种 MPEG、音频格式；在最新版本中则加入了对 MPEG-4 的支持。

Adobe Premiere 是功能强大的专业视频处理软件，其核心技术是将视频文件逐帧展开，以帧为精度进行编辑，并与音频文件精确同步。

Ulead Video Studio（又称绘声绘影）是一套完整的非线性视频编辑软件，不仅可以创作 VCD 和 DVD 等格式的数字影片，还可以制作 RM 和 WMV 等网络流式影片，是一种网络时代的家用视频编辑工具。

7.5.3 动画类软件

1. 二维动画类软件

GIF Animator 是一种专业的动画制作程序，利用 GIF 格式内置的功能来存储和显示多个图像文件，生成体积小而效果好的二维动画，即 GIF 动画。Animator 5.0 又添加了不少可以即时套用的特效以及优化 GIF 动画图片的选项。最令人惊喜的是，目前常见的图像格式均能够被顺利导入，并能够存成 Flash 文件。另外 Animator 还有很多经典的动画效果滤镜，只要输入一张图片，即可自动套用动画模式将其分解成数张图片，制作出动画。

GIF Movie Gear 具有几乎所有需要制作 GIF 动画的编辑功能，无需其他图形软件辅助。它可以处理背景透明化而且做法简单，对做好的图片可以进行最优化处理，使图片"减肥"；另外，除了可以把做好的图片存成 GIF 格式的动画外，还可以存成 AVI 或 ANI 的文件格式。

常用的 GIF 制作工具有很多，除了以上两种之外，还有 Animagic GIF，GIF Constructor 和 CoffeeCup 等。

Macromedia Flash 是一种矢量动画创作专业软件，是目前制作网络交互动画的最优秀的工具。它支持动画、声音以及交互功能，具有强大的多媒体编辑能力。Flash 通过使用矢量图和流式播放技术克服了网络传输速度慢的缺点。基于矢量图的 Flash 动画尺寸可以随意调整、缩放，而不会影响图形文件的大小和质量；并且，只用少量矢量数据，就可以描述一个复杂的对象，占用的存储空间只是位图的几千分之一，非常适合在网络中使用。流式技术允许用户在动画文件全部下载结束之前播放已下载的部分。Flash 提供的透明技术和物体变形技术，使复杂的动画更加容易创建,为网页动画设计者的丰富想象提供了实现手段。交互设计可随心所欲地控制动画,赋予用户更多的主动权。优化的界面设计和强大的工具使 Flash 更加简单、实用。

Animator Pro 是一种平面动画制作软件,现已成为动画界的工业标准。它提供了影像制作及动画创作两大系统,功能强大。

Morpher 是一种制作图像变形动画的工具,体积非常小,而且用起来很简单。用户只需要准备两张或两张以上的图片,就可以运用 Morpher 制作图像变形动画了,例如可以轻松实现人物成长过程(从小孩过渡到成人)等特殊效果。Morpher 目前在电子相册、多媒体课件等多种场合有着广泛的应用。

Adobe Imageready 刚诞生时是作为一个独立的动画编辑软件发布的,直到 Photoshop 5.5 发布时,Imageready 才被与 Photoshop 搭配销售,弥补了 Photoshop 在动画编辑以及网页制作方面的不足。Imageready 具备 Photoshop 中常用的图像编辑功能,同时更提供了包含大量网页和动画的设计制作工具。它基于图层来建立 GIF 动画,能自动划分动画中的元素,并将 Photoshop 中的图像用于动画帧。它具有非常强大的 Web 图像处理能力,可以创作富有动感的 GIF 动画、有趣的动态按键和漂亮的网页。所以,Imageready 完全有能力独立完成从制图到动画的过程,与 Photoshop 的紧密结合更能显示出它的优势。

2. 三维动画类软件

在三维动画软件中,每种软件与其相应的用途联系得非常紧密。

3D Studio MAX 是基于个人计算机平台的产品,是全球销量最好的三维造型与动画制作软件。各种各样增值插件使 3D Studio MAX 功能更强大,适用领域更广泛,现在应用三维动画和可视化设计的领域都有其成功的应用范例。

Ulead Cool 3D 是目前制作三维图文动画的经典工具之一,其特长是制作文字的三维效果,可以用来方便地生成具有各种特殊效果的三维动画文字。它可以把生成的动画保存为 GIF 或 AVI 格式。Ulead Cool 3D 内建完整的矢量绘图工具组,并提供了大量效果库,用户可以直接运用到自己的作品中去,这也是 Ulead Cool 3D 的一个最大的特点。用户不必具有过多专业技能,只要对该专业提供的各种效果组合、修改和调整,就可以制作出漂亮的动画来。

Poser 是一种三维人物动画和模型设计工具。它能使用户在最短的时间内建立效果惊人的电影、图像和各种姿势的三维造型。Poser 4 带有多个库,例如库中对头发、脸部表情和手部动作都有细致的描述;外形适配使每件衣物都好像是贴身制作的。

Bryce 是生成三维自然景观的最佳工具,其动画控制允许将天空、海洋和山峰等导入三维模组制作成动画,并对其进行细节的编辑,如山峰的高度、陡峭的程度等;还可以用旋转、曲线或飞跃等指令模拟摄影机的动作,并编辑或储存这些动作的路径,以便将来导入或导出。

Maya 是一种强大的三维动画设计软件,有许多突出的功能,如完整的建模系统、强大的程序纹理材质和粒子系统、出色的角色动画系统以及 MEL 脚本语言等。它几乎提供了三维创作中要用到的所有工具,可以创作出任何可以想象的造型、特技效果和任何现实中无法完成的工程。Maya 的使用是当今影视游戏制作的主流趋势,用其参与制作的视觉成果(包括数以万计的影片、游戏、个人作品、广告、视频特效、建筑漫游和考古复原等),很大一部分赢得了世界性的声誉。

MasterCAM 是基于个人计算机平台的用于模具设计的专业软件,集二维绘图、三维曲面设计、数控编成、刀具路径模拟及真实感模拟等功能于一体,对系统运行环境要求较低。

7.5.4　著作工具类软件

　　Macromedia Authorware 是 20 世纪 90 年代推出的一种多媒体著作工具软件,使用简单,交互方式多且交互性强。这是一种基于图标和流程图的可视化多媒体著作工具,和 ToolBook 一起,成为多媒体创作工具事实上的国际标准。用户只需根据作品的特点,先设计出软件工作的流程图,然后将该软件提供的图标用流程图方式有机地结合起来,再加入各种媒体素材,就可以制作出多媒体作品。Authorware 在多媒体课件制作领域应用得非常广泛。

　　Macromedia Director 借鉴了影视作品的形式,是以时间轴为基础的著作工具软件,其中内嵌了面向对象的脚本描述语言 Lingo,并通过用这种语言编程,完成许多复杂的媒体调用关系和人机对话方式。

　　Toolbook 是以书页为基础的多媒体著作工具。用 Toolbook 制作多媒体课件的过程就像写一本书:首先建立一本书的整体框架,然后把页加入书中,再把文字、图像和按钮等对象放入页中,最后使用系统提供的程序设计语言 OpenScript 编写脚本,确定各种对象在课件中的作用。该软件表现力强,交互性好,制作的节目具有很大的弹性和灵活性,适用于创作功能丰富的多媒体课件和多媒体读物。特别是 Toolbook 4.0 在原有基础上又增加了强大的课件开发工具集和课程管理系统,为用户提供了更大方便。

参 考 文 献

1. 赵子江. 多媒体技术应用教程. 第 5 版. 北京:机械工业出版社,2007.
2. 鄂大伟. 多媒体技术基础与应用. 第 2 版. 北京:高等教育出版社,2004.
3. 刘惠芬. 数字媒体:技术、应用、设计. 第 2 版. 北京:清华大学出版社,2008.

思 考 题

1. 简述多媒体数据压缩的必要性。
2. 简述多媒体计算机的关键技术。
3. 多媒体计算机获取常用的图形、静态图像和动态图像(视频)有哪些方法?
4. 音频卡的主要功能有哪些?
5. 图形与图像文件的差别有哪些?
6. 图像文件的体积指的是什么?怎样计算?
7. 视频与动画在本质上有区别吗?
8. 请举出一些能够制作 GIF 动画的多媒体软件。

练 习 题

1. 利用 Windows Media Player 播放一些音频文件,将自己喜爱的歌曲制成播放列表,并分别命名。

2. 收集几种常用格式(如 AVI,ASF,RM 和 MOV)的数字视频文件,选用相应的多媒体播放器进行播放,并比较其不同的视觉效果。

3. 利用软件(如 ACDSee 7.0)制作一个屏幕保护文件,然后设置在你所使用的计算机上。

4. 在计算机中搜索一个.wmf 格式的矢量图形文件,并利用软件(例如 ACDSee 7.0)将它分别另存为.bmp 格式、图像质量较高的.jpg 格式和图片质量较低的.jpg 格式等三种位图文件;然后将这三个位图文件的尺寸调整到与原.wmf 格式文件相近的尺寸,观察显示效果,并记录各个文件的主要参数指标。

5. 在一个文件夹中准备一些图像文件,然后利用软件(例如 ACDSee 7.0)将它们的名字批量改为"mypic-01","mypic-02"等。

6. 练习用抓图软件(例如 SnapIT)抓取屏幕、活动窗口、选定区域、下拉菜单、按钮等,保存在一个 Microsoft PowerPoint 文档中。

7. 利用 GoldWave 录制一段自己的声音并进行编辑(如删除、粘贴和静音等);为自己的声音增加各种效果(如回声和淡入淡出等),然后保存为 WAVE 格式的文件,主文件名为"mysound"。

8. 将自己录制的语音文件"mysound.wav"与一段音乐进行合成并保存。注意,如果音乐文件较大,可先对其进行截取,而后合成。

第八章 信息安全基础

随着信息技术的飞速发展和网络技术的广泛应用,信息已经成为支配人类社会发展进程的决定性力量之一。现在人们能够充分享受到信息网络国际化、社会化、开放化、个人化的特点,这使得人们对信息的获取、使用和控制越来越方便;同时,也面临着信息安全(information security)的严重问题。计算机病毒的猖狂肆虐、黑客攻击造成的恶劣影响、系统安全漏洞的不断增加、网络欺诈的不断曝光、木马和后门程序的严重危害等,都在不断警告人们,信息安全将不再只是信息专业人员所关注的问题,掌握一定的信息安全知识,提高信息安全与防范意识,将成为每一个计算机用户必须具备的素质。

在本章中,我们将了解信息安全的定义、起源和目标,常见的信息安全技术,计算机病毒的发展和预防,黑客的定义和计算机犯罪,知识产权和信息安全的相关法规等;并针对目前普通计算机用户最需要掌握的信息安全操作(例如计算机病毒、电子邮件、防火墙和口令设置等)做简单介绍。

8.1 信息安全概述

8.1.1 信息安全的基本概念

信息是从调查、研究和教育中获得的知识,是情报、新闻、事实和数据,是代表数据的信号或字符,是代表物质或精神的经验的消息、经验数据和图片。信息安全就是通过各种计算机、网络和通信技术,保证在各种系统、网络中传输、交换、存储的信息的机密性、完整性、可用性和不可否认性。信息安全不单纯是技术问题,它还涉及技术、管理、制度、法律和道德等诸多方面。

网络安全是指网络系统的硬件、软件以及系统中的数据受到保护,不会由于偶然或恶意的原因而遭到破坏、更改和泄露,从而保证系统能连续、可靠和正常的运行,网络服务不中断。计算机安全,广义来说,通常指控制经授权的计算机访问,管理计算机账户和用户优先权,防止复制、病毒、软件记录以及数据库安全等,或者应该包括防止计算机通过网络连接、密码探测程序或网络里面蠕虫等受到攻击。

在互联网时代,计算机安全与网络安全已很难分割开来;如果一定要分开讨论,则可以计算机没有连接网络时是否存在安全问题作为一个判断标准。这时,狭义意义上的计算机安全的主要任务就是阻止以及检测用户对计算机系统的未经授权的行为。

8.1.2 信息安全的起源与常见威胁

信息安全的出现有其历史原因和必然性。计算机系统本身有着易于受到攻击的各种因素,以互联网为代表的现代网络的松散结构和广泛发展,更是大大加深了信息系统的不安全性。这里,我们将从计算机系统的安全风险、信息系统的物理安全风险、网络的安全风险、计算机软件程序的风险、应用风险和管理风险等几个方面阐述为什么信息安全从一开始就伴随着计算机发展而产生。

1. 计算机系统的安全风险

从安全的角度看,冯·诺伊曼模型是造成安全问题的一个重要因素。二进制编码对识别恶意代码造成很大的困难,其脉冲信号又很容易被探测和截获;面向程序的设计思路使得数据和代码很容易混淆,而使得病毒等轻易地就可以进入计算机(冯·诺伊曼在1949年就已经意识到,程序可在其体系结构中自我复制)。随着硬件固化、多用户和网络化应用的发展,迫使人们靠加强软件来适应这种情况,导致软件复杂性呈指数型增加。

2. 信息系统的物理安全风险

计算机本身和外部设备乃至网络和通信线路面临各种风险,如各种自然灾害、人为破坏、操作失误、设备故障、电磁干扰以及各种不同类型的不安全因素所导致的物理财产损失、数据资料损失等。

3. 网络的安全风险

现代网络是在美国国防部 ARPA 网基础上发展而来的。构建网络的目的就是要实现将信息从一台计算机通过不同的网络结构传到另一台计算机,实现信息共享,其网络协议和服务所设计的交互机制本身就存在着漏洞,例如网络协议本身会泄漏口令、密码保密措施不强、从不对用户身份进行校验等。网络本身的开放性也带来安全隐患。各种应用基于公开的协议,远程访问使得各种攻击无需到现场就能得手。同时,从全球范围来看,互联网的发展几乎是在无组织的自由状态下进行的,网络自然成为一些人"大显身手"的理想空间。

4. 计算机软件程序的风险

由于软件程序的复杂性、编程的多样性和程序设计人员能力的局限性,在信息系统的软件中不可避免地存在安全漏洞。软件程序设计人员为了方便,经常会在开发系统时预留"后门"(从某种程度来说,微软公司的远程管理工具也很像一个"后门"),为软件调试以及进一步开发和远程维护提供了方便,但同时也为非法入侵提供了通道。一旦"后门"被外人所知,其造成的后果不堪设想。同时,由于软件程序的复杂性、编程的多样性和程序员能力的局限性,将不可避免地带来信息安全隐患。

5. 应用和管理风险

在信息系统使用过程中,不正确的操作、人为的蓄意破坏等也会带来信息安全上的威胁。此外,由于对信息系统管理不当,也会带来信息安全上的威胁。

8.1.3 信息安全的目标

无论在计算机上存储、处理和应用数据,或者在网络中传播数据,都有可能引起信息泄密、篡改和拦截等破坏,其中有些可能是有意的(如黑客攻击和病毒感染等),也有些可能是无意的(如误操作和程序错误等)。

我们所说的信息安全的目标一般来说应该是保护信息的机密性、完整性、可用性、可控性和不可抵赖性:机密性是指保证信息为授权者使用,而不泄漏给未经授权者。完整性是指保证信息从真实的信息发送者传送到真实的信息接收者手中,传递过程没有被他人添加、删除和替换。可用性是指保证信息和信息系统随时可以为授权者提供服务,而不会出现由于非授权者破坏而造成对授权者拒绝服务的情况。可控性是指由于国家机构利益和管理的需要,管理者能够对信息实施必要的控制和管理,以对抗社会犯罪和外敌入侵。不可抵赖性是指每个信息的发送者都应该对自己的信息行为负责,保证用户无法在事后否认曾经对信息进行的生成、签发、接受等行为,这在一些商业活动中显得尤为重要。

我们必须认识到,安全是一种意识、一个过程,并不是单靠某种技术就能实现的。进入 21 世纪后,信息安全的理念发生了巨大变化,目前提出了一种综合的安全解决办法,即针对信息的生存周期,将信息的保护(protection)技术、信息使用中的检测(detection)技术、信息受影响或攻击时的响应(reaction)技术和受损后的恢复(restorage)技术综合使用,以取得系统整体的安全性,称为 PDRR 模型,如图 8-1 所示。

图 8-1 信息安全的 PDRR 模型

从这个意义上来说,信息安全是一个汇集硬件、软件、网络、人及其之间的相互关系和接口的系统。网络与信息系统的实施主体是人,安全设备和安全管理策略最终要依靠人才能应用与贯彻。某些机构存在着安全设备设置不合理、使用和管理不当、没有专门的信息安全人员、系统密码管理混乱等现象,这时各种安全技术(如防火墙、入侵检测和虚拟专用网络(virtual private network,VPN)等设备)无法起到应有的作用。

8.1.4 信息安全体系框架

信息安全是一门交叉科学,涉及数学、计算机和通信等自然科学以及法律、心理学等社会科学多个方面。

完整的信息安全体系框架是由技术体系、组织机构体系和管理体系构建的,如图 8-2 所示。其中,管理体系是信息安全系统的灵魂,要制定各项信息安全规章和法律法规,并应使每一位相关的人员得到培训。

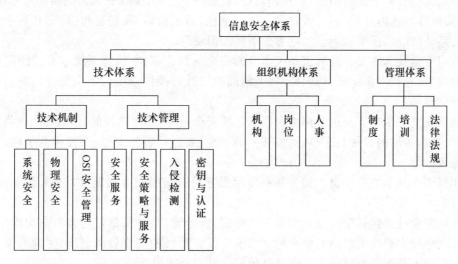

图 8-2 信息安全体系框架

8.1.5 信息安全标准

信息安全标准包括信息安全体系结构的标准、密码技术标准、安全认证标准、安全产品标准和安全评估标准等,其中影响最广泛的安全评估标准是可信计算机系统评估准则(trusted computer system evaluation criteria,TCSEC)和信息技术安全通用评估准则(common criteria for information technology security evaluation,CC)。

TCSEC 发布于 1983 年,将计算机安全从低到高顺序分为四等八级,分别称为最低保护等级(D)、自主保护等级(C1 和 C2)、强制保护等级(B1,B2 和 B3)和验证保护等级(A1 和超 A1)。TCSEC 是针对单独的计算机系统,特别是小型机和主机系统而提出的。它建立在计算机系统有一定的物理屏障的前提下,适用于军队和政府,不适用于企业,是一种静态模型。

目前的国际标准 CC(ISO/IEC 15408)是基于 TCSEC 的改进版本,综合考虑信息系统的资产价值、威胁等因素,对被评估对象提出了安全需求以及安全实现等方面的评估。CC 主要考虑人为的信息威胁,但也可用于非人为因素导致的威胁。

我国是 ISO 的成员国,我国的信息安全标准化工作在各方面的努力下,正在积极开展之中。到 2000 年底,已颁布的信息技术安全标准有 22 项,国家军用安全标准 6 项,涉及信息技术设备的安全、信息处理 OSI 安全体系结构、数据加密、数字签名、实体鉴别、抗抵赖和防火墙安全技术等。我国颁布的国家标准 GB/T 18336 等同于采用国际标准 ISO/IEC 15408。此外,一些对信息安全要求高的行业和对信息安全管理负有责任的部门(例如金融和公安等)也制定了一些信息安全的行业标准和部门标准。

8.2 信息安全技术

从信息传输、应用网络的现状和结构,我们可以将信息安全技术分成物理层、系统层、网络层、应用层和管理层安全五个层次。本节针对常用的信息安全技术做简单的介绍,尤其对于普通个人计算机用户最常见的操作做了描述。

物理层安全技术包括通信线路、物理设备、机房的安全等;要保证通信线路的可靠性(线路备份、网关软件和传输介质),软、硬件设备的安全性(防止偷窃、设备备份、防灾和防干扰),设备的运行环境(温度、湿度和烟尘),电源的不间断保障等。

系统层安全技术主要是计算机系统本身的安全问题。例如,操作系统本身的缺陷带来一些不安全因素,包括身份认证、访问控制、系统漏洞以及对操作系统的安全配置问题和病毒对操作系统的威胁等。

网络层安全技术主要是由于网络应用引起的安全问题,如网络层的身份认证、网络资源的访问控制、数据传输的保密与完整、远程接入的安全、域名系统的安全、入侵检测手段、网络设备防病毒等。

应用层安全技术主要是由于提供某种应用服务而引起的安全问题,如 Web 服务、电子邮件系统等。

管理层安全技术包括安全技术和设备的管理、安全管理制度、部门与人员的组织规则等。管理的制度化极大程度上影响着整个网络的安全性。严格的安全管理制度、明确的安全职责划分和合理的人员配置都可以大大弥补其他层次的安全漏洞。

表 8-1 列出了几种常用的信息安全技术及其应用普及情况。

表 8-1　信息安全技术的应用普及统计

安全技术	普及率/(%)	安全技术	普及率/(%)
文件加密系统	42	入侵检测系统	68
数据传输加密	64	入侵防御系统	45
公钥基础设施系统	30	账户与登陆口令控制	70
生物特征技术	11	基于服务的访问控制技术	71
反病毒软件	99	防火墙	98

8.2.1　设置口令

人们习惯上称口令为密码,其实两者还是有差别的:一般来说,口令比较简单和随便;密码要正式和复杂一些。对于一台计算机的账号而言,密码是一个变量,而口令则是一个常量。

作为普通计算机用户,"用户名+口令"的验证是一种最基本的方式。人们希望通过口令来保护自己的数据;但同时又在下意识地使自己的数据变得更加危险,比如:

(1) 使用用户名或者类似"password"等作为口令。据统计,每 1000 位用户,一般就可以找到 10~20 个这样的口令。

(2) 密码太短。对密码的实际调查发现,16%的密码只有 3 位字符或者更少。

(3) 使用自己或亲友的生日(或电话号码等)作为口令。从理论上来说,一个有 8 位数字的数字口令有 10^8 种可能性,很难破译;但由于表示月份的数只有 1~12 可用,表示日期的数也只有 1~31 可用,考虑到人的生活时间一般是 1900~2010 年,再加上年、月、日的 6 种排列顺序,实际上可能的表达方式只有 $12 \times 31 \times 110 \times 6 = 245\,520$ 种。而一台普通的计算机每秒可以搜索 40 000~50 000 种,即只用 5 秒多就可以搜索完所有可能的口令。

(4) 使用常用的英文单词或中文词汇等作为口令。黑客有一个很大的字典库,其中有二十多万个英文单词及其组合。如果不是研究英语的专家,选择的英文单词十有八九可以在这个字典中找到。

此外,人们对口令的保护意识普遍比较薄弱。例如,常常将密码写在一张便条上,粘贴在计算机显示器上;将所有密码存放在一个文件中或告诉他人;从不更改口令,在多个系统中使用同一密码;等等。

那么,如何设置口令才是安全的呢? 首先,口令应该是"强密码",即由至少 7 个字符组成。口令不能是普通字母或单词,而且其中包含字母、数字和符号。其次,应定期更换口令,不要与别人分享口令;等等。

8.2.2　加密技术

加密技术的基本思想是"伪装"信息,使非法用户无法理解信息的真正含义。伪装前的原始信息称为明文,经过伪装的信息称为密文;伪装的过程就是加密,去伪装的过程就是解密,如图 8-3 所示在加密密钥的控制下,对信息进行加密的数学变换就是加密算法;在解密密钥的控制下,将加密信息进行读取的数学变换就是解密算法。密码技术广泛应用于身份认证和数字签名技术等方面。

图 8-3 信息加、解密的过程

经过加密的文件在存储和传输时,即使发生了数据泄漏,未经授权者也不能理解数据的真正意义,从而达到了信息保密的目的;即使得到加密的文件,未经授权者也无法伪造合理的密文数据来达到篡改信息的目的,进而确保了数据的真实性。

就加密算法的发展来看,经历了古典密码、对称密钥密码、公开密钥密码三个阶段:古典密码是基于字符替换的密码,现在已经很少使用。若加密密钥和解密密钥相同,或者从其中一个可以推导出另一个,这种算法就称为对称密钥(也称单钥或私钥)密码,目前常见的有数据加密标准(data encryption standard,DES)算法、国际数据加密算法(international data encryption algorithm,IDEA)等。而在公开密钥(简称公钥,也称双钥)密码中,加、解密功能被分开,从而可实现多个用户加密的消息只被一个用户解密,或者一个用户加密的信息可被多个用户可以解密的功能。这时,每位用户都有一对预先选定的密钥,其中一个可以公开,另一个则是带有密码的。公开密钥密码技术目前广泛应用于公共通信网的保密通信和认证系统对信息进行数字签名和身份认证等技术中。

8.2.3 认证技术

认证技术也是密码技术的重要应用。和加密不同,认证的目的包括验证信息在存储和传输过程中是否被篡改(信息完整性认证)、身份认证和为防止信息重发和延迟攻击等进行时间性认证。在认证技术中,我们最熟悉的是数字签名技术和身份认证技术。鉴别文件、书信真伪的传统做法是亲笔签名或签章;为了对电子文档进行辨认和验证,则产生了数字签名。现在的数字签名技术一般采用公钥技术,将签名和信息绑定在一起,从而防止签名复制,并使任何人都可以验证。

身份认证是指被认证方在没有泄漏自己身份信息的前提下,能够以电子的方式来证明自己的身份。常用的身份认证主要有通行字方式和持证方式。我们熟悉的"用户名+口令"就是通行字方式,即被认证方首先输入通行字,然后计算机对其进行验证。持证方式类似"钥匙",是一种实物认证方式,如磁卡或智能卡等。

建立在公钥加密技术基础上的公共基础设施(public key infrastructure,PKI)采用证书管理公钥,通过第三方的可信机构(称为认证中心)把用户的公钥和其他标识信息捆绑在一起,在互联网中验证用户的身份。PKI是比较成熟、完善的互联网络安全解决方案。

8.2.4 生物特征识别技术

生物特征识别技术就是利用人体固有的生理特性和行为特征来进行个人身份的鉴定,是身份认证的一种新型技术。

现在常用的生物特征有指纹识别、虹膜识别、面部识别、生物特征识别、签名识别和声音识别等,指纹识别是通过取像设备读取指纹图像来确认一个人的身份,技术相对成熟、可靠,成本较低,但指纹识别是物理接触式的,同时指纹易磨损,手指太干或太湿都不易提取图像。虹膜识别是利用虹膜的终身不变性和差异性来识别身份。虹膜是一种在瞳孔内的织状物,即使是外科手术也无法改变其结构。即使全人类的虹膜信息都录入到一个数据库中,出现认假和拒假的可能性也相当小。这是一种可靠性很高的技术,但成本较高。面部识别是指通过对面部特征(如眼睛、鼻子和嘴的位置及其之间的相对位置)来进行识别。它对于设备、环境、个人装扮敏感度较高,且二维识别技术容易被欺骗。生物特征识别技术具有不易遗忘、防伪性能好、不易伪造或被盗、随身"携带"和随时随地可用等优点,它与网络身份认证技术的融合逐渐成为商业研究热点,但由于要提取人体的生物特征,对人体或多或少会有一定的侵犯性,因而在一定程度上受到制约。另外,由于生物特征采集精度要求高,特征提取算法复杂度高,运算量大,特征数据的数据量大,对网络带宽要求高,特征数据库的建立与维护难度高等劣势都会给这项方兴未艾的新技术在网络认证中的应用带来影响。

8.2.5 防火墙技术

为保护本地计算机系统或网络免受来自外部网络的安全威胁,防火墙技术是一种有效的方法。所有外部网络的数据和用户在访问内部网络时都要经过防火墙;同时,内部网络的数据和用户在访问外部网络时也必须先经过防火墙,从而使内部网络与互联网之间或其他网络互相隔离,限制了网络互访并保护了内部网络,如图 8-4 所示。

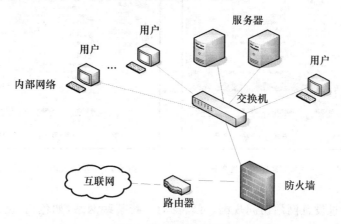

图 8-4 防火墙结构示意图

防火墙通常是软件和硬件的组合体。它可能是一台独立的计算机;也可能是由多台计算机系统组成机群,来共同完成防火墙功能。无论是哪种情况,防火墙都应该至少具备以下三个基本特性:内部网络和外部网络之间的所有网络数据流都必须经过防火墙;只有符合安全策略的数据流才能通过防火墙;防火墙自身应该具有非常强的抗攻击免疫能力。

目前存在着多种类型的防火墙,最常用的如网络级防火墙(也叫包过滤型防火墙)、应用级网关、电路级网关和规则检查防火墙等,每种都有其各自的优、缺点。所有防火墙都有一个共同的特征,即基于源地址的区分或拒绝来自某种访问的能力。但是,必须注意,防火墙技术不是万能的,其使用效果有自身的限制,例如无法向上绕过防火墙的攻击和来自内部网络的攻击;无法防止病毒感染程序或文件的传播。因此我们应该认识到,要正确选用、合理配置防火墙;防火墙安装和投入使用后,必须进行跟踪和维护;防火墙软件要及时升级更新。

例如,瑞星防火墙(个人版)为网络用户提供了一套比较不错的技术方案。它具有完备的规则设置,可以有效监控网络连接,定位可疑文件运行进程,跟踪 IP 攻击,过滤不安全的网络访问服务,进行漏洞扫描和木马病毒扫描等,从而保护网络不受黑客的攻击。防火墙的设置对于普通计算机用户来说并不容易,其中最重要、最复杂的应该是系统设置,而系统设置中最重要的是 IP 规则和访问规则部分。图 8-5 和 8-6 分别为瑞星防火墙(个人版)的 IP 规则和访问规则设置界面。在访问规则的"详细设置"中,黑名单是禁止与本机通信的计算机列表,可设置这些计算机的名称、地址、来源和生效时间。白名单是完全信任的计算机列表,这些计算机对本机有完全访问权限。端口开关显示当前端口规则中每一项的端口、动作、协议和计算机,可以允许或禁止端口中的通信,简单开关本机与远程的端口。可信区用来指定局域网计算机的 IP 范围,可以把本地网中的机器和互联网中的机器区分对待。IP 规则用来设置 IP 层过滤的规则,例如允许来自某 IP 范围内机器的 ping 入、ping 出和禁止文件传输等。需要仔细配置每条规则的名称、状态、协议、对方端口、本地端口和是否报警等。但要注意规则越多,其防御性能越低。访问规则用来设置本机中允许访问网络的应用程序。"选项"菜单中的"普通"命令中,可以设定是访问规则优先还是 IP 规则优先。

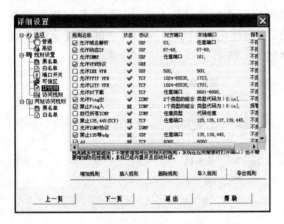

图 8-5 瑞星防火墙(个人版)IP 规则设置界面

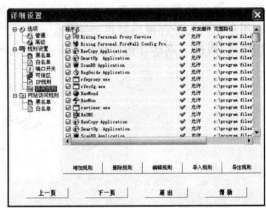

图 8-6 瑞星防火墙(个人版)访问规则设置界面

除此之外,通过设置网站访问规则,可以自动屏蔽某些网站,如色情、反动网站等,为用户创建一个绿色健康的上网环境。

8.2.6 入侵检测技术

对于规模较大的网络用户,由于所受到的各类入侵危险越来越大,仅仅是被动防御已经不足以保护自身的安全。如果有一种对潜在的入侵动作做出记录,并预测入侵后果的系统,无疑能在网络攻防中处于比较主动和有利的地位。入侵检测系统(intrusion detection system, IDS)就是这样的一种软件。

入侵检测技术可以及时发现入侵行为(非法用户的违规行为)和滥用行为(合法用户的违规行为),并利用审计记录,识别并限制这些活动,保护系统安全的目的。入侵检测系统的应用使网络管理者在入侵造成系统危害前就检测到它,并利用报警与防护系统防御其入侵;在入侵的过程中减少损失;在被入侵后收集入侵的相关信息,作为系统的知识添入知识库,增强系统的防范能力。入侵检测技术包括安全审计、监视、进攻识别和响应,被认为是继防火墙后的第二道安全闸门。入侵检测技术的实质是在收集尽量多的信息的基础上进行数据分析。有时,一个来源的信息可能看不出疑点；但几个来源的信息不一致，却可能是可疑行为或入侵的最好表示。收集的信息一般来自系统日志、目录及文件的异常变动、程序执行中异常操作及物理形式的入侵信息。

数据分析技术一般采用模式匹配、统计分析和完整性分析的方式：模式匹配是将收集到的信息与已知的网络入侵和系统误用模式库进行比较，从而发现违背安全策略的行为。这种方式技术成熟、准确性和效率高，但不能检测从未出现过的黑客入侵手段。统计分析是首先给用户、文件、目录和设备等系统对象创建一个统计描述，统计正常使用时的一些测量属性（如访问次数、操作失败次数和延时等），形成一个平均的正常值范围。当任何观测值超出正常范围时，就认为有入侵发生了。它可以检测到未知的和更为复杂的入侵，但误报、漏报率高，且不适用于用户正常行为的突然改变。完整性分析主要关注某个文件或对象，是否被更改（包括文件和目录的内容及属性）。

现在已经有了应用级别的入侵检测系统。这些系统在不同的方面都有各自的特色；但是和防火墙等技术成熟的产品相比，还存在较多的问题。这些问题大多是目前入侵检测系统的结构所难以克服的。

8.2.7 虚拟专用网技术

公司员工可能需要从公司外部，比如客户处、家里或旅馆中访问公司局域网的数据和邮件系统，这就带来了一定的安全隐患。虚拟专用网（virtual private network，VPN）技术比较好地解决了这个问题。

和以前采用的拨号系统或专用网不同，VPN 是一个虚拟的专用物理网络，如图 8-7 所示。它们具有专用网的特点，即防止未经授权用户访问，客户端和公司总部同时都在互联网中，两者是通过互联网建立一条安全的 VPN 隧道通信的。VPN 和拨号系统相比，不仅连接速度快，而且费用低，是目前企业客户的主要解决方案。

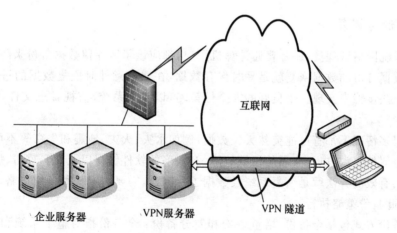

图 8-7　VPN 体系架构

8.2.8 电子邮件的安全性

作为一种方便、快捷的通信方式，电子邮件是用户最常用的一种网络应用。但是，电子邮件系统本身十分脆弱,通过浏览器向互联网收件人发送邮件时,邮件不仅像明信片一样是公开的,而且也无法知道邮件在到达最终目的地之前,经过了多少机器。互联网像一个蜘蛛网,电子邮件到达收件人之前,可能会经过大学、政府机构或网络服务供应商。因为邮件服务器可以接受来自任何地址的任意数据,所以,任何可以访问这些服务器或访问邮件经过的路径的互联网用户都可以阅读这些信息。因此,传统的电子邮件传输是一种不安全的传输。目前,有几种端到端的电子邮件标准,PGP(pretty good privacy)和 S/MIME(secure multipurpose internet mail extensions)就是其中两种,它们有可能在今后的几年中得到广泛使用。

8.2.9 无线网络的安全性

近年来,计算机无线网络应用发展极为迅猛,和有线网络不同,辅以专业设备,任何用户都有条件窃听或干扰无线网络的信息,因此在无线网络中,网络安全是至关重要的。目前的无线网络设备基本都支持 IEEE 802.11,IEEE 802.11a 或 IEEE 802.11b 标准,区别在于介质访问控制(media access control,MAC)子层和物理层,数据传输速率可以到 11Mb/s。标准中提供了较为完整的保密机制,但也隐藏着一些安全隐患,例如标准只提供了 40 位的加密安全性,没有提供密钥的管理机制等。

一般来说,无线网络的安全性有以下四级定义:扩频、调频无线传输技术本身使盗听者难以捕获有用的数据;采用网络隔离和网络认证措施;设置严密的用户口令及认证措施,防止非法用户入侵;设置附加的第三方数据加密方案,即使信号被窃听,也难以理解其中的内容。

这些安全措施对于普通用户来说常常很难实现。总体来说,无线网络的安全漏洞和明显弱点使它更易被攻击。我们应该知道,一旦开启用户的无线网络设备,无论是否正在使用,这台计算机已经在互联网上了。因此,应该对无线网络设备设置手动启动,而不是开机自动启动;同时在不需要连接网络时应及时关闭。此外,在配置带有无线网络功能的路由器时,一定要开启安全设施,设置密钥(尽管这层防护对有经验的黑客来说安全性实在不够)。

8.2.10 备份与恢复

无论是系统网络管理员,还是普通计算机用户,都应该了解保留数据备份来防止数据丢失的重要性。数据备份和数据恢复就是平时保存数据,在遇到意外时恢复数据的过程。用户可以通过采取一些步骤来实现一个良好的安全性策略,以保护系统、监视日志文件,但数据备份仍然必不可少。

系统在很多情况下都有可能突然丢失数据,例如水灾、火灾、地震和失窃等不可抗力,误将硬盘格式化等偶然失误,电子产品的机械故障,有缺陷的软件错误以及黑客攻击、病毒入侵等。这时,最方便、有效的方法就是恢复系统及数据了。因此,需要制定一种备份策略,定期备份关键数据,并照此备份策略执行。

常用的备份方式包括全备份、增量备份和差分备份:全备份指对整个系统和数据进行完全备份,直观、易于理解,数据恢复方便,但占用的硬盘空间大,备份时间长。增量备份指的是只备份上一次备份后增加和修改过的数据,备份时间明显缩短,也不会有浪费的重复数据,但是恢复数据比较麻烦。差分备份指的是每过一段时间进行一次全备份,在这段时间内如再需要做备份,只做增量备份。

现在有很多成熟的备份工具,如 LAN-free、Serverless 和 Ghost 等;此外,当前流行版本的

Windows 自身已经支持了多种备份策略。对于个人用户,比较好的做法是在机器安装完成后对系统做一次全备份;然后等机器使用稳定,软件安装、使用习惯等都设置完毕后,再做一次系统级的全备份;最后就只需要定期备份用户的重要数据了。这样,一旦机器发生重大问题,就可以迅速地恢复系统并找回最近的数据文件。

8.3 黑客与计算机犯罪

黑客源于英文"hacker",原指用斧子做家具的人,后引申为手艺高超,不需要太好的工具,只用斧子就能做出好的东西。延伸到网络世界,黑客就是那些乐于深入研究系统奥秘、寻求系统漏洞,并不断克服网络和计算机所带来的限制的计算机技术行家。但是近年来,往往有人利用自己的技术入侵他人的系统,这似乎又将"黑客"和"计算机犯罪"联系在一起。

8.3.1 黑客

1. 黑客的概述

日本的《新黑客字典》对黑客定义为:"喜欢探索软件程序奥秘、并从中增长了其个人才干的人。他们不像绝大多数电脑使用者,只规规矩矩地了解别人指定了解的狭小部分知识。"美国《发现》则认为黑客有五种定义:研究计算机程式并以此增长自身技巧的人;对编写程序有无穷兴趣和热忱的人;能快速编程的人;擅长某种专门程序的专家,如"UNIX 系统黑客"和恶意闯入他人电脑或系统、意图盗取敏感信息的人。

在 20 世纪 80 年代,出现了"真正的程序员"。这些程序员将大部分时间耗费在计算机上,以编写软件和程序设计为乐,也是黑客的先驱者。网络时代的到来标志着一个全新的黑客时代的到来,因为可以有更多的人参与进来,全球黑客的能量开始聚集在一起,形成一股强大的力量。

1995 年初,威士(Visa)、万事达(Master)、微软和网景(Netscape)等公司结成联盟,允许在互联网中建立安全电子商务服务。网景于当年 9 月 18 日发布了一个通过互联网进行信用卡购物的软件,但第二天报纸上就出现轰动性新闻,即两名加州大学的研究生发现了软件中的一个漏洞。于是,网景立刻推出修订版;然而仅隔了 8 天,一名法国黑客又破解了这个新版本,同时警告那些声称"金融交易安全"的公司将很快发现他们的声明将受到挑战。

真正的黑客基本上不会有意破坏他人的系统和数据。而一些入侵者常常强行闯入远程系统或恶意干扰远端系统的完整性,通过非授权访问而盗取重要数据,破坏系统,干扰被攻击方的正常工作。他们的行为被称为"骇客"(cracker)。"黑客"和"骇客"的重要区别在于是否以破坏为目的,但使用的技术手段(如破解口令、开天窗、走后门等)往往非常相似,因此大多数人常常把他们不加以区分地统称为黑客。

2. 黑客的攻击手段

黑客对系统的攻击一般分成以下四种:被动攻击包括分析通信流,监视未被保护的通信,解密或加密通信和获取口令等。主动攻击包括试图阻断或攻破保护机制,引入恶意代码,偷窃或篡改信息等。物理临近攻击指未被授权的个人在物理意义上接近网络、系统或设备,试图改变、收集信息或拒绝他人对信息的访问。软、硬件分发攻击指在工厂生产或分销过程中恶意修改硬件或软件,这种攻击可能是在产品中引入恶意代码(例如后门病毒)。

3. 黑客常用的攻击步骤

黑客常用的攻击一般从确定目标开始,有针对性地收集信息,并对系统的安全弱点进行探测与分析;继而获取普通用户权限,将此权限升级,进入系统并安置后门,最后尽量清除入侵的痕迹。

4. 黑客道德

黑客文化首先包含反传统的精神,例如他们认为所有的信息都应该免费共享,要打倒所有的集权电脑等。他们发现缺陷并予以公布的传统,其目的是最大可能的完善软件。相对的,很多官方的计算机安全机构,如美国联邦调查局(Federal Bureau of Investigation,FBI)下属专门负责保护美国计算机网络不受黑客和网络恐怖分子袭击的机构国家基础设施保护中心(NIPC)等,常常对发现的缺陷守口如瓶,同时对别人发现的缺陷也保持缄默。

黑客的最高追求是与程序设计人员、网络管理人员进行永无休止的"猫和老鼠"的较量,以"战胜对手,赢得光荣"为人生的最大乐趣。没有黑客,就没有计算机防护技术突飞猛进的升级和发展。无论从哪个角度来说,历史无法否认他们对信息技术发展所做的贡献。

黑客有好坏之分。一般来说,黑客有其比较公认的准则,例如不恶意破坏他人的系统;除非有绝对把握,或者为了以后更容易地再次进入某个系统,否则不修改任何系统文件;如果有可能给用户造成损失,则不把已经破解的信息公布于众;公开发送相关信息时,对于所做的"黑事"尽量含糊一些,以避免网络管理者受到有关部门的警告;不入侵或破坏政府机构的主机,不破坏互联网的基础结构和基础建设;通过刻苦钻研计算机和网络技术成为"真正的黑客",而不是仅仅靠读些黑客文章或从互联网抄些文章来做一个"伪黑客";等等。

8.3.2 计算机犯罪

计算机犯罪是指利用各种计算机程序和装置进行犯罪或将计算机信息作为直接侵害目标的总称。计算机犯罪具有两个显著的特征:一是利用计算机进行的犯罪;二是危害计算机信息的犯罪。仅仅以计算机作为侵害对象的犯罪,不是纯粹的计算机犯罪。

与传统犯罪相比,计算机犯罪最常见的表现包括:非法截取信息,窃取各种情报;复制、传播计算机病毒、非法音像制品和其他非法活动;借助计算机技术伪造、篡改信息,进行诈骗及其他非法活动;借助现代通信技术进行内外勾结、遥控走私、贩毒、制造恐怖及其他非法活动;等等。通常情况下,犯罪者的社会形象有一定的欺骗性;犯罪行为隐蔽而且风险小,便于实施,难于发现;其行为社会危害性巨大;此外,监控、管理和惩治等法律手段滞后。然而,计算机犯罪还是有迹可循的。到目前为止,虽然利用计算机犯罪的案例较多,但引起政府重视的大案、要案最后基本上都被破获了。例如,在我国 2007 年破获的"熊猫烧香"病毒案中,犯罪者于 2006 年 10 月制造病毒,12 月在互联网开始发布;2007 年 2 月被公安局抓获,共非法获利二十多万元,并造成山西、北京、上海等省市的众多机构和个人的计算机系统无法正常运行;最终在 2007 年 9 月,主犯因破坏计算机信息系统罪而被判刑。

8.4 计算机病毒

计算机病毒是一组人为设计的程序,这些程序隐藏在计算机系统中,通过自我复制来传播,当满足一定条件时被激活,从而导致计算机系统的损伤或破坏。对付病毒有多种技术和方法;但是不可能保证一台计算机从不感染病毒。因此,理解病毒及其活动规律,采用合理的工作方式,才能更好地保护计算机以及用户存储于其中的重要信息。

8.4.1 计算机病毒概述

1. 计算机病毒的起源

人们在发明计算机的同时,也创造了计算机病毒。1949年,"计算机之父"冯·诺伊曼就在《复杂自动机组织论》中定义了计算机病毒的概念,即"一种能够实现复制自身的自动机"。20世纪60年代,美国贝尔实验室的三个年轻人编写了一个名为"磁芯大战"的游戏,其中两个游戏者编制了能自身复制并可保存在磁心存储器中的程序,然后发出信号,双方的程序在指令控制下就会竭力去消灭对方的程序;在预定的时间内,谁的程序繁殖得多,谁就获胜。这个有趣的游戏很快就传播到其他的计算机中心。这就是计算机病毒的第一个雏形。1983年11月,在国际计算机安全学术研讨会上,美国计算机专家首次将病毒程序在 VAX/750 计算机上进行实验。世界上第一个计算机病毒就这样诞生了。1987年,世界各地的计算机用户几乎同时发现了形形色色的计算机病毒,如"大麻"和"黑色星期五"等。面对计算机病毒的突然袭击,众多计算机用户,甚至是专业人员都感到惊慌失措。此时,人们才真正重视这种能引起巨大破坏的特定程序。1988年开始出现并在互联网广泛发展后得以壮大的蠕虫病毒,1996年开始出现的宏病毒,1998年台湾陈盈豪编写的、破坏性极大的第一个能破坏硬件的CIH病毒,等等,现在世界上每年都有成千上万的病毒在生成、传播、发作,影响每一位计算机用户的正常使用。表8-2中列出了近二十年来几种重大病毒的爆发时间和损失情况。

表 8-2 近二十年重大病毒的影响情况

病毒名称	出现时间	损　失
"莫里斯蠕虫"	1988 年	六千多台计算机停机,直接经济损失 9600 万美元
"美丽杀手"	1999 年	政府部门和一些大公司紧急关闭了网络服务器,经济损失超过 12 亿美元
CIH 病毒	1999 年	全球至少有 6000 万台计算机受害
"求职信"	2001 年 12 月	大量病毒邮件阻塞服务器,经济损失达数百亿美元
"SQL 蠕虫王"	2003 年 1 月	网络大面积瘫痪,银行系统的自动取款机运行中断,经济损失超过 20 亿美元
各种木马病毒	2006 年	在 2007 年新增的 11 万种病毒中占七成之多

2. 计算机病毒产生的原因

计算机病毒往往是一些爱好并精通计算机的人为炫耀和显示自己能力而实施的恶作剧;或者是为了版权保护,或保护自己的软件而采取的报复性惩罚措施;或者是用于研究,但由于某种原因失去控制而产生的;或者是蓄意破坏;或者是出于政治、战争的需要(例如"海湾战争"中,美军通过病毒成功地干扰了对方的计算机系统);等等。

3. 计算机病毒的定义

1983年11月,美国计算机病毒研究专家 F. Cohen 首次提出计算机病毒是一个能够通过修改程序复制自身,进而传染其他程序的程序。这个定义强调了计算机病毒能够"传染"其他程序这一特点。

我国在《中华人民共和国计算机信息系统安全保护条例》(1994)中明确定义,计算机病毒是指"编制或者在计算机程序中插入的破坏计算机功能或者毁坏数据,影响计算机使用,并能够自我复制的一组计算机指令或者程序代码"。

计算机病毒是一个程序、一段可执行代码。像生物病毒一样,计算机病毒有独特的复制能力,能够很快蔓延,又常常难以根除。它们能把自身附着在各种类型的文件上,而且当文件被复制或传送时随文件一起蔓延。现在,随着计算机网络的发展,计算机病毒和网络技术相结合,蔓延更加迅速。

8.4.2 计算机病毒的特征

计算机病毒各种各样,其特征各异,概括起来有以下特征:

1. 传染性

传染性是计算机病毒的基本特征,也是计算机病毒生存的必要条件。判断某个计算机程序是否为病毒,最主要的依据就是看它是否具有传染性。计算机病毒总是设法尽可能地把自身复制并添加到其他程序中去。

2. 表现或破坏性

任何病毒一旦入侵计算机系统,都会对操作系统的运行造成不同程度的影响,其表现方式有两种:一种是把病毒传染给程序,使宿主程序的功能失效(例如程序被修改、覆盖或丢失等);另一种是病毒利用自身的表现/破坏模块进行表现或破坏。按照计算机病毒的危害性,可以将其分成良性病毒和恶性病毒两种:前者可能只是显示某些画面或无聊的语句,发出声音,没有任何破坏性,但会占用系统资源;而后者则有明确的破坏目的,常常对数据造成不可挽回的破坏。我们平常碰到的其实以良性病毒居多,但恶性病毒的危害更大。

3. 触发条件

大部分的计算机病毒感染系统后,一般不会马上发作,而常常以服务、后台程序、注入线程或钩子驱动程序的形式存在,驻留于内存,只有在满足其触发条件时才执行其恶意代码。触发条件是病毒编制者预先设置并由触发程序判断的,可能有日期、时间、某个特定程序、传播次数和传染次数等多种形式。例如,著名的"黑色星期五"病毒只有在某月 13 日且是星期五时才发作。

4. 隐蔽性

计算机病毒要得到有效的传染和传播,一般在用户能够察觉的范围之外。大多数病毒都把自身隐藏起来,例如把自身复制到 Windows 目录或用户一般不常打开的目录中,并把自身的文件名改成系统文件名或与其相似,这样用户就不易发现,以达到隐蔽的目的。大部分计算机病毒都是具有很高的编程技巧、短小精悍的程序,这也是出于隐蔽的考虑。

5. 寄生性

狭义的计算机病毒通常不是一个完整的程序,而是附加在其他程序(比如可执行文件、图片文件和 Word 文件)中,就像生物界中的寄生现象。被寄生的程序称为宿主程序或病毒载体。当然,某些病毒本身就是一个完整的程序,特别是广义病毒中的网络蠕虫。

6. 衍生性

既然病毒是一个特殊的程序,了解病毒程序的人就可以根据其个人意图随意改动,从而衍生出另一种不同于原病毒的新病毒。这种衍生病毒可能与原病毒有很相似的特征,因此被称为原病毒的一个变种。如果衍生病毒与原病毒有很大差别,则会被认为是一种新的病毒。变种或新的病毒可能比原病毒有更大的危害性。

7. 不可预防性

病毒无法完全杜绝和预防。从数学的角度可以证明,总是能够编写一个现有的任何反病毒都无法阻止的病毒程序,因为如果病毒编写者知道反病毒程序的目的,他总是能够设计出不被注意到的病毒程序。当然,反病毒程序员也总是能够对其软件进行更新,在病毒出现后检测出该病毒。

8.4.3 计算机病毒的分类

按照计算机病毒的特点及特性,其分类方法有很多种。

1. 按攻击的操作系统分类

(1) 攻击 DOS 系统的病毒。这种病毒出现早,变种多,但目前发展较慢。

(2) 攻击 Windows 系统的病毒。Windows 系统的广泛应用使其成为病毒的主要攻击对象,例如首先破坏计算机硬件资源的 CIH 病毒就是一个 Windows 病毒。

(3) 攻击 Unix 系统的病毒。由于许多大型操作系统均采用 Unix 作为其主要操作系统,所以 Unix 病毒的潜在危害性往往更大。

(4) 攻击 OS/2 和 Macintosh 等其他操作系统的病毒。

2. 按病毒的传播媒介分类

(1) 单机病毒的载体是磁盘,从磁盘传入硬盘,感染系统。

(2) 网络病毒。网络为病毒提供了最好的传播途径,速度更快,范围更广,造成的危害更大。例如,将病毒体隐藏在电子邮件的附件中,只要打开附件,病毒就会发作;某些邮件病毒,甚至没有附件,其病毒体隐藏在邮件中,只要打开邮件就会感染。有时,浏览包含病毒程序代码的网页,浏览器未限制 Java 或 ActiveX 的执行,而这些程序或组件往往是病毒的宿主,其结果就相当于执行了病毒程序;或者将病毒附加在一张图片或一段视频等文件中,当用户下载运行时就会中招。

(3) 手机病毒是一种新型的病毒。中了病毒的手机可以自动做所有机主能做的事情,比如修改参数、删除电话簿和自动拨出电话等。

3. 按病毒的破坏后果分类

(1) 良性病毒是指只为自身表现,并不破坏系统和数据的病毒(如国内较早出现的"小球"病毒),通常多是一些恶作剧者所制造的。

(2) 恶性病毒是指破坏系统数据、删除文件,甚至摧毁系统的危害性较大的病毒。

4. 按病毒的寄生方式分类

(1) 系统引导型病毒。直到 20 世纪 90 年代中期,引导型病毒一直是最流行的病毒,主要通过软盘在 DOS 中传播,即感染软盘的引导区,并感染硬盘中的"主引导记录"。一旦硬盘的引导区被感染,病毒就试图感染每块插入计算机的软盘的引导区。磁盘的引导区是磁盘正常工作的先决条件,而引导型病毒就是一种在 BIOS 运行后系统引导出现的病毒。这是因为操作系统的引导模块都放置在磁盘中的某个固定区域,且控制权的转接方式以物理地址,而不是以操作系统引导区的内容为依据。因此,病毒占据该物理位置,就可以获得控制权,而把正常的引导记录隐藏在磁盘的其他存储空间中。病毒程序被执行后,将控制权交给真正的引导区内容,使得这个带病毒的系统看似正常运转,而实际上病毒已经隐藏在系统中伺机发作和传染。病毒利用 BIOS 中断服务程序,先于操作系统运行,因此具有很大的传染性和危害性。

(2) 文件型病毒。文件型病毒是指通过操作系统的文件系统进行感染的病毒,专门感染可执行文件(以扩展名为.exe,.com 和.bat 的文件为主)。一旦系统运行被感染的文件,计算机病毒即获得系统控制权,并驻留在内存中监视系统运行,以寻找满足传染条件的宿主程序进行传染。大多数文件型病毒都会把自身的代码复制到其宿主文件的开头或结尾处。例如,Win95.CIH 病毒就是一种典型的利用 Windows 9.X 系统区内存保护不力的弱点进行感染的文件型病毒。

(3) 混合型病毒。该类病毒具有文件型病毒和系统引导型病毒两者的特征,又称为复合型或综合型病毒,传染性更强,清除起来难度更大。

5. 按破坏方式分类

(1) 逻辑炸弹是嵌入到程序中的、只有特定事件出现时才会进行破坏的一组程序代码。定时炸弹是一种特例,它的触发条件是特定的时间和周期。

(2) "野兔"是一种无限复制自身而耗尽系统某种资源(例如 CPU、磁盘空间和内存)的程序。它和普通病毒的区别在于不感染其他程序。

(3) 拒绝服务攻击的是系统漏洞,大多是由于错误配置或软件自身的弱点引起的。最基本的拒绝服务攻击就是利用合理的服务请求来占用过多的服务资源(包括网络带宽、磁盘存储空间和 CPU 等),致使服务超载,无法响应其他请求。

6. 几种新型病毒

近年来,以宏病毒、木马、蠕虫和邮件炸弹等为代表的一些新型病毒正逐渐取代了老一代病毒的地位。

(1) 宏病毒。随着微软公司 Office 软件应用的不断普及,1996 年出现了专门感染 Word 和 Excel 等文件的宏病毒。作为一种跨平台式的计算机病毒,宏病毒可以在 Windows、OS/2 和 Macintosh 等操作系统上执行,被称为病毒的"后起之秀"。在短短两年内,宏病毒占据了全部病毒的 80% 以上,以至于 1997 年被公认为计算机反病毒界的"宏病毒年"。宏病毒一般使用 Basic 语言编写,以宏代码的形式附加在 Office 文档上。一旦打开这样的文档,宏病毒就会被激活,转移到计算机上并驻留在 Normal 模版上;此后所有自动保存的文档都会感染这种病毒。

(2) 蠕虫病毒。蠕虫病毒是一种在网络环境中特有的以计算机为载体、通过网络传播、以网络为攻击对象的新型恶性病毒。蠕虫病毒通过读取系统的配置文件,获得与本机联网的其他机器的信息,并检测网络中没有被占用的机器,从而利用操作系统或应用程序的漏洞,将病毒自动建立到远程计算机上。在网络环境中,蠕虫病毒可以按几何增长模式进行传播,导致计算机网络效率急剧下降,短时间内造成网络系统瘫痪。"爱虫"、"求职信"和"SQL 蠕虫王"等都是典型的蠕虫病毒。

蠕虫病毒和普通的计算机病毒并不完全一致,表 8-3 给出了两者的一些差别,从而帮助我们更好地加以区分。

表 8-3 普通的计算机病毒和蠕虫病毒的差别

	普通的计算机病毒	蠕虫病毒
存在形式	寄生	独立个体
复制机制	插入到宿主程序(文件)中	自身复制
传染机制	宿主程序运行	系统存在漏洞
传染目标	本地文件	网络中的其他计算机
传染触发	计算机用户	程序自身
破坏性	本地计算机或其文件系统	网络性能、系统性能、本地计算机
防止措施	从宿主文件中清除	系统补丁
对抗主体	计算机用户、反病毒厂商	系统供应商、网络管理人员

可以看出，蠕虫病毒具有病毒的一些共性(如传染性、隐蔽性和破坏性等)，但同时也具有一些独有的特征，例如主动攻击(从搜索漏洞到传染复制、攻击系统,整个流程都由蠕虫自身主动完成)，不利用文件寄生(有的只存在于内存中)，对网络造成拒绝服务以及和黑客技术相结合，造成网络瘫痪等。蠕虫病毒产生的破坏性也是普通病毒所不能比拟的；特别是网络的发展使得蠕虫病毒可以在短短的时间内蔓延整个网络，造成网络瘫痪。

目前，越来越多的蠕虫病毒开始包含恶意代码，破坏被攻击的计算机，而且造成的经济损失越来越大。例如，北京 2003 年 1 月 25 日爆发的"SQL 蠕虫王"病毒导致互联网访问速度减慢，甚至阻塞，国内网络大面积瘫痪，而这只是一段 376 字节的针对 SQL Server 2000 的蠕虫病毒所造成的。"求职信"和"爱虫"病毒则利用电子邮件、恶意网页的形式迅速传播。

(3) 特洛伊木马(简称木马)。特洛伊木马原指古希腊人把士兵藏在木马内进入敌方城市从而取得战争胜利的故事。在互联网中，木马指从网络上下载的应用程序或游戏中包含了可以控制用户的计算机系统的程序。通过木马，黑客可以从远程"窥视"到用户计算机中的所有文件，盗取各种口令，偷走或删除所有的文件，甚至将整块硬盘格式化，远程控制鼠标和键盘，查看用户的一举一动，就像使用自己的计算机一样。这对于网络用户来说是极其可怕的。

从本质上来说，木马是一种基于远程控制的工具。与一般远端管理软件不同的是，木马具有隐蔽性和非授权性：前者指为防止木马被发现，其设计者会采用多种方法隐藏木马；后者指远程的各种操作权限并不是用户赋予的，而是通过木马程序窃取的。一般的木马都是客户机-服务器结构，由控制端程序和木马程序(服务器程序)组成。控制端程序负责配置服务器(如木马程序的触发条件、木马名称和端口号等)，给服务器发送指令，并接收服务器传送过来的数据。木马程序也称为服务器程序，驻留在被入侵的计算机系统中，可以非法获得其操作权限，负责接收控制端指令，并根据指令或配送发送数据给控制端。

当木马驻留在系统中时，我们常说该系统"中了木马"；其传播方式常包括邮件附件、通过网站下载软件和一般病毒等。木马常常采用进程隐藏、冒充文件类型和合并程序欺骗等方法达到隐蔽自身的目的：进程隐藏指的是木马通常将自身注册为系统服务并修改属性，从而在程序运行时不会出现在任务栏中。木马程序的图标也可以修改为扩展名如 .jpg、.html、.txt 等文件的图标，从而达到伪装的目的。合并程序是将两个或两个以上可执行文件合并成一个文件，当执行合并后的文件时，两个可执行文件就会同时执行，具有更大的欺骗性。

(4) 邮件炸弹。邮件炸弹是指用伪造的 IP 地址和电子邮件地址向同一信箱发送数以万计(乃至无穷多)内容相同的垃圾邮件，致使被入侵的邮箱被"炸"，严重时可能会给邮件服务器操作系统带来危险,甚至瘫痪。

邮件炸弹和垃圾邮件是不同的。垃圾邮件是发件人在同一时间内将同一电子邮件发送给成千上万个不同的用户或新闻组(多是一些公司或个人用来宣传推销其产品的广告),不会对收件人造成太大的伤害(或许还可以从中获取某些有用的信息)。而邮件炸弹不仅会干扰你的电子邮件系统的正常使用,甚至会影响到网络主机系统的安全,是一种杀伤力极强的网络攻击武器。

普通用户对邮件炸弹的防范手段有限。当收到某发件人的大量邮件时,可以先打开其中一封,查看对方地址,然后在收件工具的过滤器中选择不再接受来自这个地址的邮件,甚至来自相应服务器的邮件,这样就可以直接从服务器上删除。当发现邮件列表的数量超过平时正常邮件数量的若干倍,应当马上停止下载邮件,然后再从服务器删除"炸弹邮件"(可以使用诸如"砍信机"的工具;也可以马上同邮件服务器的管理员联系,协助删除)。现在有些电子邮件服务器本身就带有邮件过滤功能,这样在接收邮件之前就可以直接将其删除。

8.4.4 计算机病毒的预防与清除

1. 病毒发作的症状

计算机病毒没发作时是很难察觉到的;当其发作时的表现形式多种多样,简而言之,只要机器工作不正常,就可能是感染病毒了。例如,系统运行速度明显降低;系统异常频繁重新启动、死机;文件系统被改变、破坏;磁盘空间迅速减少,内存异常不足;频繁产生错误信息等,都是常见的感染病毒的症状(也有可能是与病毒无关的硬件或软件问题,至少需要引起用户足够的注意)。

2. 病毒的预防

客观地说,病毒防范并没有一种万全之策。我们要研究的是如何尽量避免出现问题,怎样能减少病毒干扰的可能性;怎样能使因病毒感染受到的损害减到最小。

一般来说,计算机病毒的预防分为管理方法上的预防和技术上的预防。这两种方法是相辅相成的,从而堵塞病毒的传染渠道,尽早发现并清除。计算机病毒的预防主要包含以下几个方面:

(1) 计算机要由专人负责,不要轻易让他人使用自己的系统,至少不能让他人随便在机器上拷贝、安装文件。

(2) 网络中的计算机应该尽量只访问可靠的站点,并从可靠的站点下载资源。但如何确定一个站点是安全的,目前并没有有效的办法。

(3) 对于外来文件(包括系统文件、工具文件、程序文件和用户文件等),要先进行病毒检查后再使用;电子邮件附件应查毒后再开启;压缩后的文件应先解压缩然后进行查毒检查。

(4) 留心计算机出现的异常,如操作突然中止、系统无法启动、文件消失、文件属性自动变更、程序大小和时间出现异常、非使用者意图的电脑自行操作、电脑不明死机、硬盘指示灯持续闪烁、机器突然变慢等。

(5) 安装防病毒软件,及时更新病毒定义库并定期检查硬盘,以便及时发现和消除病毒。

(6) 安装病毒防火墙等,预防计算机病毒对系统的入侵,如果发现病毒欲感染系统,立刻向用户发出警报。

(7) 及时为系统打补丁。现在越来越多的病毒是基于系统的漏洞,因此应及时给操作系统等软件打补丁。

（8）对于重要的系统盘、数据盘及重要文件内容，要经常备份，以保证系统或数据遭到破坏后能及时得到恢复，备份文件的代价远远小于一旦中毒后再恢复的开销。

（9）建立系统恢复盘，一旦系统被破坏，可以迅速恢复。

3. 病毒的清除

目前病毒的破坏力越来越强，几乎所有的软、硬件故障都可能与病毒有关，所以当操作时发现计算机有异常情况，首先应怀疑的就是病毒在作怪(如果是病毒，应立刻清除)，通常有人工处理和反毒软件清查两种方式。

人工处理方式可用正常的文件覆盖被病毒感染的文件(如备份文件)、直接删除被感染的文件、手工关闭病毒使用的端口、手工修改注册表等。但由于现在的操作系统越来越复杂，普通用户无法完全了解系统的各个环节，因此手工清除病毒往往带来杀毒不彻底、可能损坏正常文件等问题。

目前较为流行的查杀病毒软件有江民、金山毒霸、诺顿和瑞星等防病毒软件等，其功能基本相同，但在进行杀毒时应注意以下几点：

（1）在对系统进行杀毒之前，先备份重要的数据文件。即使这些文件已经染毒，万一杀毒失败后还有机会将计算机恢复原貌，然后再使用杀毒软件对数据文件进行修复。

（2）目前很多病毒都可以通过网络中的共享文件夹进行传播，所以计算机一旦遭受病毒感染应首先断开网络(包括互联网和局域网)，再进行漏洞的修补以及病毒的检测和清除，从而避免病毒大范围传播，造成更严重的危害。

（3）有些病毒发作以后，会破坏 Windows 的一些关键文件，导致无法在 Windows 系统中运行杀毒软件从而清除病毒，所以应该制作一张 DOS 环境下的杀毒软盘，作为应对措施。

（4）有些病毒是针对 Windows 操作系统的漏洞，杀毒完成后，应及时给系统打上补丁，防止重复感染。

（5）及时更新杀毒软件的病毒定义库，使其可以及时发现并清除最新的病毒。一个过期的病毒定义库无法抵御新出现的病毒，这时的系统和没有安装杀毒软件时一样不安全。

同时，我们应该明确预防病毒入侵、查毒和杀毒的关系。杀毒是一种危险的操作，有可能破坏正常的程序或文件；查毒是一种安全的操作，不会对系统造成任何损伤，但可能产生误报或漏报。任何病毒一旦入侵，查毒和杀毒都是较为困难的事情。因此应该将预防、查毒和杀毒三者相结合，从而更有效地保护计算机系统。

8.5 计算机道德与法律

8.5.1 计算机用户道德

随着网络在人们生活中的普及，人们在网上进行交流和贸易，甚至生存，但一些社会问题也随之日益暴露出来，例如网上造谣传谣、刺探隐私、盗取信息、制造、传播有害内容和恶意程序、剽窃、盗版、诈骗等一系列不道德的行为。要解决这些问题，可以使用法律来约束人们的行为，但法律往往有明显的滞后性，因此目前的网络秩序很大程度上还要依靠道德来约束。与现实社会的道德相比，网络道德呈现出更低的强制性和依赖性、更多的自主性和自觉性，同时具有开放性、多元化、多层次化的特点与发展趋势。

目前,国外一些计算机和网络组织制定了一系列相应的规则,其中比较著名的是美国计算机伦理协会为计算机伦理学所制定的 10 条戒律,具体内容包括:不应用计算机去伤害他人;不应干扰他人的计算机工作;不应窥探他人的文件;不应用计算机进行偷窃;不应用计算机做伪证;不应盗用他人的智力成果;应该考虑自己所编制的程序的社会后果;应以深思熟虑和慎重的方式来使用计算机;等等。

8.5.2 计算机信息的知识产权

随着高新技术的发展,知识产权在国民经济中的作用日益受到各个方面的重视。其中,软件盗版是一个全球性的大问题。打击盗版对于保护我国民族软件产业的健康发展,尤其意义重大。

在我国颁布实施的《计算机软件保护条例》(2002)中明确规定,中国公民、法人或者其他组织对其开发的软件,不论是否发表,依照本条例享有著作权。计算机软件,是指计算机程序及其有关文档。凡有侵权行为的,应当根据情况,承担停止侵害、消除影响、赔礼道歉、赔偿损失等民事责任;同时损害社会公共利益的,由著作权行政管理部门责令停止侵权行为,没收违法所得,没收、销毁侵权复制品,可以并处罚款;情节严重的,著作权行政管理部门并可以没收主要用于侵权复制品的材料、工具、设备等;触犯刑律的,依照刑法关于侵犯著作权罪、销售侵权复制品罪的规定,依法追究刑事责任。

而软件盗版是指未经授权对软件进行复制、仿制、使用或生产。盗版是侵犯受相关知识产权法保护的软件著作权人的财产权的行为。计算机软件的性质决定了软件的易复制性。每一位用户,哪怕是初学者,都可以准确无误地将软件从一台计算机复制并安装到另一台计算机上,这个过程非常简单,但不一定合法。

8.5.3 信息安全的法律、法规

随着信息安全问题和犯罪现象的日益增多,信息安全领域的立法和执法在世界范围内受到更多的重视。

目前,有关信息安全的国际性法律、决议和公约主要有:联合国各个成员国签署的《国际电信联盟组织法》(1992)和欧盟委员会制定的第一个以打击黑客为主要目标的《打击计算机犯罪公约》(2000)等。

我国自从颁布《中华人民共和国计算机信息系统安全保护条例》至今,经过十多年的法制建设,形成的信息安全法律法规已有近百部,涉及的内容包括设施安全、专用产品安全、国际联网安全、病毒防治安全、信息内容安全和行业安全等,涉及的法律措施包括对破坏信息安全责任人追究刑事、行政和民事责任,对潜在的破坏人进行威慑等。这些法规可大致概括为四类:第一类是国家法律,如《中华人民共和国保守国家秘密法》、《中华人民共和国电子签名法》、《中华人民共和国著作权法》、《中华人民共和国专利法》和《全国人大常委会维护互联网安全的决定》等;第二类是行政法规,如《中华人民共和国计算机信息系统安全保护条例》、《商用密码管理条例》和《国务院办公厅关于加强政府网站建设和管理工作的意见》等;第三类是部门规章,如《计算机病毒防治管理办法》、《关于加强信息安全等级保护的实施意见》、《电子银行安全评估指引》、《互联网电子邮件服务管理办法》和《关于处理恶意占用域名资源行为的批复》等;第

四类是地方性法律法规,如《北京市公共服务网络与信息系统安全管理规定》等。

2006年通过的《2006—2020年国家信息化发展战略》中也明确指出,要逐步加强信息安全保障工作,制定并实施国家信息安全战略,初步建立信息安全管理体制和工作机制,基础信息网络和重要信息系统的安全防护水平明显提高,互联网信息安全管理进一步加强,等等。2007年还有一个重要的事件发生,以"熊猫烧香"为代表的一批重大信息安全案件的破获执行,很大程度上鼓舞了人们对信息安全的信心。

但是与国外先进水平相比,我国目前在信息安全的法律、标准、技术和人才体系等建设方面仍存在诸多不足之处:缺乏专门的信息安全基本大法,部门规章多,真正的法律少,操作性差,时间滞后;信息安全标准制定工作依然落后;信息安全关键技术和产品受制于人;信息安全意识和普及教育薄弱。这就使我国的信息安全法制建设工作任重而道远。

人们在充分享受信息网络国际化的同时,也面临着信息安全的严重问题。每一位计算机用户必须掌握一定的信息安全知识,提高信息安全与防范意识。网络的自主性和开放性使人们在网络上的行为很大程度上要依靠道德来约束。这种行为不应该侵犯他人的知识产权,更不应该违背国家的各项法律和法规。

参 考 文 献

1. 石志国,贺也平,赵悦. 信息安全概论. 北京:清华大学出版社,北京交通大学出版社,2007.

2. 〔美〕斯托林斯. 密码编码学与网络安全:原理与实践. 第4版. 孟庆树,等,译. 北京:电子工业出版社,2006.

3. 俞承杭. 信息安全技术. 北京:科学出版社,2005.

思 考 题

1. 为什么说信息安全从一开始就伴随着计算机发展而产生的?我们面临的信息安全威胁主要是什么?

2. 为什么说信息安全问题不能仅仅从技术层面解决?

3. 常用的信息安全技术有哪些?

4. 计算机病毒和黑客的危害性主要体现在哪些方面?

5. 通过本章内容的学习,普通的计算机用户应该如何保护你的计算机?

练 习 题

1. 制定并执行你自己的信息安全策略,包括定时备份与恢复、口令的设置、补丁的安装以及安全软件的安装与升级等。

2. 熟悉、安装并配置自己机器的防火墙和防、杀病毒软件,这对现在上网的计算机是必不可少的。